건설산업기본법
유권해석

목 차

제1편
총 칙

제1장 **건산법 적용범위**

제2장 **건설공사 업무범위**

제1장 건산법 적용범위

01 문화재 수리공사 시 건산법 적용여부

질의요지

문화재청이 발주한 문화재 수리 등에 관한 법률에 따른 문화재 수리 공사를 시공함에 있어 건설산업기본법상 건설업자의 의무(건설공사대장 통보, 건설공사하도급대금 지급보증서 발급 등)를 이행해야 하는지 여부

회신내용

건설산업기본법 제2조제4호에는 문화재 수리 등에 관한 법률에 따른 문화재 수리 공사는 건설산업기본법상의 건설공사에 해당하지 않는다고 규정하고 있으므로, 문화재 수리 공사를 시공함에 있어 건설산업기본법상 건설업자의 의무(건설공사대장 통보, 건설공사하도급대금 지급보증서 발급 등)는 이행할 필요가 없습니다.

제2장 건설공사 업무범위

01 신에너지 보급 및 촉진 등에 관한 법률에 따른 에너지 시설이 건설공사에 해당 되는지

질의요지

신에너지 보급 및 촉진 등에 관한 법률에 따른 에너지 시설이 건설공사에 해당 되는지

회신내용

전기공사업법에 따른 전기공사를 제외하고는 건설공사에 해당됨

건설산업기본법 제2조제4호에 건설공사란 토목공사 · 건축공사 · 산업설비공사 · 조경공사 및 환경시설공사 등 시설물을 설치 · 유지 · 보수하는 공사(시설물을 설치하기 위한 부지조성공사 포함)와 기계설비 기타 구조물의 설치 및 해체공사 등을 말하며 다만, 전기공사업법에 따른 전기공사, 정보통신공사업법에 의한 정보통신공사 등은 포함하지 아니한다 라고 규정하고 있습니다.

따라서, 신에너지 및 재생에너지 설비가 전기공사업법에 따른 전기공사인 경우를 제외하고는 건설산업기본법에 따른 건설공사에 해당할 것이나 구체적인 사항은 위 규정과 설계내용, 시공특성 등을 종합적으로 검토하여 발주자가 판단할 사항임을 알려드립니다.

02 건설사업관리자의 업무 중 평가의 관리는 무엇을 의미하는 것인지

질의요지

교통영향평가 등 건설공사에 관한 평가 업무를 수행하는 것을 말한 것임

회신내용

건설산업기본법 제2조제8호에 따라 건설공사에 관한 기획, 타당성 조사, 분석, 설계, 조달, 계약, 시공관리, 감리, 평가 또는 사후관리 등에 관한 관리를 수행하는 것을 말한다라고 규정하고 있습니다.

이 경우 평가 등에 관한 관리는 건설공사에 관한 교통영향평가, 환경영향평가 등 건설공사 과정의 각종 평가 업무 등에 관한 관리업무를 수행하는 것이라고 할 수 있을 것입니다.

03 건설업자에 대한 질의

질의요지

건설산업기본법에 의한 건설업자임을 질의합니다.

본인은 행정민원이 있어 000을 방문하였으나 너무나도 어이없게 국토부로부터 질의를 받아오라는 주문을 받았습니다.

000는 금속구조물.창호공사업에 대한 전문건설업면허증에 대하여 국토부로부터 건설산업기본법에 대한 건설업자에 해당하는지 질의를 받아오라고 민원인에게 주문하였습다.

이에 너무나도 어이없지만 건설업면허증을 보유한 전문건설업자가 건설산업기본법에 의한 건설업자가 맞는지 답변부탁드립니다.

회신내용

건설산업기본법 제2조제4호에서 "건설공사"란 토목공사, 건축공사, 산업설비공사, 조경공사, 환경시설공사, 그 밖에 명칭에 관계없이 시설물을 설치 · 유지 · 보수하는공사(시설물을 설치하기 위한 부지조성공사를 포함한다) 및 기계설비나 그 밖의 구조물의 설치 및 해체공사 등을 말하며(전기공사, 정보통신공사, 소방시설공사, 문화재수리공사 등 제외) 동 법 제2조제7호에서는 "건설업자"란 이 법 또는 다른 법률에 따라 등록 등을 하고 건설업을 하는 자로 규정하고 있습니다.

또한 동 법 제9조, 제10조 및 동 법 시행령 제13조에 따라 건설업을 영위하려는 자는 건설업 등록기준이 되는 기술능력, 자본금, 보증가능금액, 시설 및 장비 등을 갖추도록 규정하고 있고 동 법 시행령 제7조 별표1에서는 건설업의 업종과 업종별 업무내용을 정하고 있으며 동 법 시행령 제13조 별표2에서는 건설업의 업종별 등록기준에 대해 규정하고 있습니다. 따라서 질의하신 업체가 동 법령의 등록여건과 기준을 충족하여 금속구조물, 창호공사업에 대한 전문건설업면허를 등록하고 건설업을 하고 있다면 동 법에 의한 건설업자에 해당함을 알려드립니다.

04 노후 건물 보수 · 보강공사의 업무 범위

질의요지

이번에 노후 건물을 보수보강하는 공사를 발주예정인데요.
(높이 8m정도 되는 건물을 1, 2층으로 나누면서 리모델링하는 공사입니다)
총사업비는 1억5천만원 정도이고, 이중 증축비용이 30%, 리모델링 비용이 70% 정도를 차지합니다.
입찰공고시 공사업종선택에 있어서, 증축부분과(건축공사업) 리모델링부분(시설물유지관리업 또는 실내건축공사업)을 분리해서 발주해야 한다는 의견이 있고, 공사진행상 혼잡과 향후 하자발생시 책임소재 불문명을 이유로 단독 공종으로 발주해야 한다는 의견이 있습니다.
이런 경우 리모델링 부분을 주된 공사로 보아 건설산업기본법 제16조제1항제3호에 따라 시설물유지관리업(또는 실내건축공사업)으로 발주가 가능한지, 아니면 업종을 분리하여 발주해야 하는지 궁금합니다.

회신내용

건설산업기본법 제2조에 따르면 "종합공사"란 종합적인 계획, 관리 및 조정을 하면서 시설물을 시공하는 건설공사를 말하며 "전문공사"란 시설물의 일부 또는 전문 분야에 관한 건설공사를 말한다고 규정하고 있으며, 같은 법 제16조에 따라 종합공사를 도급받으려는 자는 해당 종합공사를 시공하는 업종을 등록하도록 하고, 전문공사를 도급 받으려는 자는 해당 전문공사를 등록하도록 규정하고 있습니다.

다만 예외 사항으로 종합공사를 시공하는 업종을 등록한 건설업자가 법 제16조제2항제1호에 따라 이미 도급받아 시공하였거나 시공 중인 건설공사의 부대공사(시행령 제21조)로서 전문공사에 해당하는 공사를 도급받을 수 있도록 규정하고 있으며, 전문공사를 시공하는 업종을 등록한 건설업자는 같은 법 제16조제1항2호에 따라 2개 이상의 전문공사로 구성되나 종합적은 계획, 관리 및 조정이 필요하지 않은 소규모 공사(공사예정금액 3억원 미만)나 법 제16조제1항제3호에 따라 주된 공사업을 등록한 전문공사업자가 부대공사(시행령 제21조)를 함께 도급받을 수 있도록 규정하고 있습니다. 또한 같은 법 시행령 '별표1'에서 전문공사를 시공하는 업종을 등록을 한 자는 완성된 시설물 중 해당업종의 업무내용에 해당하는 건설공사에 대하여 복구, 개량, 보수, 보강하는 공사를 수행할 수 있다고 규정하고 있습니다. 질의하신 건축물 공사가 상기 규정에 따라 단순히 완성된 시설물의 보수, 개량, 보강하는 공사가 아닌 종합적인 계획, 관리 및 조정이 필요하거나 관련 부대공사인 경우 종합공사를 시공하는 업종을 동록한 건설업자가 시공하는 것이 타당할 것으로 보이나 구체적인 사항은 발주자가 위 규정과 설계내용, 시공기술상의 특성 및 작업방법, 현장여건 등을 감안하여 판단하여야 할 사항임을 알려드립니다.

건설산업기본법 제9조에 따라 건설업을 영위하고자 하는 자는 업종별로 등록(같은 법 시행령 제8조에 따른 경미한 건설공사는 제외)하도록 규정하고 있으며, 같은 법 제16조제1항제2호에 따라 전문공사를 시공하는 업종을 등록한 건설업자가 2개 이상의 전문공사로 구성되나 종합적인 계획, 관리 및 조정 역할이 필요하지 아니한 소규모 공사(공사예정금액 3억원 미만)로서 공종간의 연계간의 연계정도가 낮고 안전, 교통 환경에 미치는 영향이 적은 공사는 해당 업종을 모두 등록한 전문건설업자가 도급 받을 수 있으며, 제3호에 따라 주된 공사업을 등록한 전문건설업자는 부대공사를 함께 도급받을 수 있으며 부대공사는 같은 법 시행령 제21조에 따라 주된 공사를 시공하기 위하여 또는 시공함으로 인하여 필요하게 되는 종된 공사 또는 2종 이상의 전문공사가 복합된 공사로서 공사예정금액이 3억원 미만이고, 주된 전문공사의 공사예정금액이 전체 공사예정금액의 2분의 1 이상인 경우 그 나머지 부분의 공사 등을 규정하고 있습니다.

아울러, 같은 법 시행령 별표1 건설업의 업종과 업종별 업무내용 중 시설물유지관리업은 시설물의 완공 이후 그 기능을 보전하고 이용자의 편의와 안전을 높이기 위하여 시설물에 대하여 일상적으로 점검·정비하고 개량·보수·보강하는 공사(건축물의 대수선 공사 등은 제외)를 업무내용으로 규정하고 있으며, 별표1의 비고8에 따라 전문공사를 시공하는 업종의 등록을 한 자는 완성된 시설물 중 해당 업종의 업무내용에 해당하는 건설공사에 대하여 복구·개량·보수·보강하는 공사를 수행할 수 있다고 규정하고 있습니다.

따라서, 법 제16조제1항제2호에 따라 공사 내용에 따라 2개 이상의 전문공사로 구성된 소규모 공사(공사예정금액 3억원 미만)나 16조제1항제3호에 따라 주된 공사업을 등록한 전문공사업자가 부대공사를 함께 도급받을 수 있으나 구체적인 사항은 발주자가 위 규정과 설계내용, 시공기술상의 특성 및 작업방법, 현장여건 등을 감안하여 판단하여야 할 사항임을 알려드립니다.

05 특정 제조품의 수리작업이 건설공사에 해당하는지 여부

질의요지

지난번 기기를 외부업체로 반출하여 정비하는 행위가 공사인지 아닌지에 대하여 질의를 하였고, 이 경우 공사에 해당되지 않는다는 답변을 받았습니다.
현재 저희 기관이 감사원 감사를 수검중인데, 반출하여 기기를 재생하거나 교체한 작업과 현장에서 실시하는 정밀점검이 공사에 해당되는지에 대한 판단이 어려운바 국토부 의견을 구하고자 합니다.
질의 내용은 다음과 같습니다.
기기를 반출하여 정비하더라도 작업이 단순작업인지, 특별한 기술능력을 필요로 하는지에 따라 공사여부로 판단하는것을 다르게 해야 하는지 알고 싶습니다.
또한 현장에서 교체정비가 아닌 정밀점검 하는 행위도 공사에 해당되는지 알고 싶습니다.

회신내용

유사민원 사례(접수번호 2AA-1508-333206)와 같이 건설산업기본법 제2조제4호에 따라 건설공사란 토목공사·건축공사·산업설비공사·조경공사 및 환경시설공사 등 시설물을 설치·유지·보수하는 공사(시설물을 설치하기 위한 부지조성공사 포함)와 기계설비나 기타 구조물의 설치 및 해체공사 등을 말하며, 시행령 별표1의 건설업의 업종과 업종별 업무내용 중 기계설비공사업은 건축물·플랜트 그 밖의 공작물에 급배수·위생·냉난방·공기조화·기계기구·배관설비 등을 조립·설치하는 공사를 업무내용으로 규정하고, 비고1에 따라 위 표의 업무내용 중에는 건설공사용 재료의 채취 또는 그 공급업무, 기계 또는 기구의 공급업무와 단순한 노무공급업무 등은 포함되지 아니한다 라고 규정하고 있습니다.

따라서 질의하신 사항이 기계기구 등을 조립 설치하는 공사라면 기계설비공사업의 업무 내용에 해당 할 것이나 특정 제조품의 수리작업에 해당하는 경우라면 건설공사로 보기는 어려울 것으로 사료되며, 구체적인 사항은 발주자가 설계내용, 시공특성 등을 종합적으로 검토하여 판단할 사항임을 알려드립니다. 참고로 동 법 시행령 제7조 별표1에 따른 기계설비공사업의 범위에는 건축물 등 시설물에 설치하는 급배수·환기·공기조화·냉난방·급탕·주방·위생·방음·방진·전자파차단설비공사, 플랜트안의 배관·기계기구설치공사, 기계설비를 자동제어하기 위한 제어기기·지능형제어시스템·자동원격검침설비 등의 자동제어공사, 시스템에어컨(GHP·EHP)공사, 지열냉·난방 기기설치 및 배관공사, 보온·보냉 등 열절연공사, 옥내급배수관개량·세척공사, 무대기계장치공사, 자동창고설비공사, 냉동냉장설비공사, 집진기공사, 철도기계신호공사, 건널목차단기공사 등이 해당함을 알려드립니다.

06 가구공사의 경우 건설업 등록이 필요한지 여부

질의요지

가구공사의 경우 건설업 등록이 필요한지 여부

회신내용

건설산업기본법 제2조제4호에서 "건설공사"란 토목공사, 건축공사, 산업설비공사, 조경공사, 환경시설공사, 그 밖에 명칭에 관계없이 시설물을 설치·유지·보수하는공사(시설물을 설치하기 위한 부지조성공사를 포함한다) 및 기계설비나 그 밖의 구조물의 설치 및 해체공사 등을 말하며(전기공사, 정보통신공사, 소방시설공사, 문화재수리공사 등 제외), 같은 법 제4조에 따르면 건설산업에 관하여 다른 법률에서 정하고 있는 경우를 제외하고는 이 법을 적용하며 다만, 건설공사의 범위와 건설업 등록에 관한 사항에 대하여는 다른 법률의 규정에도 불구하고 이 법을 우선 적용한다고 규정하고 있습니다.

또한 동 법 제9조, 제10조 및 동 법 시행령 제13조에 따라 건설업을 영위하려는 자는 건설업등록기준이 되는 기술능력, 자본금, 보증가능금액, 시설 및 장비 등을 갖추도록 규정하고 있고 동 법 시행령 제7조 별표1에서는 건설업의 업종과 업종별 업무내용을 정하고 있으며 동 법 시행령 제13조 별표2에서는 건설업의 업종별 등록기준에 대해 규정하고 있습니다.

따라서 질의하신 가구공사가 건설산업기본법령에 따른 건설업 등록이 필요한지 여부는 해당 공사의 성격, 업무범위 등을 규정하고 있는 법령(중소기업제품 구매촉진 및 판로지원에 관한 법률 등)의 소관부처(중기청)에서 판단할 사항임을 알려드립니다.

07 산림조합이 조경시설물설치공사업 등록 신청을 할 수 있는지 여부

질의요지

전문건설업 등록 업무를 추진함에 있어 의문사항이 있어 글을 남깁니다.

건설산업기본법 제9조제3항에서는 국가나 지방자치단체가 100분의 50 이상을 출자한 법인이나 영리를 목적으로 하지 아니하는 법인은 다른 법률에 특별한 규정이 있는 경우를 제외하고는 제1항에 따른 건설업 등록을 신청할 수 없다고 규정

건설산업기본법 시행령 제17조는 산림조합법 제11조제4항에 따라 신고를 받은 경우에는 건설업등록증 및 건설업등록수첩을 교부하여야 한다고 규정

산림조합법 제11조제3항에서는 지역조합과 중앙회가 제46조 및 제108조에 따라하는 조경사업은 건설산업기본법에 따른 건설업에 한정하며, 그 업종과 갖추어야 할 요건 및 범위는 대통령령으로 정한다고 규정

산림조합법 시행령 제3조에서는 조경사업의 업종은 조경식재공사업으로 하되, 갖추어야 할 요건 및 범위는 별표와 같다라고 규정

위 사항을 종합해 보면 산림조합은 전문건설업 업종 중 조경식재공사업만 건설업 등록이 가능하고 조경시설물설치공사업은 건설업 등록을 하지 못하게 되는데 제 해석이 맞는 건지 궁금합니다

회신내용

건설산업기본법 시행령 제17조 및 같은 법 시행규칙 제12조에 따르면 산림조합법 제11조제4항에 따라 신고를 받은 경우에는 건설업등록증 및 건설업등록수첩을 교부하여야 한다고 규정하고 있으므로 동 조항에 따른 산림조합의 경우 산림조합법에 의한 건설업자로 볼 수 있을 것입니다.

다만, 건설산업기본법령에서는 산림조합이 등록가능한 건설업종에 대해 별도로 규정하고 있지 않으며, 이에 대한 보다 자세한 사항은 산림조합법의 소관기관(산림청 산림경영소득과)로 문의하여 주시기 바랍니다.

08 창호를 현장 설치하는 조건으로 물품구매 계약하는 경우 건설업 등록 필요 여부

질의요지

창호를 현장 설치하는 조건으로 물품구매 계약하는 경우 건설업 등록 필요 여부

회신내용

건설산업기본법 제2조제4호에 따르면 건설공사라 함은 토목공사 · 건축공사 · 산업설비공사 · 조경공사 및 환경시설공사 등 시설물을 설치 · 유지 · 보수하는 공사(시설물을 설치하기 위한 부지조성공사를 포함한다), 기계설비 기타 구조물의 설치 및 해체공사 등으로 규정하고 있고, 같은 동 법 제9조 및 제10조에 따르면 건설업을 등록하려는 자는 기술능력, 자본금, 시설 및 장비 등을 갖추어 업종별로 등록하도록 규정하고 있습니다. 또한 같은 법 시행령 "별표1"에 따르면 건설업의 업종과 업종별 업무내용을 규정하면서 건설공사용 재료의 취합 또는 그 공급업무, 기계 또는 기구의 공급업무와 단순한 노무공급업무 등은 건설업종의 업무내용에 포함되지 아니한다고 규정하고 있습니다.

따라서 질의 대상 물품구매계약에서 창호의 현장설치를 건설업으로 볼 것인 여부와 관련하여 건설공사용 재료의 취합 또는 그 공급업무, 기계 또는 기구의 공급업무와 단순한 노무공

급업무라면 건설공사에 포함되지 않을 것이나 기계 또는 장비 등을 이용하여 기술이 수반된 시설물 설치에 해당될 경우는 건설업 등록을 하여야 할 것으로 판단됩니다. 다만, 구체적인 판단은 상기 규정을 토대로 설계내용 및 시공기술상의 특징, 시공방법, 현장 여건 등을 종합적으로 검토하여 발주기관이 판단할 사항임을 알려드립니다.

09 특허권이 설정된 인공어초 제작 및 설치공사의 경우 특허권리자가 해당 건설업 등록시에만 도급가능한지

질의요지

특허권이 설정된 인공어초 제작 및 설치공사의 경우 특허권리자가 해당 건설업 등록시에만 도급가능한지

회신내용

건설산업기본법 제9조에 따라 건설업을 영위하고자 하는 자는 업종별로 등록(같은 법 시행령 제8조에 따른 경미한 건설공사는 제외)하도록 규정하고 있으며, 건설산업기본법 제16조, 같은 법 시행령 제19조 및 제20조에 따라 종합공사를 도급받으려는 자는 해당 종합공사를 시공하는 업종을 등록하여야 하고, 전문공사를 도급받으려는 자는 해당 전문공사를 시공하는 업종에 등록하여야 하나, 특정 공법에 대하여 특허법 제87조에 따른 특허권 설정등록을 한 건설업자는 특허권이 설정등록된 공법이 적용되는 공사의 공사예정금액이 전체 공사예정금액의 100분의 70 이상인 경우에 한하여 해당 업종을 등록하지 않고 도급 받을 수 있도록 규정하고 있습니다.

따라서 인공어초 제작 및 설치공사를 도급받으려는 자는 수중공사업에 등록하여야 하나, 특허공법이 적용되는 건설공사의 공사예정금액이 전체 공사예정금액의 100분의 70 이상인 경우에는 특허권 설정 등록을 한 건설업자는 해당 건설업종에 등록하지 아니하고도(수중공사업에 등록하지 아니한 특허권 설정 등록 건설업자) 건설산업기본법상 건설업자(토목공사업 등에 등록)이면서 해당 특허권 설정등록업체면 도급이 가능함을 알려 드립니다.

10 건축주가 법인에게 단독주택 건축공사의 건설업자 선정 등의 업무를 위탁할 경우 그 법인 건설업에 등록하지 않더라도 건설산업기본법상 문제가 없는지

질의요지

건축주가 법인에게 단독주택 건축공사의 건설업자 선정 등의 업무를 위탁할 경우 그 법인 건설업에 등록하지 않더라도 건설산업기본법상 문제가 없는지

회신내용

건설산업기본법 제2조제8호에 건설사업관리란 건설공사에 관한 기획, 타당성조사, 분석, 설계, 조달, 계약, 시공관리, 감리, 평가 또는 사후관리 등에 관한 관리를 수행하는 것을 말하고, 같은 법 제26조에 따라 발주자는 필요한 경우 건설사업관리업무의 전부 또는 일부를 건설사업관리에 관한 전문지식과 기술능력을 갖춘 자에게 위탁할 수 있고, 발주자로부터 건설사업관리업무를 위탁받아 수행하는 자(이하 "건설사업관리자"라 한다)가 하는 건설사업관리업무의 내용이 이 법이나 관계 법령에 따라 신고·등록 등을 하여야 하는 업무인 경우에는 해당 법령에 따른 신고·등록 등을 한 후가 아니면 건설사업관리업무를 할 수 없도록 규정하고 있습니다.

건설산업기본법 제9조에서는 건설업을 하려는 자는 해당 업종별로 등록하도록 규정하고 있고, 같은 법 제8조 및 시행령 별표1에 5종의 종합공사를 시공하는 업종과 29종의 전문공사를 시공하는 업종의 구체적인 업무내용과 건설공사 예시 등을 규정하고 있으며, 같은 법 제25조 발주자는 공사내용에 상응하는 업종을 등록한 건설업자게에 도급하여야 한다라고 규정하고 있습니다.

따라서, 건설산업기본법상 건설사업관리를 하는 자가 단독주택의 시공을 하는 경우에는 건설산업기본법 제8조에 따른 건설업에 등록하여야 하며, 단지 건설공사를 시공하는 건설업자를 선정하는 업무를 하는 경우라면 건설업 등록을 요하지 않음을 알려 드리며, 다만 주택법에 따른 단독주택 건설의 사업주체의 경우라면 주택건설공급과(044-201-3377) 및 건축법상 단독주택의 건축에 관한 사항은 건축정책과(044-201-3760)로 문의하시기 바랍니다.

11 도급자 관급자재(휀, 펌프)의 전원 결선은 기계설비공사업의 업무내용으로 보아 건설공사 업자와 전기공사업자 중 누가 시공해야 하는지

질의요지

도급자 관급자재(휀, 펌프)의 전원 결선은 기계설비공사업의 업무내용으로 보아 건설공사 업자와 전기공사업자 중 누가 시공해야 하는지

회신내용

건설산업기본법 제9조에서는 건설업을 하려는 자는 해당 업종별로 등록하도록 규정하고 있고, 같은 법 제8조 및 시행령 별표1에 5종의 종합공사를 시공하는 업종과 29종의 전문공사를 시공하는 업종의 구체적인 업무내용과 건설공사 예시 등을 규정하고 있으며, 같은 법 제25조 발주자는 공사내용에 상응하는 업종을 등록한 건설업자게에 도급하여야 한다라고 규정하고 있습니다.

건설산업기본법 시행령 별표1에 건축물 · 플랜트 그 밖의 공작물에 급배수 · 위생 · 냉난방 · 공기조화 · 기계기구 · 배관설비 등을 조립 · 설치하는 공사를 기계설비공사업의 업무내용으로 규정하면서 건축물 등 시설물에 설치하는 급배수 · 환기 · 공기조화 · 냉난방 · 급탕 · 주방 · 위생 · 방음 · 방진 · 전자파차단설비공사, 플랜트안의 배관 · 기계기구설치공사, 기계설비를 자동제어하기 위한 제어기기 · 지능형제어시스템 · 자동원격검침설비 등의 자동제어공사, 시스템에어컨(GHP · EHP)공사, 지열냉 · 난방 기기설치 및 배관공사, 보온 · 보냉 등 열절연공사, 옥내급배수관개량 · 세척공사, 무대기계장치공사, 자동창고설비공사, 냉동냉장설비공사, 집진기공사, 철도기계신호공사, 건널목차단기공사 등 등을 그 공사의 예시로 규정하고 있습니다.

따라서, 질의하신 내용이 공사내용은 건설공사의 내용에 해당되는지는 표준품셈, 시공내용, 시공특성 등을 종합적으로 고려하여 판단할 사항임을 알려 드리며, 표준품셈과 관련하여서는 우리부 기술기준과(044-201-3571)로 문의하시기 바랍니다.

12 건설장비운영업을 하는 업체로서 콘크리트타설을 하는 기계를 현장여건에 맞게 대여하는 경우 건설업의 업무내용에 해당하는지

질의요지

건설장비운영업을 하는 업체로서 콘크리트타설을 하는 기계를 현장여건에 맞게 대여하는 경우 건설업의 업무내용에 해당하는지

회신내용

건설산업기본법 제2조제4호에 "건설공사"라 함은 토목공사, 건축공사, 산업설비공사, 조경공사 및 환경시설공사, 그 밖에 명칭에 관계없이 시설물을 설치 · 유지 · 보수하는 공사 및 기계설비나 그 밖의 구조물의 설치 및 해체공사 등을 말하며(소방공사업법에 따른 소방공사 등 제외), 같은 법 시행령 제7조 별표1(건설업의 업종과 업종별 업무내용)에서는 건설공사용 재료의 채취 또는 그 공급업무, 기계 또는 기구이 공급업무와 단순한 노무공급업무 등은 포함되지 아니한다고 정하고 있습니다.

따라서, 질의하신 내용이 시공을 포함하지 아니한 단순히 건설공사용 기계 또는 기구의 공급업무만에 해당된다면 이는 건설공사에 해당되지 않을 것으로 사료됩니다.

13 토사운반의 경우 건설업 면허가 없는 자에게 도급 줄 수 있는지

질의요지

토사운반의 경우 건설업 면허가 없는 자에게 도급 줄 수 있는지

회신내용

건설산업기본법 제2조제4호에 "건설공사"라 함은 토목공사, 건축공사, 산업설비공사, 조경공사 및 환경시설공사, 그 밖에 명칭에 관계없이 시설물을 설치 · 유지 · 보수하는 공사 및 기

계설비나 그 밖의 구조물의 설치 및 해체공사 등을 말하며(소방공사업법에 따른 소방공사 등 제외), 같은 법 시행령 제7조 별표1(건설업의 업종과 업종별 업무내용)에서는 건설공사용 재료의 채취 또는 그 공급업무, 기계 또는 기구의 공급업무와 단순한 노무공급업무 등은 포함되지 아니한다고 정하고 있습니다.

따라서, 질의하신 사항이 시공을 포함하지 아니하고 단순히 토사를 운반하는 경우라면 건설공사에 해당되지 않은 것으로 판단되며, 아울러 건설공사에 해당되는지에 대한 구체적인 사항은 기술·재료·시설·장비 및 시공기술 등을 종합적으로 검토하여 판단할 사항임을 알려드립니다.

14 건설산업기본법 시행령 제8조의 전문공사의 경미한 공사로서 조립·해체하여 이동이 용이한 기계설비 등의 설치공사는 공사 상한금액이 있는지, 자재계약시 자재설치까지 포함된 경우 건설공사에 해당되는지와 용역계약에 자재가 포함되는 경우 적법한 계약인지

질의요지

건설산업기본법 시행령 제8조의 전문공사의 경미한 공사로서 조립·해체하여 이동이 용이한 기계설비 등의 설치공사는 공사 상한금액이 있는지, 자재계약시 자재설치까지 포함된 경우 건설공사에 해당되는지와 용역계약에 자재가 포함되는 경우 적법한 계약인지

회신내용

건설산업기본법 제9조에 따라 건설업을 하려는 자는 업종별로 건설업을 등록하여야 하며, 같은 법 시행령 제8조에 따라 종합공사의 경우 공사예정금액이 5천만원 미만인 건설공사와 전문공사로서 공사예정금액이 1천5백만원 미만 건설공사, 조립·해체하여 이동이 용이한 기계설비 등의 설치공사(당해 기계설비 등을 제작하거나 공급하는 자가 직접 설치하는 경우에 한한다)는 경미한 건설공사로 건설업에 등록하지 아니하고 건설업을 할 수 있습니다.

또한, 건설산업기본법 제2조제4호에 "건설공사"라 함은 토목공사, 건축공사, 산업설비공사, 조경공사 및 환경시설공사, 그 밖에 명칭에 관계없이 시설물을 설치·유지·보수하는 공사 및 기계설비나 그 밖의 구조물의 설치 및 해체공사 등을 말하며(소방공사업법에 따른 소방

공사 등 제외), 같은 법 시행령 제7조 별표1(건설업의 업종과 업종별 업무내용)에서는 건설공사용 재료의 채취 또는 그 공급업무, 기계 또는 기구의 공급업무와 단순한 노무공급업무 등은 포함되지 아니한다고 정하고 있습니다. 다만, 건설공사의 시공계약과 건설공사용 재료의 납품 계약을 같은 건설업자가 체결하는 경우 해당 건설공사용 재료의 납품업무는 해당 업종의 업무내용에 포함되는 것으로 본다고 규정하고 있습니다.

따라서, 경미한 건설공사로서 조립·해체하여 이동이 용이한 기계설비 등의 설치공사(당해 기계설비 등을 제작하거나 공급하는 자가 직접 설치하는 경우에 한한다)는 공사예정금액의 상한 기준이 없으며, 자재납품의 경우 건설공사용 재료로서 납품과 함께 시공까지 포함되는 경우라면 건설공사에 해당될 것으로 판단됩니다. 또한, 건설산업기본법은 건설공사의 조사, 설계, 시공 감리, 유지관리, 기술관리 등에 관한 기본적인 사항과 건설업의 등록 및 건설공사의 도급 등에 필요한 사항을 정하고 있으므로 건설공사는 건설산업기본법에 따라 시행되어야 할 것임을 알려 드립니다.

15 승강기설치공사업에 승강기 설치부분외에 제작부분도 건설공사에 해당하는지

질의요지

승강기설치공사업에 승강기 설치부분외에 제작부분도 건설공사에 해당하는지

회신내용

건설산업기본법 제9조에서는 건설업을 하려는 자는 해당 업종별로 등록하도록 규정하고 있고, 같은 법 시행령 제8조 및 별표1에 5종의 종합공사를 시공하는 업종과 29종의 전문공사를 시공하는 업종의 구체적인 업무내용과 건설공사 예시 등을 규정하고 있습니다.

건설산업기본법 시행령 별표1에 건축물 및 공작물에 부착되어 사람이나 화물을 운반하는데 사용되는 승강설비를 설치·해체·교체 및 성능개선공사를 승강기설치공사업의 업무내용으로 규정하면서 승객·화물·건설공사용 엘리베이터 및 에스컬레이터설치공사, 무빙워크설치공사, 기계식주차설비공사 등을 그 공사의 예시로 규정하고 있습니다.

따라서, 질의하신 내용이 승강기 제작하여 설치하는 일련의 내용이 포함되어 있는 건설공사를 도급받은 경우라면 승강기제작 부분도 건설공사의 일부에 해당됨을 알려드립니다.

16 토석채취가 건설공사에 해당되어 토석채취장을 건설공사 현장으로 볼 수 있는지

질의요지

토석채취가 건설공사에 해당되어 토석채취장을 건설공사 현장으로 볼 수 있는지

회신내용

건설산업기본법 제2조제4호에 "건설공사"라 함은 토목공사, 건축공사, 산업설비공사, 조경공사 및 환경시설공사, 그 밖에 명칭에 관계없이 시설물을 설치 · 유지 · 보수하는 공사 및 기계설비나 그 밖의 구조물의 설치 및 해체공사 등을 말하며(소방공사업법에 따른 소방공사 등 제외), 같은 법 시행령 제7조 별표1(건설업의 업종과 업종별 업무내용)에서는 건설공사용 재료의 채취 또는 그 공급업무, 기계 또는 기구의 공급업무와 단순한 노무공급업무 등은 포함되지 아니한다고 정하고 있습니다.

따라서, 질의하신 내용이 단순한 건설공사용 재료의 채취에 해당된다면 건설공사에 해당되지 않을 것으로 사료되나, 구체적인 사항은 해당 공사의 내용을 기준으로 판단할 사항으로 사료됩니다.

17 아파트 외부 EPS 메탈몰딩공사는 어느 건설업종에 해당하는지

질의요지

아파트 외부 EPS 메탈몰딩공사는 어느 건설업종에 해당하는지

회신내용

건설산업기본법 제9조에서는 건설업을 하려는 자는 해당 업종별로 등록하도록 규정하고 있고, 같은 법 시행령 제8조 및 별표1에 5종의 종합공사를 시공하는 업종과 29종의 전문공사를 시공하는 업종의 구체적인 업무내용과 건설공사 예시 등을 규정하고 있습니다.

건설산업기본법 시행령 별표1에 건축물조립공사 : 공장에서 제조된 판넬과 부품 등으로 건축물의 내벽 · 외벽 · 바닥 등을 조립하는 공사 등을 지붕판금 · 건축물조립공사업의 업무내용으로 규정하면서 샌드위치판넬 · ALC판넬 · PC판넬 · 세라믹판넬 · 알루미늄 복합판넬 · 사이딩판넬 · 클린복합판넬 · 시멘트보드판넬 · 악세스바닥판넬 등의 공사 등을 그 공사의 예시로 규정하고 있습니다. 또한, 시설물에 칠바탕을 다듬고 도료 등을 솔 · 로울러 · 기계 등을 사용하여 칠하는 공사는 도장공사업의 업무내용으로 규정하면서 일반도장공사, 도장뿜칠공사, 차선도색공사, 분사표면처리공사, 전천후경기장바탕도장공사, 부식방지공사 등을 그 건설공사의 예시로 규정하고 있습니다.

따라서, 질의하신 외부 EPS 메탈몰딩공사가 공장에서 제조된 판넬과 부품 등으로 건축물의 외벽 등을 조립하는 공사에 해당하는 경우라면 지붕판금 · 건축물조립공사업의 업무내용과 유사할 것으로 판단되나, 구체적으로 어느 업종에 해당되는지는 기술 · 재료 · 시설 · 장비 및 시공기술, 설계내용 등을 종합적으로 검토하여 판단할 사항임을 알려드립니다.

18 산업환경설비공사업의 업무범위

질의요지

산업환경설치공사업의 업무내용 중 '에너지 등의 생산 · 저장 · 공급시설 등을 건설하는 공사'에서 생산과 저장 및 공급시설을 모두 갖춘 공사를 의미하는지와 해당 건설업의 판단을 공사비의 비율이나 공사의 목적으로 산정하는지

회신내용

건설산업기본법 제9조에서는 건설업을 하려는 자는 해당 업종별로 등록하도록 규정하고 있고, 같은 법 시행령 제8조 및 별표1에 5종의 종합공사를 시공하는 업종과 29종의 전문공사를 시공하는 업종의 구체적인 업무내용과 건설공사 예시 등을 규정하고 있습니다.

건설산업기본법 시행령 별표1에 종합적인 계획 · 관리 · 조정에 따라 산업의 생산시설 등을 건설하는 공사를 산업 · 환경설비공사업의 업무내용으로 규정하면서 환경시설공사, 발전소설비공사 등을 그 공사예시로 규정하고 있습니다. 또한 건축물 · 플랜트 그 밖의 공작물에 급배수 · 위생 · 냉난방 · 공기조화 · 기계기구 · 배관설비 등을 조립 · 설치하는 공사를 기계설비공사업의 업무내용으로 하고 규정하고 있습니다.

따라서, 산업 · 환경설비공사업의 업무내용 해당 여부에 대해서는 종합적인 계획, 관리 및 조정에 따라 에너지 등의 생산, 저장, 공급시설이 모두 구성되어야 하는 것은 아닌 것으로 판단되며, 어느 업종의 업무내용에 해당되는지의 판단은 건설산업기본법 시행령 별표1 건설업의 업종과 업종별 업무내용을 기초로 같은 법 제25조 규정에 따라 발주자가 도급하려는 건설공사의 종합적인 계획 · 관리 · 조정의 필요성, 시공기술상의 특성 및 현지여건 등을 고려하여 판달 할 사항임을 알려 드립니다.

19 단독주택 가스시설 중 호스에 부탁된 호스콕(중간벨브)을 교체하는 것이 가스시설시공업(제2종)의 업무범위에 포함되는지

질의요지

단독주택 가스시설 중 호스에 부탁된 호스콕(중간벨브)을 교체하는 것이 가스시설시공업(제2종)의 업무범위에 포함되는지

회신내용

건설산업기본법 제2조제4호에 "건설공사"라 함은 토목공사, 건축공사, 산업설비공사, 조경공사 및 환경시설공사, 그 밖에 명칭에 관계없이 시설물을 설치 · 유지 · 보수하는 공사 및 기계설비나 그 밖의 구조물의 설치 및 해체공사 등을 말하며(소방공사업법에 따른 소방공사 등 제외), 건설산업기본법 제9조에 따라 건설업을 영위하고자 하는 경우에는 해당 업종별로 등록하도록 규정하고 있으며, 시행령 별표1 건설업종별 업무내용에 가스시설시공업(제1종), 가스시설시공업(제2종), 가스시설시공업(제3종)에 대해 규정하고 있습니다.

가스시설시공업(제1종)은 가스시설시공업 제2종 및 제3종의 업무내용과 도시가스공급시설의 설치 · 변경공사 등을 가스시설시공업(제2종)은 가스시설시공업 제3종의 업무내용과 도시가스시설 중 배관에 고정설치되는 가스용품의 설치공사 및 그 부대공사 등을 가스시설시공업(제3종)은 공사예정금액이 1천만원 미만인 공사로서 도시가스사용시설 중 온수보일러 · 온수기 및 그 부대시설의 설치 · 변경공사 등을 업무내용으로 정하고 있습니다.

따라서, 질의하신 호스콕(중간밸브)를 교체하는 공사가 배관에 고정설치되는 가스용품의 설치공사 및 그 부대공사에 해당하는 경우 가스시설시공업(제2종) 업무내용에 해당된다고 판단되나, 구체적인 사항은 발주자가 시공내용, 시공기술상의 특성 등을 종합적으로 검토하여 판단할 사항임을 알려드립니다.

20 건설공사 표지를 게시하여야 할 건축물의 범위는

질의요지

건설공사 표지를 게시하여야 할 건축물의 범위는

회신내용

건설산업기본법 제42조 및 같은 법 시행규칙 제32조에서는 건설업자는 건설공사의 공사명, 발주자, 시공자, 공사기간 등을 적은 표지를 건설공사 현장 인근의 사람들이 보기 쉬운 곳에 게시하여야 하며, 종합공사를 시공하는 건설업종에서 할 수 있는 건설공사를 완공하면 그 공사의 발주자, 설계자, 감리자와 시공한 건설업자의 상호 및 대표자의 성명 등을 적은 표지판을 사람들이 보기 쉬운 곳에 영구적으로 설치하여야 한다고 규정하고 있습니다.

따라서 건설공사의 표지 대상은 시공중인 건설공사에 대해서는 종합공사 및 전문공사를 구분하지 아니하고 건설공사 표지를 게시하여야 하며, 건설공사를 완공하면 게시하여야 하는 건설공사는 종합공사를 시공하는 건설업종에서 할 수 있는 건설공사로 질의하신 건축물이 건축공사업의 업무내용에 해당되는 건설공사인 경우 건설공사 표지의 게시 대상에 해당됨을 알려드립니다.

21 산림복구공사가 건설공사에 해당하는지 여부

질의요지

건설폐기물의 재활용촉진에 관한 법률 시행령 제4조에 따른 순환토사를 사용하여 산림훼손지역의 평탄작업 및 사문석을 굴착한 지역에 복토 후 수목을 식재하는 산림복구공사가 건설공사에 해당되는지

회신내용

건설산업기본법 제2조제4호에 "건설공사"라 함은 토목공사, 건축공사, 산업설비공사, 조경공사 및 환경시설공사 등 시설물을 설치·유지·보수하는 공사로 규정하고 있으며, 제4조에 따라 건설산업에 관하여 다른 법률에서 정하고 있는 경우를 제외하고 이 법을 적용하며, 다만, 건설공사의 범위와 건설업 등록에 관한 사항에 대하여 이 법을 우선 적용한다라고 규정하고 있습니다.

또한, 같은 법 시행령 별표1에 토공사는 땅을 굴착하거나 토사 등으로 지반을 조성하는 공사를 업무내용으로 하고, 굴착·성토·절토·흙막이공사·철도도상자갈공사, 폐기물매립지에서의 굴착·선별·성토공사 등을 건설공사의 예시로 정하고 있습니다.

따라서, 산림복구공사는 땅을 굴착하거나 토사 등으로 지반을 조성하는 공사를 업무내용으로 하는 토공사업에 해당하는 것으로 사료되나, 구체적인 사항을 발주자가 설계내용, 시공특성 등을 종합적으로 검토하여 판단할 사항임을 알려드립니다.

22 토목건축공사업, 전기공사업에 등록된 업체가 기계설비공사를 원도급 또는 하도급 받을 수 있는지

질의요지

토목건축공사업, 전기공사업에 등록된 업체가 기계설비공사를 원도급 또는 하도급 받을 수 있는지

회신내용

건설산업기본법 제9조에서는 건설업을 하려는 자는 해당 업종별로 등록하도록 규정하고 있고, 같은 법 시행령 제8조 및 별표1에 5종의 종합공사를 시공하는 업종과 29종의 전문공사를 시공하는 업종의 구체적인 업무내용과 건설공사 예시 등을 규정하고 있으며, 같은 법 제25조 발주자는 공사내용에 상응하는 업종을 등록한 건설업자에게 도급하여야 한다라고 규정하고 있습니다.

또한, 같은 법 제16조에서는 종합공사를 도급받으려는 자는 해당 종합공사를 시공하는 업종

을 등록하여야 하고, 전문공사를 도급받으려는 자는 해당 전문공사를 시공하는 업종을 등록하여야 한다고 규정하고 있고, 같은 법 제29조에 건설업자는 도급받은 건설공사의 전부 또는 주요부분의 대부분을 다른 건설업자에게 하도급 할 수 없고, 수급인은 그가 도급받은 건설공사의 일부를 동일한 업종에 해당하는 건설업자에게 하도급 할 수 없다고 규정하고 있습니다.

따라서, 토목 · 건축공사업을 시공하는 업종에 등록한 건설업자는 전문공사인 기계설비공사업에 해당하는 건설공사를 도급 또는 하도급 받을 수 없음을 알려드립니다.

또한, 질의하신 내용 전기설비공사(전기공사업법에 따른 전기공사에 해당되는 경우)는 건설산업기본법의 적용을 받는 건설공사에 해당되지 않으므로 이에 대한 도급여부는 전기공사업법 소관 부처(산업통상자원부)로 문의하시기 바랍니다.

23 입상배관과 배관고정구 설치 등 배관공사에 포함된 내화충전공사를 미장 · 방수 · 조적공사업에 등록하지 않은 건설업자(기계설비공사업)가 하도급 받을 수 있는지

질의요지

입상배관과 배관고정구 설치 등 배관공사에 포함된 내화충전공사를 미장 · 방수 · 조적 공사업에 등록하지 않은 건설업자(기계설비공사업)가 하도급 받을 수 있는지

회신내용

건설산업기본법 제8조 및 별표1의 건설업의 업종 및 업무범위에서 5종의 종합공사를 시공하는 업종과 29종의 전문공사를 시공하는 업종의 구체적인 업무내용과 건설공사 예시 등을 규정하고 있으며, 같은 법 제25조에 발주자는 공사내용에 상응하는 업종을 등록한 건설업자에게 도급하여야 한다라고 규정하고 있으며, 같은 법 시행령 별표1 구체적인 건설업의 업종과 업종별 업무내용을 규정하고 있습니다

또한, 건설산업기본법 제9조 및 제16조에 따라 건설업을 하려는 자는 시행령 별표1의 업무내용에 맞게 해당 업종별로 등록하여야 하며, 소규모 복합공사의 경우 전문공사를 시공하는 업종을 모두 등록한 건설업자가, 전문공사를 시공하는 업종을 등록한 건설업자는 전문공사

와 그 부대공사를 함께 도급 가능하도록 규정하고 있으며, 같은 법 제25조에서는 발주자는 도급하려는 건설공사의 종합적인 계획 · 관리 · 조정의 필요성, 시공기술상의 특성 및 현지여건 등을 고려하여 공사내용에 상응하는 업종을 등록한 건설업자에게 도급하여야 한다고 규정하고 있습니다.

따라서, 질의하신 내용이 구조물 등에 모르타르 · 플러스터 · 회반죽 · 흙 등을 바르거나 내 · 외벽 및 바닥 등에 성형단열재 경량단열재 등을 접착하거나 뿜칠하여 마감하는 공사에 해당되는 내화충전공사가 아닌 입상배관과 배관고정구 설치 등 배관공사의 형태로 시공하는 경우라면 이는 미장 · 방수 · 조적공사업의 업무내용으로 한정하기 어려울 것으로 판단되며 구체적인 사항은 위에서 설명드린 요건을 기초로 당해 공사의 설계내용, 시공특성 등을 종합적으로 검토하여 판달할 사항임을 알려 드립니다.

참고로, 건설공사의 시공자격과 관련하여서는(법 제16조 참고) 전문공사의 부대공사로 도급받은 경우에는 그 전문공사를 등록한 건설업자가 도급받을 수 있으므로 질의 대상공사가 기계설비공사업 등 해당 전문공사의 부대공사로 설치되는 경우라면 그 전문공사를 시공하는 업종에 등록한 건설업자도 시공이 가능할 것이므로 구체적인 사항은 소규모 복합공사인지, 전문공사의 부대공사인지 등을 바탕으로 설계내용, 시공 특성 등을 종합적으로 고려하여 건설공사의 시공자격을 판단하여야 할 사항임을 알려드립니다.

24 공장은 산업 · 환경설비공사업과 건축공사업 중 어느 업무내용에 해당되는지

질의요지

공장은 산업 · 환경설비공사업과 건축공사업 중 어느 업무내용에 해당되는지

회신내용

건설산업기본법 제9조에서는 건설업을 하려는 자는 해당 업종별로 등록하도록 규정하고 있고, 같은 법 시행령 제8조 및 별표1에 5종의 종합공사를 시공하는 업종과 29종의 전문공사를 시공하는 업종의 구체적인 업무내용과 건설공사 예시 등을 규정하고 있습니다.

건설산업기본법 시행령 별표1에 종합적인 계획 · 관리 · 조정에 따라 산업의 생산시설 등을 건설하는 공사를 산업 · 환경설비공사업의 업무내용으로 규정하면서 환경시설공사, 발전소설비공사 등을 그 공사예시로 규정하고 있습니다. 또한 건축공사업은 종합적인 계획 · 관리 및 조정에 따라 토지에 정착하는 공작물 중 지붕과 기둥(또는 벽)이 있는 것과 이에 부수되는 시설물을 건설하는 공사를 그 업무내용으로 규정하고 있습니다.

따라서, 질의하신 건설공사가 종합적인 계획, 관리 및 조정에 따라 산업생산시설 등을 건설하는 공사라면 산업 · 환경설비공사업의 업무내용으로 판단되나 구체적으로 어느 업종의 업무내용에 해당되는지는 공사의 설계내용, 시공특성 등을 종합적으로 검토하여 판단할 사항임을 알려 드립니다.

25 플랜트 철거공사(제조동, 저장탱크, 배관, 공조설비 등)는 어느 업종에 해당되는지

질의요지

플랜트 철거공사(제조동, 저장탱크, 배관, 공조설비 등)는 어느 업종에 해당되는지

회신내용

건설산업기본법 제9조에서는 건설업을 하려는 자는 해당 업종별로 등록하도록 규정하고 있고, 같은 법 시행령 제8조 및 별표1에 5종의 종합공사를 시공하는 업종과 29종의 전문공사를 시공하는 업종의 구체적인 업무내용과 건설공사 예시 등을 규정하고 있습니다

건설산업기본법 시행령 별표1에 구조물 등을 해체하는 공사 등을 비계 · 구조물해체공사업의 업무내용으로 규정하면서 건축물 및 구조물 등의 해체공사 등을 그 건설공사의 예시로 규정하고 있습니다. 또한, 종합적인 계획 · 관리 및 조정에 따라 산업의 생산시설, 환경오염을 예방 · 제거 · 감축하거나 환경오염물질을 처리 · 재활용하기 위한 시설, 에너지 등의 생산 · 저장 · 공급시설 등을 건설하는 공사는 산업환경설비공사업의 업무내용으로 규정하면서 제철 · 석유화학공장 등 산업생산시설 등을 그 건설공사의 예시로 규정하고 있습니다.

또한, 건설공사의 부대공사는 건설산업기본법 시행령 제21조에 따라 주된 공사를 시공하기

우하여 또는 시공함으로 인하여 필요하게 되는 종된 공사 또는 2종 이상의 전문공사가 복합된 공사로서 공사예정금액이 3억원 미만이고, 주된 전문공사의 공사예정금액이 전체 공사예정금액의 2분의 1 이상인 경우 그 나머지 부분의 공사 등을 규정하고 있습니다.

따라서, 질의하신 내용이 제조동, 저장탱크 등 제조시설 및 설비를 해체하는 것으로서 건축물 및 구조물 등의 해체공사에 해당하는 경우라면 비계·구조물 해체공사업의 업무내용에 포함되며, 플랜트 철거공사와 함께 제철·석유화학공장 등 산업생산시설을 건설하는 공사로서 플랜트 철거공사가 부대공사에 해당하는 경우라면 산업·환경설치공사업에 해당될 것으로 판단되나, 구체적으로 어느 업종의 업무내용에 해당되는지는 공사의 설계내용, 시공특성 등을 종합적으로 검토하여 판단할 사항임을 알려 드립니다.

26 ○○시설공단에서 발주한 해상교량 강관파일방식 보수공사의 입찰참가자격을 수중공사업, 도장공사업, 전기공사업을 등록한 업체로 설정하였는데 동 공사에 해당하는 건설업종은

질의요지

○○시설공단에서 발주한 해상교량 강관파일방식 보수공사의 입찰참가자격을 수중공사업, 도장공사업, 전기공사업을 등록한 업체로 설정하였는데 동 공사에 해당하는 건설업종은

회신내용

건설산업기본법 제9조에서는 건설업을 하려는 자는 해당 업종별로 등록하도록 규정하고 있고, 같은 법 시행령 제8조 및 별표1에 5종의 종합공사를 시공하는 업종과 29종의 전문공사를 시공하는 업종의 구체적인 업무내용과 건설공사 예시 등을 규정하고 있습니다.

건설산업기본법 시행령 별표1에 시설물에 칠바탕을 다듬고 도료 등을 솔·로울러·기계 등을 사용하여 칠하는 공사를 도장공사업의 업무내용으로 규정하면서 일반도장공사, 도장뿜칠공사, 차선도색공사, 분사표면처리공사, 전천후경기장바탕도장공사, 부식방지공사 등을 그 건설공사의 예시로 규정하고 있습니다.

또한, 수중에서 인원·장비 등으로 수중·해저의 시설물을 설치하거나 지장물을 해체하는 공사를 수중공사업의 업무내용으로 규정하면서 수중암석파쇄공사·수중구조물의 설치 및 해

체공사 · 계선부표 및 수중작업이 요구되는 항로표지설치공사, 수중구조물방식공사, 해저케이블공사 등을 그 건설공사의 예시로 규정하고 있습니다.

따라서 질의하신 사항은 공사명만으로는 판단하기 어렵고 해상교량 강관파일방식 보수공사의 구체적인 설계내용, 시공특성 등을 종합적으로 고려하여 판단할 사항으로 시설물에 칠바탕을 다듬고 도료 등을 솔 · 로울러 · 기계 등을 사용하여 칠하는 공사만으로 이루어진 공사인지, 수중에서 인원 · 장비를 등으로 시설물을 설치하거나 지장물을 해체하는 내용의 공사까지 업무내용에 포함되어 있는지 등을 고려하여 발주자가 설계내역 등을 종합적으로 검토하여 판단할 사항입니다.

아울러 입찰참가자격에 관한 문의는 계약관계법령에서 정하고 있으므로 소관부처(기획재정부 또는 행정자치부)에 문의하시기 바랍니다.

27 공동주택 및 물류센터, 상업시설(백화점) 건축공사의 종합공사를 시공하는 건설업에 등록된 건설업자가 가스공사와 승강기공사를 직영으로 시공할 수 있는지

질의요지

공동주택 및 물류센터, 상업시설(백화점) 건축공사의 종합공사를 시공하는 건설업에 등록된 건설업자가 가스공사와 승강기공사를 직영으로 시공할 수 있는지

회신내용

건설산업기본법 제9조에서는 건설업을 하려는 자는 해당 업종별로 등록하도록 규정하고 있고, 같은 법 시행령 제8조 및 별표1에 5종의 종합공사를 시공하는 업종과 29종의 전문공사를 시공하는 업종의 구체적인 업무내용과 건설공사 예시 등을 규정하고 있습니다.

건설산업기본법 시행령 별표1에 종합적인 계획 · 관리 및 조정에 따라 토지에 정착하는 공작물 중 지붕과 기둥(또는 벽)이 있는 것과 이에 부수되는 시설물을 건설하는 공사를 건축공사업의 업무내용으로 규정하고, 토목건축공사업은 토목공사업과 건축공사업의 업무내용에 속한 공사를 업무내용으로 규정하고 있습니다.

따라서, 공동주택, 물류센터, 상업시설 건축공사는 건축공사업 또는 토목건축공사업을 시공

하는 업종에 등록한 건설업자의 업무내용에 해당되고, 가스공사와 승강기공사도 건축공사에 포함되어 있다면 해당 종합건설업자가 직접시공이 가능할 것으로 판단되나, 구체적으로 어느 업종의 업무내용에 해당되는 공사의 설계내용, 시공특성 등을 종합적으로 검토하여 판단할 사항임을 알려 드립니다.

28 비점오염저감시설설치공사는 어느 업종에 해당되는지

질의요지

비점오염저감시설설치공사는 어느 업종에 해당되는지

회신내용

건설산업기본법 제9조에서는 건설업을 하려는 자는 해당 업종별로 등록하도록 규정하고 있고, 같은 법 시행령 제8조 및 별표1에 5종의 종합공사를 시공하는 업종과 29종의 전문공사를 시공하는 업종의 구체적인 업무내용과 건설공사 예시 등을 규정하고 있습니다.

건설산업기본법 시행령 별표1에 종합적인 계획 · 관리 및 조정에 따라 산업의 생산시설, 환경오염을 예방 · 제거 · 감축하거나 환경오염물질을 처리 · 재활용하기 위한 시설, 에너지 등의 생산 · 저장 · 공급시설 등을 건설하는 공사를 산업 · 환경설비공사업의 업무내용으로 규정하고, 환경오염방지시설 · 하수처리시설 · 폐수종말처리시설 · 중수도 및 하 · 폐수처리수 재이용시설 등 환경시설공사 등을 그 건설공사의 예시로 규정하고 있습니다. 또한, 상 · 하수도설비공사업은 하수 등을 처리하기 위한 기기를 설치하거나 하수관을 부설하는 공사 등을 업무내용으로 하고 있습니다.

또한 시행령 별표1의 비고2는 별표1에 명시되지 아니한 건설공사에 관한 건설업종의 구분은 해당공사의 시공에 필요한 기술 · 재료 · 시설 · 장비 등의 유사성에 따라 구분한다고 정하고 있습니다.

따라서, 비점오염저감시설설치공사가 종합적인 계획, 관리 및 조정을 하면서 환경오염을 예방 · 제거 · 감축하기 위한 시설에 해당되는 경우라면 종합공사인 산업 · 환경설비공사업의 업무내용으로, 시설물의 일부 또는 전문 분야에 관한 건설공사를 하수 등을 처리하기 위한 기기의 설치에 해당하는 경우라면 상·하수도설비공사업의 업무내용으로 판단되므로 구체적으로 어느 업종의 업무내용에 해당되는 공사의 설계내용, 시공특성 등을 종합적으로 검토하여 판단할 사항임을 알려 드립니다.

29 관급자재납품과 함께 설치가 포함한 보도교 거더부분의 납품이 건설공사에 해당되는지와 동 자재납품을 종합건설업자에게 하도급이 가능한지

질의요지

관급자재납품과 함께 설치가 포함한 보도교 거더부분의 납품이 건설공사에 해당되는지와 동 자재납품을 종합건설업자에게 하도급이 가능한지

회신내용

건설산업기본법 제2조제4호에 "건설공사"라 함은 토목공사, 건축공사, 산업설비공사, 조경공사 및 환경시설공사, 그 밖에 명칭에 관계없이 시설물을 설치·유지·보수하는 공사 및 기계설비나 그 밖의 구조물의 설치 및 해체공사 등을 말하며(소방공사업법에 따른 소방공사 등 제외), 같은 법 시행령 제7조 별표1(건설업의 업종과 업종별 업무내용)에서는 건설공사용 재료의 채취 또는 그 공급업무, 기계 또는 기구의 공급업무와 단순한 노무공급업무 등은 포함되지 아니한다고 정하고 있습니다. 다만, 건설공사의 시공계약과 건설공사용 재료의 납품계약을 같은 건설업자가 체결하는 경우 해당 건설공사용 재료의 납품업무는 해당 업종의 업무내용에 포함되는 것으로 본다고 규정하고 있습니다.

또한, 같은 법 제29조에 건설업자는 도급받은 건설공사의 전부 또는 주요 대부분을 다른 건설업자에게 하도급할 수 없고 수급인 그가 도급받은 건설공사의 일부를 동일한 업종에 해당하는 건설업자에게 하도급 할 수 없다고 규정하고 있습니다.

따라서, 질의하신 내용이 건설공사용 재료로서 납품과 함께 시공까지 포함되는 경우라면 건설공사에 해당될 것으로 판단되고, 전문공사에 해당하는 건설공사를 종합공사를 시공하는 건설업자에게 하도급은 할 수 없음을 알려 드립니다.

30 전원주택단지 부지를 조성하기 위해 임야를 절토하여 성토하고 외부토석을 운반하여 성토하는 공사는 건설공사에 해당되는지와 건설업자가 아닌자가 도급받아 시공할 경우 처벌은

질의요지

전원주택단지 부지를 조성하기 위해 임야를 절토하여 성토하고 외부토석을 운반하여 성토하는 공사는 건설공사에 해당되는지와 건설업자가 아닌자가 도급받아 시공할 경우 처벌은

회신내용

건설산업기본법 제9조에서는 건설업을 하려는 자는 해당 업종별로 등록하도록 규정하고 있고, 같은 법 시행령 제8조 및 별표1에 5종의 종합공사를 시공하는 업종과 29종의 전문공사를 시공하는 업종의 구체적인 업무내용과 건설공사 예시 등을 규정하고 있습니다.

건설산업기본법 시행령 별표1에 땅을 굴착하거나 토사 등으로 지반을 조성하는 공사를 토공사업의 업무내용으로 규정하면서 성토 · 절토 · 흙막이공사 등을 그 공사의 예시로 규정하고 있습니다. 또한, 석재를 사용하여 시설물 등을 시공하는 공사는 석공사업의 업무내용으로 규정하면서 석축 등 돌쌓기 공사를 그 건설공사의 예시로 규정하고 있습니다.

따라서, 질의 내용이 땅을 굴착하여 토사 등으로 지반을 조성하는 토공사업에 해당될 것으로 판단 건설산업기본법 제96조 규정에 따라 건설업을 등록하지 않고 건설업을 한 자는 3년 이하의 징역 또는 3천만원 이하의 벌금에 처하게 됨을 알려 드립니다.

31 수중 및 해저의 폐기물 및 선박을 철거하거나 인양하는 경우가 수중공사업에 해당되는지

질의요지

수중 및 해저의 폐기물 및 선박을 철거하거나 인양하는 경우가 수중공사업에 해당되는지

회신내용

건설산업기본법 제9조에서는 건설업을 하려는 자는 해당 업종별로 등록하도록 규정하고 있고, 같은 법 시행령 제8조 및 별표1에 5종의 종합공사를 시공하는 업종과 29종의 전문공사를 시공하는 업종의 구체적인 업무내용과 건설공사 예시 등을 규정하고 있습니다.

건설산업기본법 시행령 별표1에 수중에서 인원·장비 등으로 수중·해저의 시설물을 설치하거나 지장물을 해체하는 공사를 업무내용으로 규정하면서 수중암석파쇄공사·수중구조물의 설치 및 해체공사·계선부표 및 수중작업이 요구되는 항로표지설치공사, 수중구조물방식공사, 해저케이블공사 등을 그 건설공사의 예시로 정하고 있습니다.

따라서, 질의 내용이 단순히 해양폐기물을 처리하거나 파손된 선박을 철거하거나 인양하는 것은 건설공사에 해당되지 않을 것으로 보이나, 구체적으로 건설공사에 해당되는지 여부는 건설산업기본법 시행령 별표1(건설업의 업종과 업종별 업무내용) 기준을 토대로 해당 설계내용 등을 종합적으로 검토하여 발주자가 판단할 사항임을 알려 드립니다.

32 일반사업자가 건설에 등록하지 않고 기계장치 수리 및 시설물 보수 등을 업으로 삼는 자를 건설업자로 볼 수 있는지와 일반사업자는 전문건설업자가 수행할 수 있는 건설공사를 할 수 없는지

질의요지

일반사업자가 건설에 등록하지 않고 기계장치 수리 및 시설물 보수 등을 업으로 삼는 자를 건설업자로 볼 수 있는지와 일반사업자는 전문건설업자가 수행할 수 있는 건설공사를 할 수 없는지

회신내용

건설산업기본법 제2조에서 "건설공사"라 함은 토목공사, 건축공사, 산업설비공사, 조경공사 및 환경시설공사, 그 밖에 명칭에 관계없이 시설물을 설치 · 유지 · 보수하는 공사 및 기계설비나 그 밖의 구조물의 설치 및 해체공사 등을 말한다라고 규정하고, 건설업자란 이 법 또는 다른 법률에 따라 등록 등을 하고 건설업을 하는 자를 말한다고 규정하고 있습니다.

같은 법 제8조 및 제9조에 따라 건설업을 하려는자는 업종별로 등록하여야 하며 다만 경미한 건설공사를 업으로 하려는 경우에는 등록을 하지 아니하고 건설업을 할 수 있다고 규정하고 있습니다. 이 경우 경미한 건설공사는 종합공사는 공사예정금액이 5천만원 미만의 건설공사, 전문공사는 1천5백만원 미만인 건설공사가 해당되고 가스시설공사, 철강재설치공사 및 강구조물공사, 삭도설치공사, 승강기설치공사, 철도 · 궤도공사, 난방공사 등은 적용되지 않습니다.

따라서 건설산업기본법에 따른 건설업자는 건설산업기본법 또는 다른 법에 따라 등록을 하고 건설업을 하는 자를 말하는 것으로 일반사업자만 등록되어 있는 경우는 이에 해당되지 아니하며, 건설산업기본법에 별표1에 따른 전문공사를 시공하는 업종의 건설공사는 해당 업에 등록된 건설업자가 수행하는 것으로 일반사업자만 등록되어 있는 자는 경미한 건설공사를 초과하는 건설공사를 수행 할 수 없음을 알려드립니다.

33 콘크리트 수로 또는 토공수로에 퇴적된 토사를 수로밖으로 옮겨 쌓는 행위가 토공사업에 해당되는지

질의요지

콘크리트 수로 또는 토공수로에 퇴적된 토사를 수로밖으로 옮겨 쌓는 행위가 토공사업에 해당되는지

회신내용

건설산업기본법 제8조에 건설업의 종류는 종합공사를 시공하는 업종과 전문공사를 시공하는 업종으로 하고 같은 법 시행령 제7조 및 별표1에 5종의 종합공사를 시공하는 업종과 29종의 전문공사를 시공하는 업종의 구체적인 업무내용과 건설공사 예시 등을 규정하고 있습니다.

건설산업기본법 시행령 별표1에 따라 토공사업의 업무내용은 땅을 굴착하거나 토사 등으로 지반을 조성하는 공사이고, 굴착 · 성토 · 절토 · 흙막이공사, 폐기물매립지에서의 굴착 · 선별 · 성토공사 등을 그 건설공사의 예시로 규정하고 있습니다.

따라서, 질의 내용이 토사 등으로 지반을 조성하는 공사에 해당되는 경우라면 토공사업에 해당되나, 단순히 수로의 퇴적물 제거를 위한 작업이라면 이는 건설공사로 보기 어려울 것으로 판단되나 구체적인 사항은 발주자가 설계내용, 시공특성 등을 종합적으로 검토하여 판단할 사항임을 알려 드립니다.

34 조달청 쇼핑몰에서 도료 제품의 납품과 함께 칠바탕을 다듬고 도료 등을 솔, 로울러 등으로 칠하는 공사를 포함하는 경우 도장공사업에 등록하여야 하는지

질의요지

조달청 쇼핑몰에서 도료 제품의 납품과 함께 칠바탕을 다듬고 도료 등을 솔, 로울러 등으로 칠하는 공사를 포함하는 경우 도장공사업에 등록하여야 하는지

회신내용

건설산업기본법 제2조제4호에 "건설공사"라 함은 토목공사, 건축공사, 산업설비공사, 조경공사 및 환경시설공사, 그 밖에 명칭에 관계없이 시설물을 설치 · 유지 · 보수하는 공사 및 기계설비나 그 밖의 구조물의 설치 및 해체공사 등을 말하며(소방공사업법에 따른 소방공사 등 제외), 같은 법 시행령 제7조 별표1(건설업의 업종과 업종별 업무내용)에서는 건설공사용 재료의 채취 또는 그 공급업무, 기계 또는 기구의 공급업무와 단순한 노무공급업무 등은 포함되지 아니한다고 정하고 있습니다. 다만, 건설공사의 시공계약과 건설공사용 재료의 납품계약을 같은 건설업자가 체결하는 경우 해당 건설공사용 재료의 납품업무는 해당 업종의 업무내용에 포함되는 것으로 본다고 규정하고 있습니다.

따라서, 질의 내용이 건설공사용 재료로서 도료 납품과 함께 시설물에 칠바탕을 다듬고 도료 등을 솔 · 로울러 · 기계 등을 사용하여 칠하는 공사의 업무내용도 포함하고 있는 경우라면 도장공사업에 등록하여야 할 것으로 판단되나, 구체적인 사항은 기술 · 재료 · 시설 · 장비 및 시공기술 등을 종합적으로 검토하여 판단할 사항임을 알려드립니다.

35 식품가공기계를 제작, 납품, 설치하는 것이 산업 · 환경설비공사업 또는 기계설비공사에 해당되는지

질의요지

식품가공기계를 제작, 납품, 설치하는 것이 산업 · 환경설비공사업 또는 기계설비공사에 해당되는지

회신내용

건설산업기본법 제2조제4호에 "건설공사"라 함은 토목공사, 건축공사, 산업설비공사, 조경공사 및 환경시설공사, 그 밖에 명칭에 관계없이 시설물을 설치 · 유지 · 보수하는 공사 및 기계설비나 그 밖의 구조물의 설치 및 해체공사 등을 말하며(소방공사업법에 따른 소방공사 등 제외), 같은 법 시행령 제7조 별표1(건설업의 업종과 업종별 업무내용)에서는 건설공사용 재료의 채취 또는 그 공급업무, 기계 또는 기구의 공급업무와 단순한 노무공급업무 등은 포함되지 아니한다고 정하고 있습니다.

건설산업기본법 시행령 별표1에 종합적인 계획 · 관리 · 조정에 따라 산업의 생산시설 등을 건설하는 공사를 산업 · 환경설비공사업의 업무내용으로 규정하면서 환경시설공사, 발전소설비공사 등을 그 공사예시로 규정하고 있습니다. 또한 건축물 · 플랜트 그 밖의 공작물에 급배수 · 위생 · 냉난방 · 공기조화 · 기계기구 · 배관설비 등을 조립 · 설치하는 공사를 기계설비공사업은 업무내용으로 하고 규정하고 있습니다. 또한, 건축물 · 플랜트 그 밖의 공작물에 급배수 · 위생 · 냉난방 · 공기조화 · 기계기구 · 배관설비 등을 조립 · 설치하는 공사를 업무내용으로 규정하고 있습니다.

따라서, 질의 내용이 건설공사용이 아닌 식품가공기계를 제작 · 납품 · 설치하는 것이라면 종합공사를 시공하는 업종인 산업 · 환경설비공사업과 기계설비공사업에 해당되지 않을 것으로 사료되나, 아울러 건설공사에 해당되는지에 대한 구체적인 사항은 기술 · 재료 · 시설 · 장비 및 시공기술 등을 종합적으로 검토하여 판단할 사항임을 알려드립니다.

36 버섯재배사와 기숙사동을 건축할 경우 건설업자가 시공하여야 하는지

질의요지

버섯재배사와 기숙사동을 건축할 경우 건설업자가 시공하여야 하는지

회신내용

건설산업기본법 제41조, 같은 법 시행령 제36조 및 제37조 규정에 따라 일정 면적 이상의 건축물 또는 많은 사람이 이용하는 건축물의 건축 또는 대수선에 관한 건설공사는 건설업자가 하도록 규정하고 있고 농업용, 축산업용 건축물로서 농업 · 임업 · 축산업 또는 어업용으로 설치하는 창고 · 저장고 · 작업장 · 퇴비사 · 축사 · 양어장 기타 이와 유사한 용도의 건축물은 건설업자가 아닌 건축주도 직접시공 할 수 있도록 규정하고 있습니다.

따라서, 버섯재배사와 기숙사동이 각각 독립된 건축물일 경우 기숙사동은 건설산업기본법 제41조제1항제2호에서 규정하고 있는 건축법에 따른 공동주택 등에 해당되는 경우라면 건설업자가 시공하여야 할 것이고, 버섯재배사는 농업용으로 설치하는 창고 · 저장고 · 작업장 기타 이와 유사한 용도의 건축물에 해당되는 경우라면 건축주가 직접시공할 수 있다고 사료되며, 구체적인 사항은 인허가 기관에서 동 규정과 제반 여건 등을 종합적으로 검토하여 판단할 사항임을 알려드립니다.

37 풍력발전기 설치(타워 및 블레이드 포함) 및 기초공사 등은 건설산업기본법상의 건설업 등록을 받은 업체만이 시공할 수 있는지

질의요지

풍력발전기 설치(타워 및 블레이드 포함) 및 기초공사 등은 건설산업기본법상의 건설업 등록을 받은 업체만이 시공할 수 있는지

회신내용

건설산업기본법 제2조4호에 "건설공사"란 토목공사, 건축공사, 산업설비공사, 조경공사, 환경시설공사, 그 밖에 명칭에 관계없이 시설물을 설치 · 유지 · 보수하는공사(시설물을 설치하기 위한 부지조성공사를 포함한다) 및 기계설비나 그 밖의 구조물의 설치 및 해체공사 등을 말한다라고 규정하면서 전기공사업법에 따른 전기공사 등은 이에 포함하지 아니한다라고 규정하고 있으며, 같은 법 시행령 별표1(건설업의 업종별 업무내용)에서 토공사업은 땅을 굴착하거나 토사 등으로 지반을 조성하는 공사를 업무내용으로 하고, 철근 · 콘크리트공사업은 철근 · 콘크리트로 토목 · 건축구조물 및 공작물 등을 축조하는 공사를 업무내용으로 규정하고 있습니다.

따라서 질의내용의 공사가 전기공사업법에 따른 전기공사의 종류에 해당되지 않고 건설산업기본법에서 규정하고 있는 토공사, 철근 · 콘크리트공사업 등의 업종별 업무내용에 해당되는 경우라면 건설산업기본법 제9조 및 제16조에 따라 같은 법 시행령 별표1의 업무내용에 맞게 해당 업종별로 등록(같은 법 시행령 제8조에 따른 경미한 건설공사 제외)된 건설업자가 시행하여야 할 것으로 판단되나 보다 구체적인 업무내용에 해당하는 지에 대하여는 위 규정을 토대로 설계내용, 시공특성 및 계획 · 관리 · 조정의 필요성 등을 종합적으로 검토하여 판단할 사항임을 알려드립니다.

제2편

건설업 등록

제1장 건설업 등록

01 경미한 건설공사를 건설업 등록없이 하도급 받을 수 있는지

질의요지

경미한 건설공사를 건설업 등록없이 하도급 받을 수 있는지

회신내용

발주자 설계금액을 기준으로 하므로 하도급에는 경미한 건설공사가 없음

건설산업기본법 제9조에 따라 건설업을 하려는 자는 업종별로 등록하여야 하며, 다만, 시행령 제8조에 따른 경미한 건설공사를 업으로 하려는 경우에는 등록을 하지 아니하고 건설업을 할 수 있으며, 경미한 건설공사란 전문공사를 시공하는 업종과 그 업종별 업무내용에 해당하는 건설공사 경우 1건의 공사예정금액이 1천5백만원 미만인 건설공사(가스시설공사 등은 제외)를 말하여 이 때 공사예정금액이란 발주자 설계금액으로 동일한 공사를 2개 이상의 계약으로 분할하여 발주하는 경우에는 각각의 공사예정금액을 합한 금액으로 하고, 발주자가 재료를 제공하는 경우에는 그 재료의 시장가격 및 운임을 포함한 금액으로 하도록 규정하고 있습니다.

따라서, 경미한 건설공사에 해당하지 않은 건설공사를 도급 받은 수급인으로부터 하도급을 받기 위하여는 반드시 공사 내용에 상응하는 업종에 등록하여야 하며, 수급인 또한 같은 법 제25조제2항에 따라 해당 업종을 등록한 자에게 하도급을 주어야 합니다.

이를 위반하여 하도급 받은 자는 같은 법 제96조제1호에 따라 3년 이하의 징역 또는 3천만원 이하의 벌금에 처할 수 있으며, 하도급 제한 규정을 위반한 수급인은 제4호에 따라 동일하게 처분될 수 있으며 또한, 제82조제2항제3호에 따라 1년 이내의 기간을 정하여 영업정지를 명하거나 영업정지를 갈음하여 과징금을 부과할 수 있음을 알려드립니다.

제1절 건설업 등록기준

02 대수선 공사의 연면적 합계기준

질의요지

대수선 공사의 연면적 합계기준

회신내용

증축하고자 하는 부분의 면적이 시공자제한 규정에 해당하는지에 따라 판단할 사항

건설산업기본법 제9조 및 제25조에 따라 건설공사를 다른 사람에게 도급을 주어 시행하려는 경우 경미한 건설공사(종합건설공사는 공사예정금액 5천만원, 전문건설공사는 공사예정금액 1천5백만원)를 제외하고는 해당 업종을 등록한 건설업자에게 도급을 주어 시행하여야 합니다.

그러나, 건축주가 직접 자기 건축물을 시공하는 경우에는 건설업자와 같은 제한을 하지 않으나 「건설산업기본법」 제41조제1항 각 호의 어느 하나에 해당하는 건축물의 건축 또는 대수선에 관한 건설공사는 건설업자가 하여야 한다라고 규정하고 있습니다

건축물을 대수선 하는 경우 연면적 산정은 "시공자제한 업무처리 요령" 제2조제2호에 따라 기존 건축물을 증축 또는 대수선하는 경우 그 증축 또는 대수선하는 부분의 바닥면적의 합계로 한다라고 규정하고 있으므로 기존 건축물의 전체 연면적이 아닌 대수선하고자 하는 부분의 바닥면적의 합계로 산정함을 알려드립니다.

1. 자본금

03 건설업등록시 자본금 중복인정 기준

질의요지

현재 저희는 시설물유지관리공사업(자본금3억)을 보유하고 있고,
신규로 상하수도설비공사업(2억),포장공사업(3억)을 신규로 신청하고자 합니다.
위와 같이 상하수도설비공사업과 포장공사업을 동시에 신규로 신청할때 총 자본금이 얼마가 필요한지
시설물3억 + 상하수도2억 + 포장 1억5천(중복인정) = 6억5천이 있으면 가능하다는데 아닌지
문의 했더니, 두개면허를 신청하면 자본금이 작은 업종만 중복인정이 되어서 총 자본금 7억이 있어야 된다고 하네요.
시설물3억 + 상하수도1억(중복인정) + 포장 3억 = 7억
어떤게 맞는내용 인지

회신내용

건설산업기본법 시행령 제16조제1항에 따라 건설업자가 다른 업종의 건설업 등록을 추가로 신청하는 경우에는 ①자본금의 경우는 보유하고 있는 업종의 별표2에 따른 최저 자본금기준(보유하고 있는 업종이 둘 이상인 경우 최저 자본금기준이 최대인 업종의 최저 자본금기준을 말한다.)의 2분의 1을 한도로 1회에 한정하여 등록하려는 업종의 최저 자본금기준의 2분의 1에 해당하는 자본금을 이미 갖춘 것으로 인정합니다. 또한 건설업관리규정 제2장(건설업의 등록) 3.아.목 건설업등록기준의 중복 인정에 관한 특례 적용기준에는 추가 등록하려는 업종이 다수인 경우에는 그 중 법정 "최저 자본금기준"이 가장 큰 업종의 "최저 자본금기준"의 2분의 1까지에 해당하는 자본금을 이미 갖춘 것으로 인정하고 시행령 제16조제1항의 "1회에 한정하여" 중 "1회"란 자본금과 기술능력에 대한 각각 한번의 횟수를 말하며, 둘 이상의 업종을 동시에 추가 등록하는 경우에는 자본금의 인정 업종과 기술능력의 인정 업종을 각기 달리 선택하여 특례 인정을 받을 수 있습니다. 다만 질의 사항의 경우 기존에 특례인정 여부나 기존 업종의 등록, 폐업 등 변동상황 및 구체적 업종별 자본내역 등에 대한 사실관계

확인이 필요한 바 보다 자세한 사항은 건설업 등록기관인 해당 처분청(시도 및 시군구청)에 문의하시기 바랍니다.

04 겸업사업이 없는 건설업체가 제출한 잔고증명서 없는 유가증권의 겸업자산 해당 여부

질의요지

전문건설업체인 "00건설"은 유가증권을 잔고증명서 없이 통장이체내역, 주권, 주식매입 · 매도영수증 등을 제출 : 해당 유가증권이 진단대상사업의 실질자본금임을 주장하고 있으며,
또한 건설업체 기업진단지침 제16조(유가증권의 평가) 제2항에 의거하여 해당 유가증권을 겸업자산으로 판단하더라도 "00건설"은 겸업사업을 하지 않고 겸업비율이 전무하므로 유가증권의 전액을 실질자본금으로 산정하는 것이 타당하다고 주장하고 있습니다.
이에 잔고증명서가 없는 유가증권이 겸업자산에 해당하는지 여부와 해당업체가 겸업사업이 없는 경우 지침상에 열거한 겸업자산이 진단대상사업의 실질자산에 포함될 수 있는지 여부에 대해 질의하오니 조속히 회신하여 주시기 바랍니다.

회신내용

건설업관리규정(국토해양부 예규 제2010-175호) 별지2 건설업체 기업진단지침 제16조에 따라 유가증권은 보유기간 또는 보유목적에 따라 단기매매증권, 매도가능증권, 만기보유증권 및 지분법적용투자주식으로 구분되는 지분증권(주식)과 채무증권(채권)으로 구분됩니다. 이 경우 ①특정 건설산업 수행을 위해 계약상 취득하는 특수목적법인 지분증권 ②공제조합 출자금 ③한국금융투자협회 회원사로부터 발급받은 잔고증명서를 제출한 유가증권 등을 제외한 유가증권은 겸업자산으로 봅니다.
한편, '겸업자산'이라 함은 같은 지침 제3조제4호에 따라 이 지침에서 겸업자산으로 열거한 자산과 겸업사업을 위하여 제공된 자산을 의미하며, 같은 지침 제3조제3호에 따라 '겸업사업'이란 재무관리상태의 진단대상이 되는 사업 이외의 사업을 말하고 이 경우 법인등기사항 등 형식적인 사업목적에 불구하고 그 실질적 사업내용에 따라 적용한다고 규정하고 있습니다. 또한, '진단대상사업'이란 건설산업기본법 제8조 및 같은 법 시행령 제7조에 따른 건설업

을 의미함을 알려드리며, 보다 자세한 사항은 구체적인 사실관계 등을 토대로 등록관청인 처분청(지자체 등)에서 판단할 사항임을 알려드립니다.

05 건설업 자본금 심사시 수목자산의 실질자산 여부

질의요지

자본금 심사시 조경식재공사업을 영위하는 업체의 경우 재고자산 중 수목자산 평가시 증빙서류로 2011년도 발행한 세금계산서 및 현재일 기준의 감정평가서만을 제출하였으며, 또한 해당 수목자산은 최근 몇 년간 조경공사에 실질적으로 투입된 적이 없어 자재출납부 등의 기록이 전무한 상황입니다.

위 사례의 경우 기업진단지침 제18조(재고자산의 평가)에 따라 최근 몇 년간 조경공사에 실질적으로 투입된 적이 없는 수목자산일 지라도 제출된 서류 및 실사를 통해 대상사업과 연관이 있고 판매를 위한 신축용 자산으로 보아 보유기간에 관계없이 실질자산으로 평가할 수 있는 지 여부를 질의하오니 조속히 회신하여 주시기 바랍니다.

회신내용

건설업관리규정(국토해양부 예규 제2010-175호) 별지2 건설업체 기업진단지침 제18조제3항에 따르면 조경공사업이나 조경식재공사업을 위한 수목자산은 보유기간에 관계없이 그 종류, 취득일자, 취득사유, 금융자료, 현장일지, 실사 등에 의하여 진단기준일 현재 진단대상사업을 위하여 보유하고 있음을 확인한 경우에는 건설업 실질자산으로 보도록 규정하고 있으며, 보다 자세한 사항은 위의 규정 등을 토대로 사실관계 등을 종합적으로 검토하여 해당 건설업자의 등록관청에서 판단할 사항임을 알려드립니다.

06 공제조합 출자금의 평가방법

질의요지

공공제조합 출자금의 평가방법 문의

회신내용

건설업관리규정(국토해양부 예규 제2010-175호) 별지2 건설업체 기업진단지침 제16조에 따라 유가증권은 보유기간 또는 보유목적에 따라 단기매매증권, 매도가능증권, 만기보유증권 및 지분법적용투자주식으로 구분되는 지분증권(주식)과 채무증권(채권)으로 구분됩니다.

이 경우. ①특정 건설산업 수행을 위해 계약상 취득하는 특수목적법인 지분증권 ②공제조합 출자금 ③한국금융투자협회 회원사로부터 발급받은 잔고증명서를 제출한 유가증권 등을 제외한 유가증권은 겸업자산으로 인정합니다.

또한, 상기 ①은 계약서, 출자확인서, 금융자료 등으로 확인한 취득원가로 평가하고, ②은 진단기준일 현재시가로 평가하며 또한, ③은 진단기준일 현재 사용 또는 인출이 제한된 경우 겸업자산으로 평가함을 알려드리며, 보다 자세한 사항은 사실관계를 토대로 등록관청에 문의하시기 바랍니다.

07 재무제표에 반영되지 않은 자산의 인정 여부

질의요지

재무제표에 반영되지 않은 미신고 자산을 실태조사/주기적신고시 제출하면 실질자산으로 인정해 주는지(재무제표를 수정할 수 없는 상황임)

건설업 등록 및 신고시 자본금(실질자본)의 심사는 '건설업 관리규정'제2장 및 제3장 중 '자본금'규정에 따라 해당 건설업자의 정기연차 결산일의 재무제표를 기준으로 확인토록 하고 있습니다.

해당 업체의 담당 회계사가 실수로 정기결산시 보증금, 기타 자산 등에 대하여 반영을 하지 않고 결산(신고)을 하였고 시간이 경과되어 재무제표를 수정할 수 없는 상황입니다.
이러한 경우, 실태조사나 주기적신고시 자본금 심사에 따라 소명자료를 제출하여야 할 때 재무제표에 반영되지 않은 자산을 제출하여 소명가능한지 질의드립니다.

회신내용

건설산업기본법 제9조제4항에 따라 건설업자는 건설업등록한 날 또는 건설업등록기준에 관한 사항의 신고가 수리된 날부터 3년이 경과할 때마다 주기적신고를 하여야 하며, 처분관청은 건설업자의 주기적신고시 정기연차 결산일 기준 재무제표를 기준으로 자본금을 확인하여야 합니다. 이 경우, 건설업자의 자본금을 확인하는 재무제표는 건설업관리규정(국토부 예규 제2014-85호) 등에 따라 「법인세법」 및 「소득세법」의 규정에 의하여 관할세무서장에게 제출한 조세에 관한 신고서류(정기연차 결산일 기준 재무제표)로 규정하고 있습니다.

따라서, 건설업자가 주기적신고시 관할세무서에 신고한 재무제표상 누락된 자산을 추가하여 재차 작성된 재무제표 또는 기업진단보고서는 건설업자의 주기적신고시 재무제표 자료가 될 수 없을 것으로 보이나 보다 구체적인 사항은 사실관계를 토대로 처분청이 종합적으로 검토하여 판단할 사항임을 알려드립니다.

08 건설업 등록에 필요한 요건

질의요지

건설업 등록에 필요한 요건

회신내용

건설업의 등록시 재무관리상태진단보고서를 제출받지 않는 경우에는 건설업관리지침(국토해양부 예규 제2010-175호) 제2장.3.나의 규정에 따라 신설법인(법인설립 후 90일이 경과되지 아니하고 별도의 영업실적이 없는 법인)이 아닌 경우에는 ①외감법 제2조에 따라 외부감사를 받은 재무제표 ②관할 세무서장에게 제출한 정기 연차결산일 기준 재무제표(세무대리인이 확인한 것)로서 자본금기준의 적격여부를 확인할 수 있으며 신설법인의 경우에는 재무상태표, 손익계산서 및 자산증빙 서류로 확인하도록 규정하고 있습니다. 신설법인인 경우에도 등록관청의 판단에 따라 재무관리상태진단보고서를 제출받을 수 있으며 다만 자본금 가장 납입 등 확인을 위해 신설법인의 설립등기일 이후 20일 이후 진단토록 규정하고 있음을 알려드립니다.

건설업관리규정 제2장-3.-나.에서는 신설법인의 경우에 등록신청자가 제출한 재무상태표상의 자산 및 부채항목을 고려하여 자본금을 평가하도록 규정하고 있으며, 이와 별도로 등록관청의 판단에 따라 별지2에 따른 재무관리상태진단보고서를 제출받아 자본금 기준의 적격여부를 확인 · 평가할 수 있음을 알려 드립니다

신설법인이 재무상태표, 손익계산서 및 자산증빙 서류를 제출하는 경우에는 자산항목 입증을 위해 등록신청자(법인인 경우 대표이사 및 이사 명의의 자산은 불인정) 명의로 된 가) 보증가능금액확인서 발급을 위한 예치금 나) 30일 이상의 은행평균잔고증명서 다) 사무실 임차 시 임차보증금이 있음을 증명하는 서류 라) 공사용 장비를 구입한 경우에는 장비구입영수증 마) 그 밖에 등록신청자 명의의 재산보유를 증명하는 서류를 제출하도록 되어 있는 바, 다)·라)·마)의 경우에는 이에 해당되는 경우 제출할 수 있으며 가)나)의 경우에는 제출하여야 필요한 사항으로 기업진단지침 제15조에 따라 예금은 진단기준일을 포함한 30일 동안의 은행거래실적 평균잔액으로 평가하며 신설법인의 경우 은행거래실적 평균잔액의 평가기간은 진단기준일부터 진단일 전일까지의 은행거래실적을 제출(법인설립 후 30일 이내에 진단하는 경우에는 진단기준일부터 진단일까지의 시간)하면 되도록 규정하고 있습니다.

반면, 기업진단보고서를 제출하는 경우에는 설립등기일 이후 20일 이내에 기업진단을 의뢰하는 경우에는 기업진단지침 제8조에 따라 진단불능으로 처리하고 있으므로, 설립등기 20일 이후라면 관련 규정에 의하여 기업진단을 받아 건설업 등록을 신청할 수 있다고 할 것입니다.

사무실과 관련하여 건설업관리규정 제2장-3.-라.-(1)-(나)에서는 '건물등기부등본 또는 건축물대장 등에서 정한 용도가 사무실이 아니라도 건물의 형태, 입지 및 주위여건 등 제반 상황을 고려하여 상시사무실로 이용 가능한 것으로 확인되는 경우라면 사무실로 인정'하고 있고, 사무실기준 적격여부의 구체적인 판단은 처분청에서 정확한 사무실 소재지를 방문하여 확인함을 원칙으로 하고 있습니다. 다만 ①단독주택, 공동주택등 주거용 건물 ②축사, 퇴비사, 온실, 저장고 등 농업, 임업, 축산, 어업용 건물 ③기타 상시적으로 사무실로 이용하기 부적합한 건물은 사무실로 인정하고 있지 않으며, 해당 사무실은 건설업영위를 위한 용도로 사용

되어야 사무실로 인정할 수 있음을 알려드립니다.

건설산업기본법 제91조 및 동 법 시행령 제 86조에 따라 국토교통부장관은 건설업의 등록 및 건설업등록기준에 관한 사항 등을 시 · 도지사 등에 위임하고 있어 등록관청에 따라 개별 사안을 감안하여 처리하고 있음을 알려드리며, 향후에도 법령의 범위 내에서 민원인에 불편함이 없도록 할 예정임을 알려드립니다

09 등록기준 중복인정 특례를 받은 건설업의 폐업 후 다른 업종을 추가로 등록할 때 중복인정 특례 인정 여부

질의요지

2013년에 철콘을 등록하고 2014년에 토공사업을 등록하면서 자본금 1억, 기술인 1인을 특례 받은 업체가 토공사업을 반납(폐업 신고)하고 상하수도공사업을 신규 등록할 때 자본금과 기술인력에 대한 특례를 인정 받을 수 있는지

회신내용

건설산업기본법 시행령 제16조제1항에 따라 건설업자가 다른 업종의 건설업 등록을 추가로 신청하는 경우에는 ①자본금의 경우는 보유하고 있는 업종의 별표2에 따른 최저 자본금기준(보유하고 있는 업종이 둘 이상인 경우 최저 자본금기준이 최대인 업종의 최저 자본금기준을 말한다.)의 2분의 1을 한도로 1회에 한정하여 등록하려는 업종의 최저 자본금기준의 2분의 1에 해당하는 자본금을 이미 갖춘 것으로 인정합니다. 또한 건설업관리규정 제2장(건설업의 등록) 3.아.목 건설업등록기준의 중복 인정에 관한 특례 적용기준에는 추가 등록하려는 업종이 다수인 경우에는 그 중 법정 "최저 자본금기준"이 가장 큰 업종의 "최저 자본금기준"의 2분의 1까지에 해당하는 자본금을 이미 갖춘 것으로 인정하고 시행령 제16조제1항의 "1회에 한정하여" 중 "1회"란 자본금과 기술능력에 대한 각각 한번의 횟수를 말하며, 둘 이상의 업종을 동시에 추가 등록하는 경우에는 자본금의 인정 업종과 기술능력의 인정 업종을 각기 달리 선택하여 특례 인정을 받을 수 있습니다.

다만, 위의 규정에 의한 자본금 등록기준 중복 특례 인정을 받고 그 업종(중복인정을 받은 업종)을 폐업한 후 다른 업종을 추가로 등록하고자 하는 경우에는 이미 1회의 중복 특례 인

정을 받았기 때문에 다시 중복 특례 인정을 받을 수는 없을 것으로 판단되나 보다 구체적인 사항은 사실관계를 토대로 등록관청에서 판단할 사항임을 알려드립니다.

10 협동조합 출자금의 자본금 인정 여부

질의요지

전문건설업 주기적 신고 시 A업체가 2014년 재무제표상 단기매매 증권의 증빙서류로 영동건설개발협동조합 출자증권(450,000천원)을 제출하였습니다.

통장 확인 결과 이 업체에서는 2014. 12. 24. 위 협동조합에 출자금을 입금하였고 2015. 2. 26. 다시 업체로 부터 환급을 받았습니다.

증빙자료 판단결과 보유중인 철근콘크리트공사업과는 연관이 없는 투자자산으로 부실자산 처리하고자 합니다.

자본금이 아닌 부실자산이 맞는지

회신내용

건설업체기업진단지침 제16조(유가증권의 평가) 제2항제2호에서는 1. 특정건설사업의 수행을 위하여 계약상 취득하는 특수목적 법인의 지분증권, 2. 진단대상사업과 관련된 공제조합 출자금, 3. 한국금융투자협회 회원사로부터 발급받은 잔고증명서를 제출한 유가증권의 경우만 실질자산으로 인정하고 있습니다. 따라서 출자금은 건설공제조합, 전문건설공제조합, 설비건설공제조합 등 건설업과 관련된 각 공제조합에 대한 출자금만 인정되고, 진단대상사업과 무관한 00협회 출자금 등은 겸업자산으로 처리됨을 알려드리며 보다 구체적인 사항은 사실관계를 종합적으로 고려하여 처분청에서 판단할 사항임을 알려드립니다.

11 진단대상사업의 물품공급을 위해 질권설정된 예금의 건설업 실질자본금 인정 여부

질의요지

실내건축공사업, 금속구조물창호공사업의 전문건설면허를 보유하고있는 법인업체 입니다. 공사현장의 자재를 공급받기 위하여 공급업체와 물품공급계약을 체결하고 자재대금의 채무를 담보하기 위하여 질권을 설정한 예금이 실질자본금으로 인정이 되는지

회신내용

건설업관리규정(국토해양부 예규 제2014-85호) 별지2 건설업체 기업진단지침 제15조제4항에 따라 질권 설정 등 사용 또는 인출이 제한된 예금은 겸업자산으로 보고 있으므로 질권 설정된 예금은 건설업 실질자산으로 인정할 수 없으나 보다 자세한 사항은 사실관계를 토대로 처분청에서 판단할 사항임을 알려드립니다.

12 자본금 중 예금의 예치기준

질의요지

금속구조물창호공사업 면허를 보유하고 있는 업체입니다.
자본금 예치기간을 정기예금 2013.12.10~2014.2.11 일까지 예치를 하였는데 행정관서에서는 자본금 예치기간 부족으로 행정처분한다고 합니다.
자본금 예치 기준이 어떻게 되는지

회신내용

건설산업기본법 시행령 제9조 및 기업진단지침 제15조에 따라 예금은 진단기준일을 포함한 30일 동안의 은행거래실적 평균잔액으로 평가하며, 이 경우 30일 동안의 기산일과 종료일은 전체 예금에 동일하게 적용하여야 하며, 예금의 평가금액은 진단기준일 현재의 예금 잔액을

초과할 수 없습니다.

또한, 예금은 진단기준일 현재의 예금잔액증명서와 진단기준일을 포함한 60일간의 거래실적증명(신설법인의 경우 진단기준일부터 진단일까지 기간의 은행거래실적증명을 말한다)을 확인하되, 허위의 예금이나 일시적으로 조달된 예금으로 확인된 경우는 부실자산으로 분류하고, 질권 설정 등으로 사용(인출)이 제한된 예금은 겸업자산으로 판단함을 알려드립니다. 자본금 예치기간 부족여부는 상기의 사실관계만으로 판단하기 어려우므로 구체적인 사항은 법인의 신설여부, 기업진단 기준일, 법인의 부실 및 겸업자산의 존재 여부 등 사실관계를 적시하여 처분청에 문의하시기 바랍니다.

13 건설업 실질자본금의 장기매출채권에 대하여

질의요지

(주)홍길동건설은 6월말 결산으로서 2014년 6월말 1년미만의 A건설공사에 대한 매출채권이 있었습니다. 그리고 (주)홍길동건설은 2015년 6월말 결산에도 해당 금액을 회수하지 못하였습니다.

2014년 9월 26일에 시행한 예규를 보면 시행일 이후에 발생한 매출채권의 2년 미만 채권에 대해서는 실질자본금 인정으로 보고있는데 해당업체가 2015년 10월 현재 주기적신고시에 회수되지 않은 A건설공사 매출채권에 대하여 장기매출채권에 따른 부실자산으로 평가되어야 함이 적정한지

회신내용

건설업관리규정(국토해양부 예규 제2014-85호) 별지2 건설업체 기업진단지침 제17조에 따라 매출채권은 공사미수금과 분양미수금으로 구분되고, 거래상대방에게 세무자료에 의하여 청구한 것과 진행기준에 의하여 계상한 것을 포함하며 대손충당금을 차감하여 평가합니다.

또한 매출채권(미수금)은 계약서, 세금계산서, 계산서의 청구와 금융자료에 의한 회수내역등 회수의 실재성 확인을 통해 부실자산 여부를 판단하게 되며 동 지침 제17조제4항에 따라 발생일로부터 2년 이상을 경과한 매출채권은 부실자산으로 보도록 규정하고 있습니다.

다만 건설업관리규정 부칙에 따라 기업진단지침 제17조제4항의 규정은 재무관리진단상태보고서의 경우에는 그 진단기준일이 이 예규의 시행일(2014.9.29) 이후인 분부터, 재무제표의

경우에는 그 재무제표일이 이 예규의 시행일 이후인부터 적용한다고 규정하고 있으므로 동 예규의 개정안 시행일(2014.9.29) 이전에 작성된 결산재무제표에 반영된 매출채권이라면 개정전 규정(발생일로부터 1년) 적용될 것으로 판단되나 구체적 인정여부에 대해서는 해당 등록기관에서 계약서, 세금계산서, 계산서의 청구와 금융자료에 의한 회수내역을 통하여 판단하여야 할 사항임을 알려드립니다.

14 전문건설업 실질자산평가(부외자산)

질의요지

당사는 비계공사전문면허를 가지고 전문건설을 영위하고 있습니다. 2013년 당사는 본사를 증축하고자 본사주변의 토지를 매입할 계획을 진행하였습니다. 하지만 주변토지는 전부 농지상태여서 법인이 취득할수 없음으로 , 일단 임직원명의로 취득하였으며, 취득과 관련된 금융채무는 당사의 명의로 근저당 되었습니다. 당사는 취득 후 개발행위허가를 득하고 개발행위를 진행중에 있습니다. 2013년 결산시 법인소유가 아닌 관계로 재무상태표상 회사자산으로 계상하지 못하였습니다. 2014년 회계법인의 실사시 당해 토지에 대해 건설중인자산으로 계상하라는 수정분개를 제시받고 2014년 결산시에는 이를 자산으로 계상하였습니다. 2015년 세무서의 건설중인 자산의 증명요구에 대해서도 실재성을 입증하였습니다.

상기 2013년 결산시 장부상 계상하지 않은 토지에 대해 회사의 실질자산으로 인정받을수 있는지

회신내용

건설산업기본법 제10조 및 시행령 제13조에 따르면 건설업을 영위하려는 자는 건설업등록기준이 되는 기술능력, 자본금, 보증가능금액, 시설 및 장비 등을 갖추어 업종별로 등록하도록 규정하고 있으며, 건설업관리규정에 따라 등록기준으로서 실질자산은 법인인 경우 대표이사 및 임직원 명의의 자산은 실질자산으로 인정되기 어려울 것으로 보이나 보다 구체적인 사항은 사실관계를 종합적으로 검토하여 등록관청에서 판단할 사항임을 알려드립니다.

15 착오로 잘못 기장된 재무제표의 보완 가부

질의요지

업체 심사결과 자본총계에서 '인출금'(법인사업자로 말하자면 가지급금에 해당되는 과목이라고 세무대리인이 알려주셨고, 가지급금이라 처음에는 특별히 제출할 증빙 자료도 없다고 그랬습니다.)과목 금액을 제외하면 기준자본금에 미달하는 사실이 있습니다.

업체에서 확인결과 세무대리인이 실수해서 2014년 재무제표 작성하는데 오류가 있었다고 합니다. 즉, '인출금'의 일정 부분금액이 '보통예금'이나 '현금등가물'과목으로 포함되었어야 하는데 '인출금'으로 잘못기장되었다고 주장합니다.

잘못기장되었다고 주장하는 금액에 해당되는 계좌의 잔액증명서, 입출금거래내역, 요구불계좌조회 자료를 제출하였습니다. 요구불계좌조회에 부기명으로 업체명이 포함되어있습니다. 은행에 확인 결과 사업용으로 사용하는 통장으로 볼수 있다는 것을 구두상으로 확인하였습니다.

이런 경우 인출금에 해당되는 계좌의 금액을 실자본금으로 인정가능한지

회신내용

건설산업기본법 시행령 제9조 및 기업진단지침 제15조에 따라 예금은 진단기준일을 포함한 30일 동안의 은행거래실적 평균잔액으로 평가하며, 이 경우 30일 동안의 기산일과 종료일은 전체 예금에 동일하게 적용하여야 하며, 예금의 평가금액은 진단기준일 현재의 예금 잔액을 초과할 수 없다고 규정하고 있습니다.

또한, 예금은 진단기준일 현재의 예금잔액증명서와 진단기준일을 포함한 60일간의 거래실적 증명을 확인하되, 허위의 예금이나 일시적으로 조달된 예금으로 확인된 경우는 부실자산으로 분류하고, 질권 설정 등으로 사용(인출)이 제한된 예금은 겸업자산으로 처리됩니다.

질의 관련하여 등록기준인 실질자본금의 평가는 자본총계에서 부실자산 등을 차감하여 평가하며, 확인 대상 재무제표는 「법인세법」 및 「소득세법」의 규정에 의하여 관할세무서장에게 제출한 조세에 관한 신고서류(정기연차 결산일 기준 재무제표)로 건설업자가 주기적신고시 관할세무서에 신고한 재무제표상 누락된 자산을 추가하여 재차 작성된 재무제표 또는 기업진단보고서는 건설업자의 주기적신고시 재무제표 자료가 될 수 없을 것으로 보이나 보다 구체적인 사항은 예금잔액증명서원본, 은행거래실적증명서원본 및 예금잔액 자료 등 증빙자료 및 사실관계를 토대로 등록관청이 판단할 사항임을 알려드립니다.

16 건설산업기본법에 의한 실질 자본금 관련

질의요지

당사는 건설업을 영위하는 법인 입니다. 당사의 건물은 법인소유이며,토지는 대표이사 개인소유입니다. 감정가액으로 토지와 건물의 비율이 60:40으로 나타납니다.

2015년 까지는 토지이용과 관련하여 임대료를 지불하지 않았으며, 2016년 부터는 토지의 임대료를 대표이사께 지불 할 예정입니다. 재무제표상에 건물가액이(2014년 기준) 10억원이며, 감가상각금액 2억원이며 건물가액이 8억원으로 평가되어 있습니다.

부채로서는 전세보증금 1-4층까지 9억원으로 임대보증금이 설정되어 있으며, 전세보증금은 토지와 건물 등기부등본상에 공동으로 설정되어 있습니다.

이 상황으로 보면 당사는 건물의 취득으로 인한 자산금액(8억원), 부채금액(9억원) 실질자본금로는 (- 1억원)이 발생됩니다

이럴 경우 당사의 부채 금액은 9억원의 40%에 해당하는 3억6천만원만 부채로 인식되어야 하지 않을까는 생각이 됩니다.

회신내용

건설업관리규정(국토교통부 예규 2014-85) 제23조 유형자산의 평가에 따르면 유형자산은 소유권, 자산의 실재성 및 진단대상사업에 대한 관련성을 종합하여 평가하며, 등기 또는 등록대상인 자산으로서 법적 및 실질적 소유권이 없는 경우에는 부실자산으로 본다고 규정하고 있습니다.

또한 임대자산이나 운휴자산 등 진단대상사업과 관련이 없는 유형자산은 겸업자산으로 보며, 토지 또는 건물의 일부가 임대자산인 경우에는 전체 연면적에 대한 임대면적의 비율로 계산한 금액을 겸업자산으로 본다고 규정하고 있습니다.

질의 관련하여 실질자산이 아닌 대표이사 소유의 토지의 평가액이 질의하신 건물가액에서 제외된 것이라면 건물에 대한 전세보증금에도 토지에 해당하는 부분이 제외되어야할 것으로 보이나 질의에서 제시한 사실관계가 명확하지 않으므로 소유권의 구분, 자산의 실재성 및 진단대상사업에 대한 관련성 등을 토대로 등록관청에 판단할 사항임을 알려드립니다.

건설산업기본법 제10조 및 시행령 제13조에 따르면 건설업을 영위하려는 자는 건설업등록

기준이 되는 기술능력, 자본금, 보증가능금액, 시설 및 장비 등을 갖추어 업종별로 등록하도록 규정하고 있으며, 건설업관리규정(국토해양부 예규 제2014-85호) 별지2 건설업체 기업진단지침 제21조에 따르면 임차보증금은 임대차계약서, 금융자료, 확정일자, 임대인의 세무신고서 및 시가자료 등에 의하여 평가하며, 거래의 실재성이 없다고 인정되는 경우나 임차부동산이 본점, 지점 또는 사업장 소재지 및 그 인접한 지역이 아닌 경우 또는 임직원용 주택인 경우 등은 부실자산으로 본다고 규정하고 있습니다.

질의와 관련하여 임차 건물의 소유자가 법인 대표자인 경우 보증금의 인정에 관하여 상기 법령에 따른 별도 규정은 없으나 대표이사 등 특수관계자가 소유한 건물에 대한 보증금은 대여금, 가지급금 등 부실자산의 우려가 있으므로 자산의 실재성, 진단대상사업과 관련성 등에 관하여 보증금 관련 계약서, 금융자료 및 자금출처 등을 면밀히 확인하여 등록관청에서 판단할 사항임을 알려드립니다(건설경제과-6876, 2015.10.20)

17 회사명의 임직원 숙소의 실질자산 인정 여부

질의요지

당사는 건설업 토목,건축,조경공사업을 영위하는 회사로 실질자본에 대한 유형자산을 평가시 의문점이 있습니다.
2012년 회사 명의의 부동산 오피스텔을 구입하고 임.직원 숙소로 사용하고 있습니다.
건설업체 기업진단지침에는 유형자산평가시 소유권, 자산의 실재성을 평가하도록 되어 있는데 회사명의의 오피스텔은 실질자본금으로 인정 받는것인지, 부실자산으로 본다면 왜 그런지 궁금합니다.

회신내용

건설업체 기업진단지침 재23조에서 유형자산은 토지, 건물, 건설중인 자산 및 그 밖의 유형자산을 포함하며, 유형자산은 소유권, 자산의 실재성 및 진단대상사업에 대한 관련성을 종합하여 평가하며, 등기 또는 등록대상인 자산으로서 법적 및 실질적 소유권이 없는 경우에는 부실자산으로 본다라고 규정되어 있어, 제출한 건출물대장, 등기사항전부증명서 등에서 관리숙소가 명시적으로 등기되어 있는 이상 실질자산으로 판단되나, 구체적 사실관계(실제 관리

숙소 및 운휴 시설 여부 등)에 대하여는 등록관청에서 최종적으로 판단 처리하여야 할 사항으로 사료됩니다.

18 매출채권에 대한 자본금인정 기간 적용

질의요지

매출채권(2.1억원)이 2013. 12월에 발생하여 2013년도 재무제표 결산에 반영 하였고 매출채권이 미 회수되어 2014년도 재무제표에 전기이월 매출채권으로 재반영되었습니다.
기존 기업진단지침에 매출채권 자본금 인정기한 1년이었으나 2014년도에 건설산업법이 개정(2014.9.29.)에 되어 매출채권에 대한 인정이 1년에서 2년으로 변경되었습니다.
이런 경우, 건설업관리규정 부칙 제3항에 시행일 이후인 분부터 적용한다고 되어있는데 이 의미가 재무제표 결산일이 2014.12.31.인 경우 상기의 매출채권을 자본금으로 유효한 걸로 판단하여야 하는지, 아니면 개정일 이전의 매출채권으 인정기한을 1년으로 보고 장기매출채권(부실자산)으로 보아야 하는지
건설업관리규정 부칙 제3항의 실질자본의 적용기준에 답변부탁드립니다.
재무관리상태진단 및 재무재표 등의 진단기준(결산)일 기준으로 보아야하는 지 아니면 매출채권 등 계정들의 발생일 기준으로 적용하여야 하는지

회신내용

매출채권의 평가와 관련하여 건설업관리규정(예규) 부칙 3항에 따르면 별지2 기업진단지침 제17조제4항 개정(2014.9.29 시행) 규정은 재무제표의 경우 그 재무제표일이 예규의 시행일 이후인 분부터 적용한다고 규정하고 있습니다.
따라서 발생된 매출채권의 재무제표일이 예규 시행일 이후라면 2년의 기간이 적용될 것이나 그 이전이라면 1년의 규정이 적용됨을 알려드리며, 구체적인 사항은 사실관계 및 관련 자료를 토대로 등록관청에서 판단할 사항임을 알려드립니다.

19 진단기준일 이후 출금된 예금자산에 대한 평가

질의요지

주기적신고 관련하여 법인의 예금통장과 관련하여 60일간 거래내역을 확인한 바, 마이너스 통장으로 마이너스 금액으로 있다가 결산일 전(2014.12.31)에 1억원이 입금되어 결산일(2014.12.31.) 금액이 60,349원입니다.

연초(2015.1.2)에 다시 1.5억이 출금되어 다시 마이너스 금액으로 되었습니다.

위 경우 일시예금에 대하여 확인을 하여 판단하면 되는 걸로 아니데... 일시예금일 경우에 예금을 0원 처리만 하는 건지 아니면 결산일 이전의 30일 (60일)등에 따른 평균잔액을 계산하여 마이너스금액인 경우 부외부채로 하여 심사을 하여야 하는지

회신내용

건설업체 기업진단지침 제3조에서는 "진단대상사업 실질자본"이란 진단대상사업의 실질자산에서 진단대상사업의 실질부채를 차감한 금액으로서 진단대상이 되는 사업의 실질자본을 말한다고 규정하고 있습니다.

또한 건설업 실질자본금 평가시 예금은 건설업관리규정 별지2 건설업체 진단지침 제7조제2항에 따라 진단기준일 현재의 예금잔액증명서(30일 동안의 은행거래실적 평균잔액)와 진단기준일을 포함한 60일간의 거래실적증명을 확인하되 허위의 예금이나 일시적으로 조달된 예금으로 확인된 경우는 부실자산으로 분류하고, 제15조제2항에 따라 진단기준일 후 실질자산의 취득 또는 실질부채의 상환을 통하여 예금을 인출한 경우에는 이를 가감하여 은행거래실적 평균잔액을 계산할 수 있다고 규정하고 있습니다.

따라서, 질의 사항은 마이너스 통장의 실질부채 여부와 일시적으로 조달된 자금의 성격이나 출처 등을 은행거래실적, 금융이체내역 등 금융자료 등을 종합적으로 평가하여 해당 등록관청에서 판단할 사항임을 알려드립니다.

20 재고자산의 평가

질의요지

당사는 전문건설면허를 보유 업체입니다. 기업진단시 반조립(모듈)형태의 공사 자재를 년말 결산시 저고자산의 세부항목인 미완성 공사로 처리하였습니다.(2. 재고자산 – ④미완성공사) 이 경우 실질자산으로 분류되는지

회신내용

건설업관리지침(국토해양부 예규 제2015-113호) 별지2 건설업체 기업진단지침 제18조에 따라 재고자산은 취득원가로 평가하되 시가가 취득원가보다 하락한 경우에는 시가에 의하며, 부동산가격공시 및 감정평가에 관한 법률에 의한 감정평가법인이 감정한 가액이 있는 경우 그 가액을 시가로 봅니다.

또한, 원자재 및 이와 유사한 재고자산은 부실자산으로 보며 다만, 보유기간이 취득일로부터 1년 이내인 재고자산으로 그 종류, 취득일자, 취득사유, 금융자료, 현장일지, 실사 등에 의하여 진단기준일 현재 진단대상사업을 위하여 보유하고 있음을 확인한 경우에는 실질자산으로 본다고 규정하고 있습니다.

질의 사항과 관련하여 해당 공사 자재가 공사미수금 내지 미완성공사 인지 여부 등 사실관계가 명확하게 적시되지 않아 확인을 위해 유선 연락 하였으나 통화기 이루어 지지 않아 구체적인 답변이 어려운 점을 양해하여 주시기 바라며, 구체적인 사항은 사실관계를 적시하여 등록관청에 문의하여 주시기 바랍니다.

21 공사미수금과 자본금 인정범위

질의요지

당사는 건설업체로 2014년도에 수주한 공사를 완료후 2014년 12월에 대금청구 세금계산서를 발부했으나 2015년 10월 금일까지 미수금회수가 종결되지않은 상황인데, 이경우 부실채권으로 간주되어 자본금으로 인정받지 못하는것이 적법한 해석인지

회신내용

건설업관리규정(국토해양부 예규 제2015-113호) 별지2 건설업체 기업진단지침 제17조에 따라 매출채권은 공사미수금과 분양미수금으로 구분되고, 거래상대방에게 세무자료에 의하여 청구한 것과 진행기준에 의하여 계상한 것을 포함하며 대손충당금을 차감하여 평가합니다.

또한 매출채권(미수금)은 계약서, 세금계산서, 계산서의 청구와 금융자료에 의한 회수내역등 회수의 실재성 확인을 통해 부실자산 여부를 판단하게 되며 동지침 제17조제4항에 따라 발생일로부터 2년 이상을 경과한 매출채권은 부실자산으로 보도록 규정하고 있음을 알려드리며, 구체적인 사항은 사실관계를 토대로 등록관청에서 판단할 사항임을 알려드립니다.

22 건설업 실질자본금 재고자산(토지 분양) 인정여부

질의요지

건설업 진단지침에 의하면 '제18조제3항 ③ 조경공사업이나 조경식재공사업을 위한 수목자산과 주택, 상가, 오피스텔 등 진단대상사업과 연관이 있고 판매를 위한 신축용 자산(시공한 경우에 한함)의 재고자산은 보유기간에 관계없이 제2항 단서에 따라 확인한 경우에는 실질자산으로 본다.'라고 명시되어 있습니다.

토목 또는 토건 업체가 부지조성, 형질변경 등 직접 시공하여 토지를 분양(판매)하는 경우 실질자산으로 인정가능 여부

회신내용

건설업관리규정(국토부 예규 제2015-113호) 별지2 건설업체 기업진단지침 제18조에 따르면 재고자산 중 주택, 상가, 오피스텔 등 진단대상사업과 연관이 있고 판매를 위한 신축용 자산(시공한 경우에 한함)의 경우 보유기간에 관계없이 그 종류, 취득일자, 취득사유, 금융자료, 현장일지, 실사 등에 의하여 진단기준일 현재 진단대상사업을 위하여 보유하고 있음을 확인한 경우에는 실질자산으로 본다고 규정하고 있습니다.

다라서 상기 규정에 따라 건설활동의 결과물로 건설업자가 판매를 위하여 직접 시공 후 보유하고 있는 신축건물의 경우 실질자산으로 인정됨을 알려드립니다.

23 가지급금, 대여금등의 담보채권 실질자산 인정 여부

질의요지

미래에 가지급금과 대여금등의 부실채권이 발생할 경우를 대비하여, 부실채권 발생시 신속한 채권회수를 목적으로 채무자들의 물건(부동산)에 채권보존 설정(근저당 등) 등을 시행 할 예정입니다.

그러면 여기서 아래의 예시대로 시행한다면,

예시) 가지급금(5천만원) 지급 후 채무자 부동산 근저당 설정

– 해당물건 부동산 감정평가 1억이상, 등기부상 추가 채권자 없음.

대여금(5천만원) 지급 후 채무자 부동산 근저당 설정

– 해당물건 부동산 감정평가 1억이상, 등기부상 추가 채권자 없음.

문) 상기의 가지급금과 대여금은 추후 건설업 주기적신고시 부실자산으로 처리 되는지 아니면 담보채권으로 인정되어 실질자산으로 인정되는지

개인적인 판단는 부실자산은 말 그대로 미래에 회수불능 채권으로 실질자산에서 제외 되는 것은 당연하다 사료되나, 상기 가지급금과 대여금의 자산은 확실한 담보채권으로 향후 경매나 공매를 통해 채권보존이 가능하다 판단되므로 실질자산으로 판단됨.

국토교통부 예규 제2014–85호「건설업관리규정」 제3장 건설업등록기준에 관한 사항의 주기적 신고

국토교통부 예규 제2014–85호「건설업관리규정」 별지2 건설업체 기업진단지침 제2장 실질자본의 진단

회신내용

건설업관리규정(국토교통부 예규 제2015-113호) 별지2 건설업체 기업진단지침 제19조에 따르면 대여금은 법인세법상 특수관계자에 대한 가지급금 및 대여금은 부실자산으로 보며, 특수관계자가 아닌 자에 대한 대여금은 겸업자산으로 보고 있음을 알려드리며, 구체적인 사항은 사실관계를 토대로 등록관청에서 판단할 사항임을 알려드립니다.

건설업체 기업진단지침 제19조에 따르면 가지급금과 대여금은 1)특수관계자에 대한 것이라면 부실자산, 2)특수관계자가 아닌 자에 대한 것이라면 겸업자산으로 평가하나, 종업원에 대한 주택자금과 우리사주조합에 대한 대여금에 한하여 계약서, 금융자료, 주택취득현황, 조합결산서 등을 통하여 실재성이 확인되고 진단 받는 자의 재무상태와 사회통념에 비추어 대여금액의 규모가 합리적인 경우에 한하여 실질자산성을 인정해 주고 있습니다.

24 임대부동산의 실질자산 인정 여부

질의요지

임대부동산의 실질자산 인정 여부

회신내용

건설업관리규정(국토교통부 예규 2015-113호, 2015.8.20) 별지2 건설업체 기업진단지침 제23조 유형자산의 평가에 따르면 유형자산은 토지, 건물, 건설중인자산 및 그 밖의 유형자산을 포함하며 소유권, 자산의 실재성 및 진단대상사업에 대한 관련성을 종합하여 평가하며, 등기 또는 등록대상인 자산으로서 법적 및 실질적 소유권이 없는 경우에는 부실자산으로 본다고 규정하고 있습니다.

또한 임대자산이나 운휴자산 등 진단대상사업과 관련이 없는 유형자산은 겸업자산으로 보며, 토지 또는 건물의 일부가 임대자산인 경우에는 전체 연면적에 대한 임대면적의 비율로 계산한 금액을 겸업자산으로 본다고 규정하고 있습니다.

다만, 진단을 받는 자가 소유한 본사의 업무용 건축물(부속토지 포함)이 임대자산인 경우에는 실질자산으로 보며, 해당 임대자산에 대하여 진단을 받는 자 또는 타인 명의의 부채(담보로 제공된 경우 채권최고액)는 실질부채로 본다고 규정하고 있는 바, 구체적인 사항은 사실관계를 토대로 등록관청(지자체 등)에서 판단할 사항임을 알려드립니다.

매입한 상가를 사무실 등 실질자산으로 인정할 수 있는 용도로 이용한 경우에는 실질자산으로 인정하나, 이에 관한 사실관계의 증빙을 징구, 확인하여야 함.

25 디자인 사용 보증금 반환채권의 자본금 인정 가부

질의요지

법인 회사에서 특허 및 디자인 등록증를 가진 업체와 사용계약을 하고 일정기간에 쓰는 조건으로 보증금을 지급하고 공증을 받았으며. 기간만료 후 보증금을 반환 받기로 계약할 경우 자본금으로 인정이 되는지 안될 경우엔 법인회사에서는 특허보증을 지출 할 수가 없는데 그것 또한 궁금합니다.

회신내용

건설업관리규정(국토교통부 예규 제2015-113호) 별지2 건설업체 기업진단지침 제21조에 따르면 임차보증금은 임대차계약서, 금융자료, 확정일자, 임대인의 세무신고서 및 시가자료 등에 의하여 평가하며, ①거래의 실재성이 없다고 인정되는 경우 ②임차목적물이 부동산이 아닌 경우(다만, 리스사업자와 리스계약에 의한 리스보증금은 제외한다) 등은 부실자산으로 본다고 규정하고 있습니다.

아울러, 진단대상사업을 수행하면서 예치한 보증금은 그 근거가 되는 계약서, 금융자료, 진단기준일 현재 보증기관의 보관증 및 보증금 납부 후 진단일까지 진단대상사업의 진행상황 등을 종합적으로 판단하여 실재성을 확인한다고 규정하고 있고, 진단대상사업에 직접 제공되지 않는 임차보증금은 겸업자산으로 보고 있으며, 구체적인 사항은 사실관계를 토대로 등록관청에서 판단할 사항임을 알려드립니다.

26 무기명식 양도성예금증서의 실질자산 인정여부

질의요지

건설회사 실질자산 산정 시 양도성예금증서(무기명식)의 실질자산 여부

건설업관리규정에 보면 실질자산 산정 시 무기명식금융상품은 자본총계에서 차감하도록 되어있습니다. 양도성예금증서의 경우 보통의 정기적금의 이자율보다 더 높아 이익을 더 보기 위해 양도성예금증서를 가입하고자 합니다. 이때 예금증서가 있고, 만기시 해지영수증에 건설회사 명칭이 기입되고, 소득세(법인세), 지방소득세 금액이 기입된 해지 영수증을 받습니다.

이런 경우 무기명식 금융상품이지만 건설회사에 가입시 부터 만기시까지 보유하고 있었다는 증빙이 될 수 있다는 생각이 듭니다.

이런 경우 위의 무기명식 금융상품은 실질자산으로 인정받을수 있는지

회신내용

건설업관리규정(국토교통부 예규 제2015-113호) 별지2 건설업체 기업진단지침 제15조에 따라 예금은 진단을 받는 자의 명의로 금융기관에 예치한 장·단기 금융상품으로 요구불예금, 정기예금, 정기적금, 증권예탁금 등을 의미합니다.

이 경우, 예금은 진단기준일(재무제표 결산기준일) 현재의 예금잔액증명서와 진단기준일(재무제표 결산기준일)을 포함한 60일간의 거래실적증명을 확인하되, 허위의 예금, 무기명식 금융상품 등으로 확인된 경우는 부실자산으로 평가하고 있으며, 보다 구체적인 사항은 사실관계를 토대로 등록관청에서 판단할 사항임을 알려드립니다.

27 보험상품의 실질자산 인정여부

질의요지

공사기간이 3년인 공사에서 착공시 공사손해보험을 의무적으로 가입하게 되어있는 공사를 진행 중

에 있습니다. 보험의 경우 보험기간은 착공시부터 준공까지인 3년이고 비용은 가입할때 일시납으로 납부하게 되어있습니다.
이런 경우 금일 보험에 가입하고 보험료를 납부하였다면 금일부터 12월 말까지를 일할 계산하여 올해 결산시 비용으로 처리하고 나머지 금액을 선급비용으로 처리하려고 합니다.
이 선급비용은 건설업관리규정에 보면 실질자산에서 차감하도록 되어있지만 보험료 영수증과 가입기간의 증빙서류는 충분히 있으므로 소명할수 있는 선급비용이라고 생각되어 실질자산 인정여부

회신내용

건설업관리규정(국토교통부 예규 제2015-113호) 별지2 건설업체 기업진단지침 제15조에 따라 예금은 진단을 받는 자의 명의로 금융기관에 예치한 장 · 단기 금융상품으로 요구불예금, 정기예금, 정기적금, 증권예탁금 그 밖의 금융상품을 의미합니다.

따라서, 적립식예금의 성격과 동일한 보험상품에 대하여는 인정 가능하며, 해당 보험상품이 소멸성 보험 상품인 경우에는 실질자산(예금)으로 인정할 수 없을 것임을 알려드립니다.

28 기업진단지침 겸업비율 관련

질의요지

2011년에 청소용역업으로 신설된 법인이 2015년 12월 1일에 조경식재공사업과 조경시설물공사업으로 신규로 추가하여 전문건설업 면허를 냈습니다. 보유하고 있는 업종은 총 5개로 주택관리업(2억), 경비업(1억), 위생청소업, 소독업, 저수조청소업이 있고, 총 자본금 8억 중 주택관리업 면허에 필요한 2억과 경비업에 필요한 1억, 조경식재+조경시설물업에 필요한 3억이 포함되어 있습니다.
대전 서구청 건설과 주무관에 의하면 연말 자본금을 맞춰야 한다고 하는데, 현재까지 공사수입이 전혀 없고, 30일 남짓 남은 상황에서 겸업비율에 맞춰 공사를 수주할 수 없는 상황이므로, 연말자본금을 맞추는 것이 현실적으로 불가능 할 것이라 국토부에 질의를 권하여 이렇게 기업진단지침에 대해 문의하게 되었습니다.
건설업 기업진단지침에 따르면 '공사수입이 없어서 겸업비율을 산정할 수 없는 경우에는 사용면적, 종업원 수 합리적인 방법으로 산정한 금액에 의한다'라고 되어있습니다.
당사와 같이 연말에 신규로 전문건설업 면허를 낸 경우 어떻게 겸업비율을 어떻게 산정해야하는지

회신내용

건설업관리규정(국토교통부 예규 제2015-113호, '15.8.20) 별지2 건설업체 기업진단지침 제3조제7호에 따라 "진단대상사업(건설업) 실질자산"이란 실질자산에서 겸업자산을 차감한 금액을 말하여 같은 조 제3호 및 제4호에 따라 '겸업사업'이란 재무관리상태의 진단대상이 되는 사업 이외의 사업을 말하고, 이 경우 법인등기사항 등 형식적인 사업목적에 불구하고 그 실질적 사업내용에 따라 적용하며, '겸업자산'이란 이 지침에서 겸업자산으로 열거한 자산과 겸업사업을 위하여 제공된 자산을 말합니다.

또한, 동 지침 제28조에 따라 건설업체가 진단대상사업과 겸업사업을 경영하는 경우에는 ① 이 지침에서 겸업자산으로 열거한 자산은 겸업자산으로 하고, 그 겸업자산과 직접 관련된 부채는 겸업부채로 하며, ② ①의 겸업자산과 겸업부채를 제외한 자산과 부채는 가. 진단대상사업과 겸업사업을 상시 구분 경리하여 실지귀속이 분명한 경우에는 실지귀속에 따라 겸업자산과 겸업부채를 구분한다고 규정하고 있습니다.

아울러 같은 조 나.에 따르면 가목에 따라 겸업자산과 겸업부채로 구분할 수 없는 공통자산과 공통부채는 겸업비율에 의하며, 이 경우 겸업비율은 진단기준일이 속한 회계연도의 각 사업별 수입금액 비율로 하고, 다만 하나 또는 그 이상의 사업에서 수입금액이 없어 수입금액 비율을 산정할 수 없는 경우에는 사용 면적, 종업원 수 등 합리적인 방식으로 산정한 겸업비율에 의한다고 규정하고 있으며, 구체적인 사항은 사실관계를 토대로 등록관청(지자체 등)에서 판단할 사항임을 알려드립니다.

29 본사의 업무용 건축물의 임대시 실질자산 판단기준

질의요지

2014.9.29 개정 고시된 "건설업 관리 규정 제23조 [유형자산의 평가] ...... 다만, 진단을 받는자가 소유한 본사의 업무용 건축물[부속토지 포함]이 임대 자산인 경우에는 실질 자산으로 본다" 에 문의 건입니다

'본사의 업무용 건축물'에 대한 정의를 알고자합니다

본사의 업무용 건축물의 범위가 9층의 상가가 있다면 8층, 3층, 4층을 건설업체가 소유하고 있는 상태에서 8층을 건설업체가 사용하고 3층4층을 임대하고 있다면 3층, 4층, 8층 모두를 건설업 자산으로 본다는 의미인지

9층 전체 건물을 건설업체가 매입한 상태에서 8층 건설업의 본사가 업무용 건사무실로 사용하고 있으면서 3층, 4층은 임대하고, 잔여층은 모두 분양을 했을 경우에도 잔여 상가 건물이 "본사의 업무용 건축물"에 포함되는지

회신내용

건설업관리규정(국토교통부 예규 2015-113호) 별지2 건설업체 기업진단지침 제23조제6항에 따르면 임대자산이나 운휴자산 등 진단대상사업과 관련이 없는 유형자산은 겸업자산으로 보며, 토지 또는 건물의 일부가 임대자산인 경우에는 전체 연면적에 대한 임대면적의 비율로 계산한 금액을 겸업자산으로 보도록 하고 있습니다.

다만, 진단을 받는 자가 소유한 본사의 업무용 건축물(부속토지 포함)이 임대자산인 경우에는 실질자산으로 보며, 해당 임대자산에 대하여 진단을 받는 자 또는 타인 명의의 부채(담보로 제공된 경우 채권최고액)는 실질부채로 본다고 규정하고 있습니다.

따라서 상기 규정에 따른 단서 규정은 건설업자가 소유한 본사의 업무용 건축물의 일부를 임대할 경우에 한해 실질자산으로 인정(보증금 등 부채는 제외)됨을 알려드리며, 보다 구체적인 사항은 사실관계를 토대로 등록관청에서 판단할 사항임을 알려드립니다.

30 특허권 실질자본금 인정여부

질의요지

E-인이 보유한 특허권을 외부가치평가기관을 통해서 감정평가를 받은 금액을 기준으로 매매를 한다면 실질자산 인정여부를 알고 싶습니다.

특허권은 해당 면허와 관련된 건설 기술 특허권입니다.

또한 대표이사 개인명의 특허를 법인에 양도했을 경우에 대해서도 실질자산 인정여부를 알고 싶습니다.

회신내용

건설업관리규정(국토교통부 예규 제2015-113호) 별지2 건설업체 기업진단지침 제24조에 따라 무형자산은 부실자산으로 보며, 다만, 진단대상사업과 직접 관련하여 취득한 1.시설물을 기부채납하고 일정기간 무상으로 사용수익할 수 있는 권리(정액법에 따른 상각액을 차감하여 평가) 또는 2.산업재산권(취득원가에 정액법에 따른 상각액을 차감하여 평가)일 경우 예외적으로 무형자산으로 인정합니다.

특허권이 산업재산권으로 해당 건설업자가 보유한 특허권으로 건설업종과 관련이 있는 특허권이라면, 상기 규정에 따른 취득원가, 실재성 등을 확인하여 실질자산으로 인정할 수 있을 것으로 사료되나 구체적인 사안은 특허권과 관련된 사실관계를 토대로 등록관청에서 판단할 사항임을 알려드립니다.

31 건축공사업 실질 자산에 대한 질의

질의요지

건축공사업을 보유하고 있는 법인이 2013년말 결산당시 임차보증금에 4.52억을 반영, 기재하였습니다. 그런데 해당 법인의 대표이사는 "임차보증금 4.52억 중 4억원에 대하여 2014년 7월 26일 3억, 2014년 9월 10일 1억, 총 4억을 법인 대표이사 부인 명의의 건물을 분양받을 때 납입한 금액이다"라고 하였습니다. 이에 아래 각각의 항목에 대하여 질의

위 2014년에 2번에 걸쳐 납입한 금액이 2013년 결산시 건설업 등록기준에 부합하는 자산으로 인정되는지 여부

법인 대표이사 부인의 명의로 상가를 분양계약 및 2014년 05월 29일 소유권이전 등기를 완료하면서 분양대금의 미납금 일부를 〈법인명의로 납입〉하였다면 이 금액을 건설업 등록기준에 부합하는 실질 자산이라 할 수 있는지 여부

법인 대표이사 부인의 명의로 상가를 분양계약 및 2014년 05월 29일 소유권이전 등기를 완료하면서 분양대금의 미납금 일부를 〈법인에서 대표이사 부인의 명의의 건물 부동산에 납입하여 대여금처리〉하였다면 이 금액을 건설업 등록기준에 부합하는 실질 자산이라 할 수 있는지 여부

2 드는 3 항목의 금액은 실질적으로 임차보증금 계정과는 무관하나, 임차보증금 계정에 반영, 장부 기장하였을 때 건설업 등록기준에 인정되는지 여부
법인에서 위 같은 지출을 하였을 때, 건설업 등록기준에 부합하는 실질 자산으로 인정되는지 여부

회신내용

건설산업기본법 제10조 및 같은 법 시행령 제13조에 따르면 건설업을 영위하려는 자는 건설업등록기준이 되는 기술능력, 자본금, 보증가능금액, 사무실, 시설 및 장비 등을 갖추어 업종별로 등록하도록 규정하고 있습니다.

건설업관리규정(국토교통부 예규 2015-113호, '15.8.20) 별지2 건설업체 기업진단지침 제21조에 따르면 임차보증금은 임대차계약서, 금융자료, 확정일자, 임대인의 세무신고서 및 시가자료 등에 의하여 평가하며, 거래의 실재성이 없다고 인정되는 경우나 임차부동산이 본점, 지점 또는 사업장 소재지 및 그 인접한 지역이 아닌 경우 또는 임직원용 주택인 경우 등은 부실자산으로 본다고 규정하고 있습니다.

또한 같은 지침 제19조에 따르면 대여금은 법인세법상 특수관계자에 대한 가지급금 및 대여금은 부실자산으로 보며, 특수관계자가 아닌 자에 대한 대여금은 겸업자산으로 보고 있음을 알려드리며, 구체적인 사항은 사실관계를 토대로 등록관청에서 판단할 사항임을 알려드립니다.

32 임차보증금이 실질자본에 포함되는지 여부

질의요지

토목공사업을 보유하고 있는 법인이 2013년도 회기말에 자본금 기준을 충족한후 2014년 1월에 야적장이 필요하여 예금액 중 1억1천만원을 야적장임차보증금으로 지급하고 계약기간이 끝난 같은해 6월에 임차보증금을 반환 받았습니다.
이에 대하여 관련 증빙자료(임대차계약서, 금융자료 등)를 제출할경우 건설업등록기준에 부합하는 실질자본에 해당하는지

회신내용

건설업관리규정(국토교통부 예규 제2015-113호) 별지2 건설업체 기업진단지침 제21조에 따르면 임차보증금은 임대차계약서, 금융자료, 확정일자, 임대인의 세무신고서 및 시가자료 등에 의하여 평가하며, ①거래의 실재성이 없다고 인정되는 경우 ②임차목적물이 부동산이 아닌 경우(단, 리스사업자와 리스계약에 의한 리스보증금은 제외) ③임차부동산이 본점, 지점 또는 사업장 소재지 및 그 인접한 지역이 아닌 경우 또는 임직원용 주택인 경우, ④임차보증금이 시가보다 과다하여 그 시가를 초과한 금액인 경우에는 부실자산으로 본다고 규정하고 있습니다.

따라서, 야적장의 임대와 관련한 실질자산 인정여부는 위의 규정을 토대로 해당 등록관청에서 종합적으로 검토하여 판단할 사항임을 알려드립니다.

33 진단대상사업의 의미

질의요지

당해 업체는 기계설비공사업을 영위하고 있는 전문건설업 미등록 업체입니다.

전문건설업을 등록하기 위해 자본금 2억원으로 설립은 하였으나 회사 사정상 등록하지 못하고 동일업종(기계설비공사업)의 소규모 공사를 하며 2년정도 지났습니다.

금번 기계설비공사업으로 전문건설업 등록하려고 하는데요, 등록을 위한 기업진단시 궁금한 점이 있어서 문의드립니다.

기존에 영위하던 기계설비공사업은 면허만 없지 등록하고자 하는 전문건설업과 동일업종이며 그 공사외에는 다른 수입이 없었습니다. 이경우, 당해 업체가 제시한 재무제표상 자산 부채를 진단시 겸업사업이 아니라 실질사업과 관련된 것으로 보고 평정에 반영할 수 있는지

참고로, 건설업체기업진단지침 제3조(정의) 3호에 "겸업사업"이란 재무관리상태의 진단대상이 되는 사업 이외의 사업을 말한다. 이 경우 법인등기사항 등 형식적인 사업목적에 불구하고 그 실질적 사업내용에 따라 적용한다고 되어 있는데요, 여기서 말하는 "진단대상이 되는 사업"은 동일건설업종만 충족하면되는 것인지 아니면 다른 조건을 필요로 하는지

회신내용

건설업관리규정(국토해양부 예규 제2015-113호) 기업진단지침 제2조에 따르면 동 지침이 건설업 등록기준 중 사업자의 실질자본에 대한 진단에 관하여 적용한다고 규정하고 있고, 제3조에 따르면 겸업사업이란 재무관리상태의 진단대상이 되는 사업 이외의 사업을 말한다고 규정하고 있으며, 진단대상 실질자본이란 진단대상사업의 실질자산에서 진단대상사업의 실질부채를 차감한 금액으로서 진단대상이 되는 사업의 실질자본을 말한다고 규정하고 있습니다.

따라서 '진단대상사업'이란 건설산업기본법 제8조 및 같은 법 시행령 제7조에 따른 건설업을 의미하며, 질의 사항이 등록기준의 요건을 충족하기 위해서는 상기 규정에 따른 실질자본의 요건을 충족하여야할 것으로 판단되며, 보다 자세한 사항은 사실관계 등을 토대로 등록관청에서 판단할 사항임을 알려드립니다.

34 '일시적으로 조달된 예금'이란

질의요지

'일시적으로 조달된 예금'이란

회신내용

건설업관리규정(국토교통부 예규 제2014-85호) '별지2' 건설업체 기업진단지침 제7조제2항제3호에 따르면 예금은 진단기준일 현재의 예금잔액증명서와 진단기준일을 포함한 60일간의 거래실적증명을 확인하되 허위의 예금이나 일시적으로 조달된 예금으로 확인된 경우는 부실자산으로 분류하도록 규정하고 있습니다.

이 경우 일시적으로 조달된 예금이라 함은 경상적인 경영활동을 통해 입출금된 예금이 아닌 출처가 불분명하게 입출금된 예금 등 일시적 예금을 의미하는 것으로 구체적인 실질자본 인정 여부는 해당 등록관청에서 거래실적증명 등 관련 자료를 토대로 최종 판단하여야 할 것입니다.

35 직원 숙소 보증금의 실질자산 인정 여부

질의요지

직원 숙소 보증금의 실질자산 인정 여부

회신내용

건설업관리규정(국토교통부 예규 제2015-113호, '15.8.20) 별지2 건설업체 기업진단지침 제21조에 따라 임차보증금은 임대차계약서, 금융자료, 확정일자, 임대인의 세무신고서 및 시가자료 등에 의하여 평가하며, ①거래의 실재성이 없다고 인정되는 경우 ②임차목적물이 부동산이 아닌 경우 ③임차부동산이 본점, 지점 또는 사업장 소재지가 아닌 경우 또는 임직원용 주택인 경우에는 부실자산으로 보고 있습니다.

따라서 상기 규정에 따라 임직원용 주택에 대한 임차보증금은 실질자산으로 인정되기 어려울 것으로 보입니다. 다만, 수행중인 건설현장의 일시적인 직원 숙소의 용도로 주택을 임차한 경우에는 실질자산으로 인정할 수 있을 것입니다. 따라서, 본건에 대해서는 해당 임차 부동산의 현장 접근성, 실제 직원숙소로 사용하고 있는 실재성, 보증금의 적정성 등을 객관적으로 확인하여 등록관청에서 실질자산 여부를 판단할 사항임을 알려드립니다.

36 법인 대표 명의의 건물을 임차한 경우 임차 보증금의 실질자본 인정 여부

질의요지

법인 대표 명의의 건물을 임차한 경우 임차 보증금의 실질자본 인정 여부

회신내용

건설산업기본법 제10조 및 시행령 제13조에 따르면 건설업을 영위하려는 자는 건설업등록

기준이 되는 기술능력, 자본금, 보증가능금액, 시설 및 장비 등을 갖추어 업종별로 등록하도록 규정하고 있으며, 건설업관리규정(국토해양부 예규 제2014-85호) 별지2 건설업체 기업진단지침 제21조에 따르면 임차보증금은 임대차계약서, 금융자료, 확정일자, 임대인의 세무신고서 및 시가자료 등에 의하여 평가하며, 거래의 실재성이 없다고 인정되는 경우나 임차부동산이 본점, 지점 또는 사업장 소재지 및 그 인접한 지역이 아닌 경우 또는 임직원용 주택인 경우 등은 부실자산으로 본다고 규정하고 있습니다.

임차 건물의 소유자가 법인 대표자인 경우 보증금의 인정에 관하여 상기 법령에 따른 별도 규정은 없으나 대표이사 등 특수관계자가 소유한 건물에 대한 보증금은 대여금, 가지급금 등 부실자산의 우려가 있으므로 자산의 실재성, 진단대상사업과 관련성 등에 관하여 보증금 관련 계약서, 금융자료 및 자금출처 등을 면밀히 확인하여 등록관청에서 판단할 사항임을 알려드립니다.

37 직원급여로 인출된 예금의 실질자본금 해당 여부

질의요지

직원급여로 인출된 예금의 실질자본금 해당 여부

회신내용

건설업관리규정(국토해양부 예규 제2015-113호) 별지2 건설업체 진단지침 제15조제3항에 따르면 예금의 평가는 진단기준일 현재 진단을 받는 자 명의의 금융기관 예금잔액증명과 진단기준일을 포함한 60일간의 은행거래실적증명을 제시하지 못하는 경우나, 이 지침에서 부실자산이나 겸업자산으로 보는 자산을 회수하는 형식으로 입금된 후 진단기준일을 포함한 60일 이내에 그 일부 또는 전부가 부실자산이나 겸업자산으로 출금된 경우 등은 부실자산으로 처리하도록 규정하고 있습니다.

다만, 진단기준일 현재 보유하던 실질자산을 예금으로 회수하거나 진단기준일 후 실질자산의 취득 또는 실질부채의 상환을 통하여 예금을 인출한 경우에는 이를 가감하여 은행거래실적 평균잔액을 계산할 수 있다고 규정하고 있습니다.

따라서 질의한 직원급여의 경우 지출된 자금의 출처가 허위 · 일시적 예금여부나 경상적인 경영활동에 의한 인출인지 여부 및 부채 계상 여부 등 사실관계를 토대로 등록관청에서 판단할 사항임을 알려드립니다.

38 비상장주식의 실질자본 인정여부

질의요지

비상장주식의 실질자본 인정여부

회신내용

질의하신 사항이 비상장 주식의 실질자산 인정과 관련된 것이라면, 건설업관리규정(국토교통부 예규 제2015-113호) 별지2 건설업체 기업진단지침 제7조제2항제1호에 따라 비상장주식은 겸업자산으로 보고 있으므로 건설업 실질자산으로 인정하고 있지 않음을 알려드립니다.

건설업관리규정(국토교통부 예규 제2015-113호) 별지2 건설업체 기업진단지침 제7조제2항제1호에 따라 비상장주식은 겸업자산으로 보고 있으며, 실질자본에서 제외되어 관리되고 있음을 알려드립니다.

질의하신 민원은 기신청한 민원(1AA-1511-251958)에서 회신한 내용과 동일하며, 보다 구체적인 사항은 사실관계를 토대로 등록관청에서 판단할 사항임을 알려드립니다

비상장주식은 한국금융투자협회 회원사(예, OO증권)에 예탁하고 있는 경우에도 겸업자산에 해당됨 (실재성을 갖춘 실질자산일 수는 있으되, 진단대상사업용 자산이 아닌 겸업자산임)

투자자산은 진단지침 제22조(투자자산 등의 평가)에 따라 겸업자산으로 처리함

2. 기술능력

39 전문건설업 등록인력 중복 가능여부

질의요지

호사에서 전문건설업(기계설비공사업, 시설물유지관리업)을 보유하고 있습니다.
해당 면허에 등록되어있는 기술인력 중 안전진단전문기관(경기도 등록), 방재안전대책대행자(국민안전처 등록), 엔지니어링활동주체(한국엔지니어링협회 등록)에 중복하여 등록되어 있는데 중복이 가능한 내용인지 궁금합니다.

회신내용

건설산업기본법 제10조 및 시행령 제13조에 따라 건설업을 영위하려는 자는 건설업등록기준이 되는 기술능력, 자본금, 보증가능금액, 시설 및 장비 등을 갖추어야 하며, 같은 법 제83조 제2호에 따라 건설업 등록기준에 미달한 사실이 있는 때에는 영업정지 처분을 받게 됩니다. 이 경우, 건설업 등록기준중 기술능력의 확인은 건설업관리지침 제3장 3. 나.에 따라 한국기술인협회의 업체별 건설기술자 자료와 기술자 자격증, 제출받은 고용보험 가입증명(제외자는 국민연금보험, 건강보험, 산업재해보상보험 중 하나로 갈음) 등을 상호대조, 확인하여 미달 여부를 확인하며, 같은 법 시행령 별표2 비고1에 따라 기술자는 상시근무자여야 하므로 건설 업종별로 각각의 기술능력을 충족해야 하기 때문에 2개 업종의 기술능력을 중복하여 인정받을 수는 없음을 알려드립니다

40 기술능력 고용보험 가입 필수여부

질의요지

건설업관리규정(시행 2014.9.29.) 제2장 건설업의 등록 중, 3. 건설업등록기준의 적격여부 확인의 가. 기술능력을 확인시 업체의 사내이사와 감사가 기술자로 등록되어 있는 경우에도 고용보험 가입이 필수사항인지

고용보험이 미가입인 경우, 업체에서 매월 사내이사와 감사를 기술자로 고용하여 월급을 지급하였다는 증빙서류가 있는 경우 '상시 근무하는 자'로 인정이 가능한지

회신내용

건설업 등록기준 중 기술능력인 건설기술자는 건설산업기본법 시행령 제13조 별표2 비고 제1항 가목에 따라 상시 근무하는 자이어야 하고, 기술능력인 건설기술자로서의 적격여부는 한국건설기술인협회의 업체별 건설기술자 자료와 기술자격증 사본, 업체로부터 제출 받은 고용보험 가입증명(사업장별 피보험자격 취득자 목록 및 피보험자격 이력 내역서 등을 말하며 고용보험법 제10조에 따른 적용제외 근로자인 경우에는 국민연금보험, 국민건강보험 또는 산업재해보상보험 가입증명 중의 어느 하나로 갈음할 수 있다) 등을 상호대조, 확인하여 처리하며, 필요한 때에는 건설기술자 개인별 경력사항, 고용계약서 사본 등을 통해 실제 근무여부를 확인하도록 하고 있습니다. 건술기술자의 상시 근무여부는 매달 근무일, 일별 근무시간과 근로계약 관계, 실제 근무실적, 임금 지급 사실, 국민연금(건강, 산재, 고용보험 등 포함) 등을 상호대조, 확인 등 관련 자료를 종합하여 해당 직원이 해당 사업장에 계속적으로 근무했는지를 등록관청에서 판단할 사항임을 알려드립니다.

41 건설업 추가 등록시 기술자 중복인정

질의요지

건설회사면허 관련 하여 문의 드립니다.

기존 토건면허에 철콘전문면허를 추가로 등록하였습니다. 기술자는 토목 5명, 건축 6명, 철콘 2명 이렇게 근무하고 있습니다. 그런데 현재 철콘기술자 한분이 퇴사를 해야 하는데 기술자 중복이 가능한지 여부

면허신청시에는 기술자가 요건이 충족되어 필요치 않았으나 현재 철콘면허에 해당하는 기술자가 퇴사를 하게 되어 문의드립니다. 기술자 퇴사후 기술자 보유인원은 토목 5명, 건축 6명, 철콘 1명입니다. 위 내용으로 관련 협회에 문의를 하였으나 면허신청시 중복을 신청하지 않아 중복인정에 대한 확답을 해주지 못하였습니다. 기술자를 중복받을수 있는지 여부와 신청절차를 알고 싶습니다.

회신내용

건설산업기본법 시행령 제16조에 따라 건설업자가 다른 업종의 건설업 등록을 추가로 신청하는 경우에는 ①자본금의 경우는 보유하고 있는 업종의 별표2에 따른 최저 자본금기준의 2분의 1을 한도로 1회에 한정하여 등록하려는 업종의 최저 자본금기준의 2분의 1에 해당하는 자본금을 이미 갖춘 것으로 인정하며, ②기술능력의 경우는 보유하고 있는 업종의 별표2에 따른 기술능력과 등록하려는 업종의 기술능력이 같은 종류, 등급으로서 공동으로 활용할 수 있는 경우 국토해양부장관이 정하여 고시하는 바에 따라 1회에 한정하여 기술능력을 이미 갖춘 것으로 인정할 수 있습니다.

또한 「건설업관리규정」 제2장 3.(건설업등록기준의 적격여부 확인) 아.(건설업등록기준의 중복 인정에 관한 특례 적용기준) (2)에 따르면 영 제16조제1항의 "1회에 한정하여" 중 1회란 자본금과 기술능력에 대한 각각 한번의 횟수를 말하며, 둘 이상의 업종을 동시에 추가 등록하는 경우에는 자본금의 인정 업종과 기술능력의 인정 업종을 각기 달리 선택하여 특례 인정을 받을 수 있다고 되어 있습니다.

따라서, 위 특례 규정에 따라 건설업자는 건설업종 추가 등록 시 등록기준 중 1회에 한정하여 등록기준 중 자본금과 기술능력을 동시에 또는 각각 적용 받을 수 있으며, 이 경우 등록 신청시 신청서류 등에 특례 적용에 관한 신청인의 의사표시가 기재된 서류가 첨부되어야 할 것으로 판단되나 구체적인 사항은 철근콘크리트공사업을 추가 신청시점과 신청서류 및 전산

시스템 등재 상황, 자본금에 대한 특례 인정여부 등 사실관계를 토대로 등록기관인 처분청(시군시 또는 시도지사)에서 판단할 사항으로 보입니다.

42 제1종 가스시설시공업 기술자 인정기준 관련

질의요지

건설산업기본법 시행령 별표2 건설업의 등록기준(제13조관련)에 나오는 등록기준 중 기술능력을 보면

1. 가스관계업무에 종사한 실무경력이 5년 이상인 자로서 국가기술자격법에 의한 가스산업기사 이상의 기술자격취득자 1인 이상
2. 건설기술관리법에 의한 토목분야 건설기술자 또는 국가기술자격법에 의한 용접산업기사 또는 가스기능사 이상의 기술자격취득자 중 1인 이상
3. 다음 각 목의 1에 해당하는 자 중 1인 이상
   가. 국가기술자격법에 의한 전기용접, 가스용접, 특수용접기능사 또는 배관기능사 이상의 기술자격취득자
   나. 가스관계업무에 종사한 실무경력이 5년 이상인 자로서 한국가스안전공사가 실시하는 가스시설시공관리자양성교육을 이수한 자

라고 명시되어 있습니다. 1, 2, 3 각각 1명 이상이 있어야 되는건지, 아니면 1번에 해당되는 기술자가 몇명있어도 등록기준에 해당되는건지 알고 싶습니다.
예를 들어, 가스산업기사가 3명일 경우 1, 2, 3-가에 해당되는지 여부가 알고 싶습니다. [1.가스산업기사 이상, 2.가스기능사 이상, 3-가.배관기능사 이상]

회신내용

건설산업기본법 제9조에 따라 건설업을 하려는 자는 업종별로 등록하여야하고 동 법 제10조 및 동 법 시행령 제13조에 따라 업종별로 기술능력, 자본금, 시설 및 장비 등을 갖추어야 하며 시행령 제13조 별표2에서는 업종별로 건설업 등록기준을 세부적으로 규정하고 있습니다. 가스시설시공업 1종의 경우 기술능력은 별표2상의 각 호(1, 2, 3)의 기술능력을 각각 1인 이상 충족하여야함을 알려드리며 보다 자세한 사항은 등록업종, 기술자현황, 기숙자격 확인 등 사실관계 등을 토대로 등록관청인 처분청에 문의하시기 바랍니다.

43 기술자 상시 근무 요건

질의요지

1. “갑”이 주택관리사 자격과 건축사 자격을 동시에 보유 중
2. “갑”이 A회사의 B공동주택에 주택관리사 관리소장으로 배치 신고 됨
3. “갑”이 A회사의 시설물유지관리업 법정인력으로 선임 신고 됨.

“갑”이 A회사 소속의 건축사 자격으로 시설물유지관리업 법정인력으로 선임되어 있고, 동시에 상시 근로가 불가능한 전혀 다른 장소인 B공동주택의 주택관리사 자격으로 배치된 경우 건설산업기본법에 따른 시설물유지관리업의 법정인력 이중 자격 선임이 가능한지

주택법에 따른 주택관리사 이중 자격 선임이 가능한지

시설물유지관리업 법정인력 이중 자격 선임이 위법일 경우 A회사의 처벌기준

주택법에 따른 B공동주택에 이중 선임된 주택관리사 자격에 대한 처벌기준

회신내용

건설산업기본법 제10조 및 시행령 제13조에 따라 건설업을 영위하려는 자는 건설업등록기준이 되는 기술능력, 자본금, 보증가능금액, 시설 및 장비 등을 갖추어야 하며, 같은 법 시행령 별표2 비고1에 따라 기술자는 상시근무자여야 하므로 이를 위반할 경우 같은 법 제83조 제3호에 따라 건설업 등록기준에 미달한 사실이 있는 때에는 영업정지 처분을 받게 됩니다. 질의 사항과 관련하여 A 회사의 주택관리사 관리소장으로 상시적으로 근무하면서 시설물유지관리업의 기술자로 동시에 근무할 경우 시행령 별표2 비고1에 따른 상시 근무가 불가능한 것으로 보이나 보다 구체적인 사항은 위의 규정을 토대로 관할 등록관청에서 관련서류, 사실관계 등의 조사를 통하여 판단할 사항임을 알려드립니다.

44 기술자인 건설업 대표자의 겸직 가부

질의요지

A건설업의 대표이사면서 기술자로 등재되어있는데, 얼마전에 B주택건설업 대표이사로 취임하였습니다. 무보수로 하여 4대보험을 가입하지 않아도, A건설업의 기술자로 인정받지 못하는지 또한 현장대리인 자격도 안되는지 대표이사가 아닌 비상임이사로 등재되어있는 경우에는 기술자도 인정받을수 있는지

회신내용

건설산업기본법상 건설업체 A법인의 대표자가 다른 건설업체 B법인의 대표자를 겸직하는 것에 대해 특별히 제한하고 있는 규정이 없으므로, 해당 법인의 대표자가 A, B법인의 건설업 등록기준상 기술능력에 해당하는 필수 기술자로 등록되어 있지 않다면 법인간의 겸직이 가능할 것으로 사료됩니다.

다만, 건설업 등록기준상 기술능력에 해당하는 건설기술자는 「건설산업기본법 시행령」 제7조 및 별표2 비고1 가목의 규정에 의하여 상시근무하는 자를 말하므로 해당 건설기술자가 타업종 대표이사(무보수, 비상근 포함)로 재직하면서 건설업체의 기술자로 겸직하는 경우에는 상시 근무하는 것으로 보기는 어려울 것이므로 건설업 등록기준상 기술능력으로 인정받을 수 없을 것으로 판단되며 보다 자세한 사항은 구체적인 사실관계를 종합적 고려하여 등록관청에서 판단할 사항임을 알려드립니다.

45 기술능력 미달 법인이 회생절차 중인 경우 등록기준 일시적 미달에 해당되는지 여부

질의요지

당사는 전문건설업을 영위하고 있었으며, 2012년 기업회생 신청으로 인하여 건설인력이 모두 무단퇴사를 하여 기술자 1명만 재직하다가 2015년 1월에 추가 1명을 충원하였습니다. 금번 건설업 등

록 주기적 신고에서 2013년, 2014년 기술자 등록 기준 미달로 인해 영업정지라는 행정처분이 예정되어 있습니다. 건설산업기본법 시행령 제79조를 보면 회생절차가 진행중인 기업에 대해서는 자본금이 미달하여도 행정처분이 되지 않는다고 하는데, 회생기업에 대해 기술자 미달의 경우에는 행정처분의 유보가 되지 않는지

또한 회생절차가 진행중인 기업에 대해 영업정지의 처분을 내리게 되면 회사는 파산을 하게 됩니다. 영업정지 이외의 행정처분은 없는지

회신내용

건설산업기본법 제10조에 따라 건설업자가 건설업을 등록할 경우에는 기술능력, 자본금, 시설 및 장비, 보증가능금액 등의 건설업 등록기준을 상시 갖추어야 하며, 같은 법 제83조제3호에 따라 건설업자가 건설업의 등록기준에 미달한 사실이 있는 때에는 1년 이내의 기간을 정하여 영업정지 처분을 받도록 규정하고 있습니다.

다만, 같은 법 시행령 제79조의2에 따른 일시적인 등록기준 미달의 경우에 해당한다면 등록기준 미달에 따른 행정제재처분의 예외로 볼 수 있으나, 채무자 회생 및 파산에 관한 법률에 따라 법원이 회생절차의 개시의 결정을 하고 그 절차가 진행 중인 경우 등(제79조의2제3호)은 자본금기준에 미달하는 경우에 한하며, 기술능력 미달은 기술능력에 해당하는 자의 사망, 실종 또는 퇴직으로 인하여 등록기준에 미달되는 기간이 50일 이내인 경우에 적용됨을 알려드리며, 보다 구체적인 사항은 사실관계를 토대로 처분관청에서 판단할 사항임을 알려드립니다.

46 건설공사업과 건설기술용역업의 기술능력 중복 가부

질의요지

1 법인등록번호, 상호, 대표자, 본점, 법인등록번호, 본점 소재지는 같으며 사업자 등록번호와 사업장소재지가 다른 A전문건설업체와 B서비스 기술용역의 회사가 있습니다.
이럴 경우 같은 A와 B를 같은 회사로 볼 수 있는지 여부

2 A전문건설업 기술 인력은 1명이 등재되어 있으며, B서비스 기술용역에 전문건설업 기술 인력으

로 인정 할 수 있는 1명이 등재되어 있으며, 이럴 경우 사업장 소재지가 다르며 사업자 등록번호가 다른 A, B회사를 같은 회사로 보아 B서비스 기술용역에 등재된 2명을 A전문건설업 등록기준 기술 인력으로 인정 할 수 있는지

회신내용

건설산업기본법 제9조에 따라 건설업을 등록하고자 하는 자는 주된 영업소 소재지(본점)의 시 · 군 · 구청 등에서 건설업 등록을 하여야 하며, 해당 건설업자의 지점 소재지에서 중복하여 건설업 등록을 할 수는 없습니다.

또한, 건설업관리규정(국토교통부 예규 제2015-113호, '15.8.20) 제2장제3호 바목에 따르면 자본금기준 등 건설업 등록기준의 적격여부를 검토할 때에는 건설업종 중복보유 및 주택건설업, 전기공사업, 정보통신공사업 등 다른 법률에 따른 자본금기준 등 등록기준이 있는 업종을 함께 보유하고 있는지 확인하고, 이를 고려하여 적격여부를 판단하도록 규정하고 있음을 알려 드립니다.

건설업관리규정(국토해양부 예규 제2010-175호) 제2장제3호 바목에 따르면 자본금기준 등 건설업 등록기준의 적격여부를 검토할 때에는 건설업종 중복보유 및 주택건설업, 전기공사업, 정보통신공사업 등 다른 법률에 따른 자본금기준 등 등록기준이 있는 업종을 함께 보유하고 있는지 확인하고, 이를 고려하여 적격여부를 판단하도록 규정하고 있습니다.

또한, 주택건설업과 종합건설업(토목건축공사업 또는 건축공사업에 한정)은 주택법 시행령 제10조에 따라 자본금, 기술인력 및 사무실 등록기준은 중복 인정할 수 있도록 규정하고 있습니다.

따라서, 엔지니어링업의 경우 건설업과 등록기준을 상호 중복 인정받을 수 있도록 건설산업기본법령에 명시하고 있지 않으므로 중복 인정을 받을 수 없을 것으로 판단됩니다. 다만, 엔지니어링업의 등록기준과 관련된 관계법령 등에 건설산업기본법에 따른 건설업의 등록기준의 상호 중복이 가능한 것으로 규정하고 있는 지는 해당 법령의 소관부처에 문의하여 주시기 바랍니다.

47 산업환경설비 공사업의 기술능력 관련

질의요지

건산법 별표2 건설업의 등록기준에 의하면 "산업환경설비공사업" 면허의 유지조건이 기계. 금속. 화공 및 세라믹. 전기. 전자. 통신. 토목. 건축. 광업자원. 정보처리. 국토개발. 에너지. 안전관리, 환경산업응용분야의 기술자로서 기사 또는 건설기술진흥법에 의한 중급기술자 6인을 포함한 산업기사 또는 건기법에 의한 초급기술자 이상의 기술자 12인 이상으로 되어있습니다.

이 중 국토개발부분에서 2014년도에 건기법이 변경되어 국토개발에 속해있던 조경기술자가 국토개발이 아닌 조경으로 변경된 것으로 아는데 이러면 산업환경설비공사업 면허 유지조건에 해당이 안 되는지 궁금합니다.

회신내용

건설산업기본법 제10조 및 시행령 제13조에 따라 건설업을 영위하려는 자는 건설업등록기준이 되는 기술능력, 자본금, 보증가능금액, 시설 및 장비 등을 갖추어야 하며, 건설산업기본법 시행령 제13조 별표2에 따르면 산업환경설비공사업의 기술능력으로 건설기술진흥법에 의한 국토개발분야의 조경기사 또는 조경분야의 중급기술자 이상인 자 중 2인을 포함한 조경분야 건설기술자 4인 이상 등의 건설기술자를 등록 요건으로 규정하고 있습니다.

따라서 조경기술자(기술사, 기사, 산업기사 등)가 건설기술진흥법 시행령 제4조 별표1(건설기술자의 범위) 및 '건설기술자 등급 인정 및 교육 · 훈련 등에 관한 기준(국토교통부고시 제2015-468호, 2015.6.30)' 제3조 별표1(국가자격 종목)에 따른 조경분야 기술자에 해당한다면 건설업의 기술능력에 해당할 것으로 보입니다.

48 출산휴가의 경우 기술능력 미달 여부

질의요지

전문건설업을 영위하고 있는 업체입니다.
전문건설업을 영위하기 위해서는 건설산업기본법에 의한 등록기준을 충족해야만 하는데, 그중에 기술능력에 대해 문의합니다.
전문건설업을 영위하려면, 해당 등록공사업에 대한 기술자격취득자가 상시 근무 하여야 된다고 법에 명시 되어있는데, 그중 기술자격취득자가 출산휴가를 가야될 상황입니다.
고용노동 법에 90일간 출산휴가를 줄수 있다고 되어있는데
출산 휴가로 인한 기술자 공백이 생길 경우에는 상시근로 기술자로 봐야하는 건지, 아니면 출산휴가로 인한 공백기간동안 다른 기술인력을 채용해야되는지
육아휴직과 같은 경우에도 어떻게 되는지

회신내용

건설산업기본법령상 출산휴가자의 기술능력 인정여부에 대한 명문화된 규정은 없으나, 출산휴가와 같이 불가피한 경우로 근로기준법에서 정하고 있는 90일의 출산전후휴가에 해당하는 경우라면 건설업 등록기준상의 기술능력에 미달한 것으로 볼 수는 없을 것으로 판단됨을 알려드립니다.

49 대표자 겸직시 기술능력 인정 여부

질의요지

대표자 겸직시 기술능력 인정 여부

회신내용

건설산업기본법 제10조 및 시행령 제13조에 따라 건설업을 영위하려는 자는 건설업 등록기준이 되는 기술능력, 자본금, 보증가능금액, 시설 및 장비 등을 갖추어 업종별로 등록하여야 하며, 건설업 등록기준상 기술능력에 해당하는 건설기술자는 「건설산업기본법 시행령」 제7조 및 별표2 비고1 가목의 규정에 의하여 상시근무하는 자를 말하므로 건설기술자가 다른 건설업자의 소속 건설기술자로 타업종 대표이사(무보수, 비상근 포함)로 재직하면서 건설업체의 기술자로 겸직하는 경우에는 상시 근무하는 것으로 보기는 어려울 것이므로 건설업 등록기준상 기술능력으로 인정받을 수 없을 것으로 판단되며 보다 자세한 사항은 구체적인 사실관계를 종합적 고려하여 등록관청에서 판단할 사항임을 알려드립니다.

50 건설업 기술인력 이중등록 가능여부

질의요지

건설업등록 시 개인업체의 대표자 겸 기술인력으로 등록 한 후 다른 회사의 이사 또는 기술인력으로 취업 한 경우 기술능력 인정여부

건설업 등록기준 중 기술인력은 건설산업기본법 시행령 제13조 별표2 비고1에 의거 상시 근무자이어야 하나 다른회사의 기술인력으로 이중취업하였을 경우 상시근무가 불가능 한 것으로 판단 기술인력 미달로 영업정지 등 행정처분이 가능 여부

기술인력 이중등록으로 인한 기술인력 미달로 행정처분시 어느 한 회사의 업종은 기술인력이 미달하나 다른회사의 기술인력은 인정되므로 청문 등의 과정에서 의견제출을 받아 한곳의 회사 만 기술인력 미달로 행정처분이 가능 여부

기술인력 이중등록으로 인한 기술인력 미달로 행정처분 시 본인이 대표이사로 속한 회사는 기술인력을 인정하고 이중등록한 다른 회사에 대하여 기술인력 미달로 하여 달라는 의견제출 시 의견제출 내용대로 다른회사를 기술인력 미달로 행정처분이 가능한지

회신내용

건설산업기본법 제10조 및 시행령 제13조에 따라 건설업을 영위하려는 자는 건설업등록기준이 되는 기술능력, 자본금, 보증가능금액, 시설 및 장비 등을 갖추어 업종별로 등록하여야 하며, 같은 법 시행령 별표2 비고1에 따라 기술자는 상시근무자 일것을 규정하고 있습니다. 건설회사의 기술자로 근무하는 자가 다른회사의 기술자나 임원 등을 겸직하는 경우에는 상기 규정에 따른 상시근무 조건을 충족하지 못하므로 건설업등록기준상의 기술능력으로 인정받을 수 없으므로 같은 법 제83조제3호에 따라 영업정지 처분 대상이 될 수 있으며, 해당업체의 기술능력 인정 여부는 건설업관리규정(국토교통부 예규 제2015-113호)에 따라 한국기술인협회의 업체별 건설기술자 자료와 기술자자격증 사본 및 고용보험 가입증명 등을 상호대조, 확인하여 처리하며, 필요한 경우 건설기술자 개인별 경력사항, 고용계약서 등 사실 확인을 위한 자료를 추가로 제출받아 확인할 수 있을 것으로 판단되나 구체적 사항은 사실관계를 토대로 등록관청에서 판단할 사항입니다.

참고로, 질의한 사항이 기술자격증 대여와 관련된 것이라면, 건설산업기본법 제21조의2에 따라 건설업자는 국가기술자격증 또는 건설기술경력증을 다른 자에게 빌리거나 빌려 주어서는 아니되며, 같은 법 제82조제1항제2호에 따라 국가기술자격증 등의 대여 금지를 위반하여 국가기술자격증 또는 건설기술경력증을 다른 자에게 빌리거나 빌려 준 때에는 6개월 이내의 영업정지 처분(또는 영업정지를 갈음하여 1억원 이하의 과징금 부과)을 하도록 규정하고 있으며, 같은 법 제83조제6호에 따라 국가기술자격증 또는 건설기술경력증을 다른 자에게 빌려 건설업의 등록기준을 충족하거나 국가기술자격증 또는 건설기술경력증을 다른자에게 빌려 주어 건설업의 등록기준에 미달한 사실이 있는 때에는 등록말소 처분을 하도록 규정하고 있음을 알려드립니다.

건설업 등록기준 중 기술능력인 건설기술자는 건설산업기본법 시행령 제13조 별표2 비고 제1항 가목에 따라 상시 근무하는 자이어야 하고, 기술능력인 건설기술자로서의 적격여부는 한국건설기술인협회의 업체별 건설기술자 자료와 기술자격증 사본, 업체로부터 제출 받은 고용보험 가입증명(사업장별 피보험자격 취득자 목록 및 피보험자격 이력 내역서 등을 말하며 고용보험법 제10조에 따른 적용제외 근로자인 경우에는 국민연금보험, 국민건강보험 또는 산업재해보상보험 가입증명 중의 어느 하나로 갈음할 수 있다) 등을 상호대조, 확인하여 처리하며, 필요한 때에는 건설기술자 개인별 경력사항, 고용계약서 사본 등을 통해 실제 근무여부를 확인하도록 하고 있습니다. 건술기술자의 상시 근무여부는 매달 근무일, 일별 근무시간과 근로계약 관계, 실제 근무실적, 임금 지급 사실, 국민연금(건강보험, 산재보험, 고용보험 등 포함) 등을 상호대조, 확인 등 관련 자료를 종합하여 해당 직원이 해당 사업장에 계속적으로 근무했는지를 등록관청에서 판단할 사항임을 알려드립니다.

51 전문건설업체(기계설비공사업, 전문소방공사업)의 대표이사 기술인력 중복 인정관련

질의요지

기계설비공사업과 전문소방공사업을 겸업하고 있으며 대표이사로 재직하는 기술자의 기술인력 인정관련 소방기사 자격증과 건축분야 특급기술자 자격을 갖추고 있습니다. 이 경우 기계설비공사업의 기술자(2인 중 1인)로 그리고 전문소방공사업의 주인력으로 중복하여 인정받을수 있는지

회신내용

건설업관리규정(국토교통부 예규 제2015-113호) 제2장제3호 바목에 따르면 자본금기준 등 건설업 등록기준의 적격여부를 검토할 때에는 건설업종 중복보유 및 주택건설업, 전기공사업, 정보통신공사업 등 다른 법률에 따른 자본금기준 등 등록기준이 있는 업종을 함께 보유하고 있는지 확인하고, 이를 고려하여 적격여부를 판단하며, 다른 법률에 따른 등록업종의 등록기준을 모두 충족하지 아니한 때에는 건설업등록기준을 부적격한 것으로 처리하되, 해당 신청인이 보유한 등록업종의 등록기준을 모두 충족시키는 조치를 취한 경우에는 적격으로 처리한다고 규정하고 있습니다.

또한, 주택건설사업자(또는 대지조성사업자)와 종합공사를 시공하는 건설업종을 등록한 건설업자(토목건축공사업 또는 건축공사업에 한정)는 주택법 시행령 제10조에 따라 자본금, 기술인력 및 사무실 등록기준은 중복 인정하도록 규정하고 있습니다.

따라서 전문소방공사업의 경우 건설산업기본법령에서는 건설업과 등록기준을 상호 중복 인정하는 규정이 없음을 알려드리며, 전문소방공사업의 등록기준과 관련하여 더 궁금하신 사항이 있으신 경우에는 해당 법령의 소관부서에 문의하여 주시기 바랍니다.

52 건설업면허 말소상태의 경우 기술자 등록기준 충족 여부

질의요지

건설업면허 말소 처분 상태로 행정소송 중에 있습니다. 진행중이던 공사 3건에 대하여 발주처에 통보하고, 준공시까지 계속 시공할 수 있도록 통보받은 상태입니다. 시공중에 기술자 한명이 퇴사하여 건설업 등록기준에 기술자 보유 미달 상태로 50일 유예기간에 있는 상황입니다.

시공 중인 공사 3건에 대하여는 현장대리인이 모두 선임되어 있는 상황으로, 건설업 등록기준 미달 여부가 공사 진행에 문제가 되는지, 유예기간 안에 기술자 충족 여부

면허가 재개되어 주기적신고나 건설업실태조사가 도래했을 경우, 말소상태기간동안의 50일 유예기간이 지나도 기술자 보유상태를 충족시키지 못했을 경우가 문제되는지, 면허재개여부 확정시까지는 기술자를 유예기간안에 충족시켜야 하는지 여부

회신내용

건설산업기본법 제10조에 따라 건설업자가 건설업을 등록할 경우에는 기술능력, 자본금, 시설 및 장비, 보증가능금액 등의 건설업 등록기준을 상시 갖추어야 하며, 같은 법 시행령 제79조의2에 따라 기술능력에 해당하는 자의 사망, 실종 또는 퇴직으로 인하여 등록기준에 미달되는 기간이 50일 이내인 경우에 행정처분의 예외로 규정하고 있습니다.

질의 사항과 관련하여 사실관계가 명확하지 않아 정확한 판단은 어려우나 건설업 등록말소 처분과 관련된 행정소송으로 건설업 등록 말소 처분이 정지된 상태라면 건설업자로서 상기 규정에 따른 건설업 등록요건을 갖추어야 할것으로 보이나, 보다 구체적인 사항은 사실관계를 토대로 처분관청에서 판단할 사항임을 알려드립니다.

참고로 처분관청의 등록말소 처분으로 건설업 등록이 말소된 경우에는 건설업자가 아니므로 건설업 등록기준 충족에 해당하지 않음을 알려드립니다.

53 가스시설시공업과 난방시공업의 기술능력 중복인정

질의요지

“가스시설시공업 제2종”과 “난방시공업 제2종”을 전문건설업 등록하려고 합니다.

한 업체에서 위 2가지 업종을 동시에 등록신청할때, 건설업 등록기준에 따라 기술능력을 각1명씩(2명) 갖추어야 합니다.

[건설산업기본법 시행령 제16조제1항제2호]

“건설업자가 가스시설시공업(제2종 및 제3종에 한정) 또는 난방시공업(제2종 또는 제3종에 한정)의 등록을 추가로 신청하는 경우에는 공동으로 활용할 수 있는 기술인력은 이미 갖춘 것으로 인정받을 수 있다”

[건설산업기본법 시행령 제16조제2항]

“둘 이상의 건설업종을 동시에 신청하려는 경우에 관하여는 제1항을 준용한다”

위 규정을 적용하여, 기술인력 1명만 갖추어도 가스시설시공업 제2종과 난방시공업 제2종을 함께 등록할 수 있는지

회신내용

건설산업기본법 시행령 제16조제1항제2호 단서 규정에 따르면 건설업자가 가스시설시공업(제2종 및 제3종에 한정) 또는 난방시공업(제2종 및 제3종에 한정)의 등록을 추가로 신청하는 경우에는 공동으로 활용할 수 있는 기술인력은 이미 갖춘 것으로 인정받을 수 있도록 규정하고 있으며 같은 조 제2항에 따르면 둘 이상의 건설업종을 동시에 신청하려는 경우에 관하여 위의 규정을 준용하도록 규정하고 있습니다.

또한, 가스시설시공업(제2종)의 기술능력은 건설산업기본법 시행령 제13조 별표2에 따라 ① 국가기술자격법에 의한 가스기능사(고압가스기계기능사보, 고압가스 화학기능사보 및 고압가스취급기능사보를 포함) 이상의 자격을 가진 자로서 한국가스안전공사에서 실시하는 시공자양성교육과정을 이수한 자, ②한국가스안전공사에서 실시하는 일반시설안전관리자양성교육을 이수한 자로서 동 공사에서 실시하는 시공자양성과정을 이수한 자, ③한국가스안전공사가 실시하는 가스시설시공관리자양성교육을 이수한 자중 1인 이상을 갖추도록 규정하고 있습니다.

아울러, 난방시공업(제1종)의 기술능력은 같은 법 시행령 제13조 별표2에 따라 국가기술자격법에 따른 관련종목의 기술자격취득자 또는 건설기술진흥법에 따른 건설기술자중 2명 이상을 갖추도록 규정하고 있으며, 이 경우 '기술자격법에 따른 관련종목의 기술자격취득자'는 건설업관리규정(국토해양부 예규 제2010-175호) 별지5 '국가기술자격법에 의한 관련종목의 기술자격취득자의 범위'에서 가스기능사를 포함하고 있습니다.

따라서, 한국가스안전공사에서 실시하는 시공자양성교육과정을 이수한 가스기능사의 경우 같은 법 시행령 제16조제1항제2호 단서 규정에 따른 공동으로 활용할 수 있는 기술인력으로 볼 수 있으므로 동 규정에 따른 중복 인정이 가능할 것으로 판단됨을 알려드립니다.

54 건설업 등록 결격조회 대상자 중 법인의 감사가 해당되는지

질의요지

건설산업기본법 제13조에 건설업등록 결격 관련 부분, 법인의 경우 임원을 대상으로 결격이 있으면 건설업등록을 할 수가 없습니다. 법인의 임원에 "감사"도 포함이 되는지

회신내용

건설산업기본법 제13조에 따르면 건설업 등록의 결격사유로 파산선고를 받고 복권되지 아니한자, 피성년후견인 또는 피한정후견인 등은 건설업 등록을 할 수 없으며, 결격사유에 해당하는 자가 법인인 경우 임원으로 있는 경우를 포함한다고 규정하고 있습니다.

이 경우, 임원은 상법 제312조에 따르면 임원의 선임은 창립총회에서 이사와 감사를 선임한다고 규정하여 상법상 임원의 범위에 감사도 포함하고 있음을 알려드립니다.

55 기술자 겸업금지에 해당하는지 여부

질의요지

조OO라는 기술자가 A라는 회사에 서류상으로 4대보험 입사가 되어 있으나 A회사에 일이 없어 A회사와 친분이 있는 B회사의 건설현장에 투입되어(서류상 입사하지는 않음) B회사의 현장 시공을 현장대리인같이 관리감독 하였습니다.

이 기간동안 조OO는 B회사로부터 급여를 지급받았다고 한다면 조OO라는 기술자는 A회사의 건축공사업 등록기준에 부합하는 보유 기술자라고 할 수 있는지

회신내용

건설산업기본법 제10조 및 같은 법 시행령 제13조에 따르면 건설업을 영위하려는 자는 건설업등록기준이 되는 기술능력, 자본금, 보증가능금액, 시설 및 장비 등을 갖추어 업종별로 등록하여야 하고, 같은 법 시행령 별표2 비고1에 따라 기술자는 상시근무자여야 하며, 이를 위반하여 같은 법 제83조제3호에 따라 건설업 등록기준에 미달한 사실이 있는 때에는 영업정지 처분을 받도록 규정하고 있습니다.

질의 사항과 관련하여 A회사 소속 기술자로 근무하면서 동시에 B회사에 근무할 경우 시행령 별표2 비고1에 따른 상시 근무로 보기 어려울 것으로 보이나, 보다 구체적인 사항은 사실관계를 토대로 등록관청에서 판단할 사항임을 알려드립니다.

56 건축기술자 상시근무 관련 질의

질의요지

건축공사업 건설회사 대표이사의 배우자가 위 건설회사에 건축기술자로 4대보험 신고만 한 후, 위 회사에 출근하는 대신에 자신명의의 건물에서 자신명의의 개인사업자를 발급받아 개인사업장(패밀리레스토랑)을 직접 운영하다가, 위 개인사업장이 잘 안되자 다른 사람에게 위 사업장을 넘기고, 그

후로도 1년 이상 상기 4대보험에 가입된 건설회사에 나오지 않을시, 건설업 자격요건으로서의 건설기술자 및 상시근로자에 해당되는지

회신내용

건설산업기본법 제10조 및 시행령 제13조에 따라 건설업을 영위하려는 자는 건설업등록기준이 되는 기술능력, 자본금, 보증가능금액, 시설 및 장비 등을 갖추어 업종별로 등록하여야 하며, 같은 법 시행령 별표2 비고1에 따라 기술자는 상시근무자로 규정하고 있습니다.

건설업 등록기준 중 기술능력의 적격여부는 건설업관리규정(국토교통부 예규 제2015-113호) 제2장 3.가.에 따라 한국건설기술인협회의 업체별 건설기술자 자료와 기술자자격증 사본 및 고용보험 가입증명 등을 상호대조하여 확인하도록 하고 있으며, 필요한 경우 건설기술자 개인별 경력사항, 고용계약서 등 사실 확인을 위한 자료를 추가로 제출받아 확인할 수 있도록 규정하고 있습니다.

건설업체의 건설기술자로 등록된 자가 타업종의 대표이사(무보수, 비상근 포함) 등을 겸직하는 경우에는 상기 규정에 따른 상시 근무하는 것으로 보기는 어려울 것으로 판단되나, 보다 자세한 사항은 상기 규정과 실제근무상황 등 사실관계를 토대로 등록관청에서 판단할 사항임을 알려드립니다.

57 재택근무가 상시근무 가능자에 해당하는지

질의요지

건설업 면허취득 자격요건 중 기술능력에 관해 건설산업기본법에 기술자격취득자는 상시근무하는 자를 말하며 라고 적혀있는데 여기서 상시근무란 근로자와 근로계약서 작성 및 월급여를 받고 근무를 하기 위한 대기, 재택근무형태도 상시근무하는 자로 인정할 수 있는지

법인등기부상 임원, 감사가 면허취득시 기술능력에 해당자이면 임원과 기술자가 같은사람 중복되는지

회신내용

건설산업기본법 제10조 및 시행령 제13조에 따라 건설업을 영위하려는 자는 건설업등록기준이 되는 기술능력, 자본금, 보증가능금액, 시설 및 장비 등을 갖추어 업종별로 등록하여야 하며, 같은 법 시행령 별표2 비고1에 따라 기술자는 상시근무자로 규정하고 있습니다.

이 경우, 임원에 대해서는 기술능력 보유자로 인정하지 않거나 기술능력 보유자의 재택근무를 특별히 제한하고 있지는 않으나, 이에 대해서는 등록관청에서 관련서류, 실제 근무 여부 등 구체적인 사실관계를 토대로 판단할 사항임을 알려드립니다.

58 토목건축공사업의 건설기술자 인정기준 및 갈음할 수 있는 기술자

질의요지

최근 개정된 건설기술자의 등급 산정 및 경력인정방법 변경에 따른 새로이 신설된 건설지원분야 초급기술자의 기술자 인정 여부에 대해 문의 드립니다.
제가 근무하는 건설회사 면허인 토목건축공사업에서 법정보유등록 기술자 중 토목관련 중급자 2인 포함하여 5인 이상 및 건축관련 중급자 2인 포함하여 5인 이상이며, 건설기술진흥법에 의한 건설기술자 총 11명에 유지 되어야 합니다.
각 5인은 토목, 건축기술자로 명시 되었으나, 1인은 토목, 건축이 아니더라도 건설기술진흥법에 관련된 기술자면 해당이 되는 것으로 알고 있습니다.
건설지원분야 초급기술자는 여기에 해당하는 기술자로 볼수 있는지

회신내용

건설산업기본법 제10조 및 시행령 제13조에 따르면 건설업을 영위하려는 자는 건설업 등록기준이 되는 기술능력, 자본금, 보증가능금액, 시설 및 장비 등을 갖추어 업종별로 등록하여야 하며, 같은 법 시행령 제13조 별표2에 따른 업종별 건설업 등록기준에 따르면 토목건축공사업의 기술능력 요건은 아래와 같습니다.

다음 각 호의 기술자를 포함한 건설기술 진흥법에 따른 초급 이상의 건설기술자(같은 법 시

행령 별표1 제3호차목 중 건설금융·재무, 건설기획, 건설정보처리 분야는 제외한다) 11명 이상

1. 국가기술자격법에 따른 토목 분야의 토목기사 또는 「건설기술진흥법」에 따른 토목 분야의 중급 이상인 건설기술자인 사람 중 2명을 포함한 토목 분야 초급 이상의 건설기술자 5명 이상
2. 국가기술자격법에 따른 건축 분야의 건축기사 또는 「건설기술진흥법」에 따른 건축 분야의 중급 이상의 건설기술자인 사람 중 2명을 포함한 건축 분야 초급 이상의 건설기술자 5명 이상

또한 시행령 별표2 비고1.나.에 따르면 토목공사업·건축공사업 또는 토목건축공사업의 등록기준으로서의 토목 분야 또는 건축 분야 건설기술자(토목기사, 토목 분야의 중급기술자 이상의 기술자, 건축기사 및 건축 분야의 중급기술자 이상의 기술자는 제외한다) 중 1명은 기계 또는 안전관리 분야 초급 이상의 건설기술자로 갈음할 수 있다고 규정하고 있음을 알려드립니다.

59 기술자 변경에 따른 조치사항

질의요지

기술자(등기임원기술자)를 변경 또는 추가 또는 삭제할 경우 어떻게 해야하는지
일반건설업은 기술자 변경 또는 추가 될 경우 시, 군, 도에 정정신고하게 되어있는데 전문건설업의 경우 주기적신고시 건설기술자보유현황(서류)에 입사, 퇴사, 4대보험가입증명서류만 첨부해서 3년만기(면허) 30일 이내에 신고, 서류제출만 하면 되는건지
등기임원을 기술자로 등록 변경시 어떻게 하면 되는지
아니면 건설업등록수첩에 기술자 추가, 삭제를 한후 3년차때 주기적신고시 건설기술자보유현황자료(1. 과 동일) 제출하면 되는지
아니면 기술자변경시 마다 관할시, 군, 도에 변경신청해야되는지

회신내용

건설산업기본법 제10조 및 시행령 제13조에 따르면 건설업을 영위하려는 자는 건설업등록기준이 되는 기술능력, 자본금, 보증가능금액, 시설 및 장비 등을 갖추어 업종별로 등록하여야 하며, 같은 법 시행령 별표2 비고1에 따라 기술자는 상시근무자 일것을 규정하고 있습니다. 또한 주기적 신고시 건설업체의 기술능력 적격 여부는 건설업관리규정(국토교통부 예규 제2015-113호)에 따라 한국기술인협회의 업체별 건설기술자 자료와 기술자자격증 사본 및 고용보험 가입증명 등을 상호대조, 확인하여 처리하며, 필요한 경우 건설기술자 개인별 경력사항, 고용계약서 등 사실 확인을 위한 자료를 추가로 제출받아 처분관청에서 실제 근무 여부를 확인하도록 규정하고 있습니다.

다만, 건설업 등록수첩의 기재사항 변경은 같은 법 시행령 제12조의3에 따라 상호, 대표자, 영업소소재지, 법인(주민)등록번호, 국적 또는 소속국가명 등이 변경될 경우 30일 이내에 등록관청에 변경 신청해야하며, 상기 규정에 따른 건설업 등록기준으로서 기술능력 변경은 신고대상에 포함되지 않으며, 보다 구체적인 사항은 사실관계를 토대로 등록관청(지자체)의 안내를 받으시기 바랍니다.

60 전문건설업 중복여부(기계설비공사업과 소방시설업)

질의요지

기계설비공사업(전문건설업)과 소방시설공사업(보조인력)에 해당되는 기계 인력이 중복 가능한지

회신내용

건설업관리규정(국토교통부 예규 제2015-113호) 제2장제3호 바목에 따르면 자본금기준 등 건설업 등록기준의 적격여부를 검토할 때에는 건설업종 중복보유 및 주택건설업, 전기공사업, 정보통신공사업, 소방시설공사업 등 다른 법률에 따른 자본금기준 등 등록기준이 있는 업종을 함께 보유하고 있는지 확인하고, 이를 고려하여 적격여부를 판단하도록 규정하고 있습니다.

또한, 주택건설업과 종합건설업(토목건축공사업 또는 건축공사업에 한정)은 주택법 시행령 제10조에 따라 자본금, 기술인력 및 사무실 등록기준은 중복 인정하도록 규정하고 있습니다.

따라서, 소방시설공사업의 경우 건설업과 등록기준을 상호 중복 인정받을 수 있는지 여부에 대해서는 건설산업기본법령에 명시하고 있지 않으므로 중복 인정을 받을 수 없을 것으로 판단됩니다.

다만, 소방시설공사업법 등 소방시설공사업의 등록과 관련된 법령 등에 건설산업기본법에 따른 등록기준의 상호 중복이 가능한 것으로 보고 있다면 중복 인정이 가능할 것으로 판단되며, 이와 관련한 추가 문의사항은 소방시설공사업법을 담당하고 있는 소관기관(국민안전처, 소방산업과)로 문의하여 주시기 바랍니다.

61 건설기술자의 상시근무 및 기술자격증 대여 여부

질의요지

건설기술자의 상시근무 및 기술자격증 대여 여부

회신내용

건설산업기본법 제10조 및 시행령 제13조에 따라 건설업을 영위하려는 자는 건설업등록기준이 되는 기술능력, 자본금, 보증가능금액확인서, 시설 및 장비 등을 갖추어야 하며, 같은 법 시행령 제13조 "별표2"에 따라 기술능력으로 기술자격취득자는 상시 근무를 요건으로 규정하고 있습니다. 질의와 같이 대부분 평소하는 다른 일을 하면서 비상근으로 건설업체에서 호출하면 출근하는(서류상으로 근무)하는 조건으로 근로계약이나 업무형태 등은 동 법령에 따른 상시 근무로 보기 어렵고, 건설업자의 국가기술자격증 불법대여 행위로 의심하는 것이 타당할 것으로 판단됩니다.

62 지점 근무 여부에 따른 기술능력 인정 여부

질의요지

저희 회사는 횡성본점과 서울지점으로 이루어져 있습니다.
횡성본점에 전문건설업 보링,그라우팅공사업 면허가 있습니다.
법인등록번호는 동일하며, 대표이사 및 상호는 동일합니다.
다단 사업자등록번호는 틀립니다.
전문건설업 주기적 신고시 기술자 보유 조건 중 2인이상으로 되어있습니다.
기술자가 본점 1인, 지점 1인씩 근무 중에 있으면, 전문건설업 주기적 신고시 기술자 보유 조건에 충족을 할 수 있는 부분인지 문의 드립니다.

회신내용

건설산업기본법 제10조 및 같은 법 시행령 제13조에 따르면 건설업을 영위하려는 자는 건설업등록기준이 되는 기술능력, 자본금, 사무실 등을 갖추어 업종별로 등록을 하여야 하며, 등록기준인 기술능력의 경우에는 법인등록번호가 동일하다면 본점과 지점 등을 구분하지 않고 등록기준상 기술자 보유인원을 충족하면 될 것으로 보이나, 보다 구체적인 사항은 사실관계를 토대로 등록관청에서 판단할 사항임을 알려드립니다.

3. 사무실

63 건설업 등록기준 중 사무실 요건

질의요지

건설업 등록기준 중 사무실 요건

회신내용

건설산업기본법 제10조 및 같은 법 시행령 제13조에 따라 건설업을 영위하려는 자는 건설업등록기준이 되는 기술능력, 자본금, 시설 및 장비 등을 갖추어 업종별로 등록을 하여야 합니다.

건설업관리규정(국토해양부 예규 제2010-175) 제2장제3호 라목 (1)에 사무실은 건축법 등 관련 법령에 적합한 것으로서 건물등기부등본 또는 건축물대장 등에서 정한 용도가 사무실이 아니라도 건물의 형태, 입지 및 주위여건 등 제반사항을 고려하여 상시 사무실로 이용 가능한 것으로 확인되는 경우라면 사무실로 인정할 수 있으나, 이 경우에도 ①단독주택, 공동주택등 주거용 건물 ②축사, 퇴비사, 온실, 저장고 등 농업, 임업, 축산, 어업용 건물 ③기타 상시적으로 사무실로 이용하기 부적합한 건물은 사무실로 인정되지 않고 있으며, 건축물대장 등을 통하여 용도변경을 한 사실이 객관적으로 인정되는 경우에는 예외적으로 사무실로 인정가능하며, 사무실은 다른 건설업자 등의 사무실과 명확히 구분되어야하며 건설업 영위를 위해 필요한 책상 등 사무설비와 통신설비의 설치 및 사무인력이 상시 근무하기에 적합한 정도의 공간이어야 합니다. ④또한 사무실기준의 적격여부는 해당 사무실의 소재지를 방문하여 확인하여야 하나 다만, 제출받은 서류의 심사결과와 사무실의 주소 · 전화번호 · 팩스번호 등의 확인 등 사정을 고려하여 방문 확인이 필요하지 않다고 판단되는 경우에는 이를 생략할 수 있다고 규정하고 있습니다.

한편 법 제9조에 따라 건설업을 등록한 자는 법 제9조의2제1항에 따라 등록증 및 건설업 등록수첩을 발급하며 법 제9조제2항 및 동 법 시행령 제12조의3에 따라 등록증 등의 기재사항(상호, 대표자, 영업소소재지, 법인등록번호 등)이 변경되면 30일 이내에 등록청에 기재사항의 변경을 신청하도록 하고 있으며 이를 위반할 경우 시행령 제89조 별표7에 따라 과태료가 부과될 수 있음을 알려드리며, 구체적인 사무실 등록기준 인정 여부는 위의 규정 등을 토대로 사실관계 등을 종합적으로 검토하여 해당 건설업자의 등록관청이 사실 판단하여야 할 것임을 알려드립니다.

64 건설업 등록기준 중 사무실 요건

질의요지

건설업관리규정 제2장제3호 라목에 따라 '사무실은 다른 건설업자 등의 사무실과 명확히 구분되어야 한다.' 라고 명시되어 있습니다.
전국건설업 변경신고(소재지)와 관련하여 두 업체가 한 사무실에 소재지 변경 신청을 문의
동일 공간 내에서 사무실을 공동으로 사용하고 있습니다.
동일한 주소지에 각각 별도의 면적으로 임대차 계약서를 작성을 하였습니다.
출입문은 두개이며 낮은 파티션으로 업무공간을 구분하여 사용하고 있습니다.
임대차 계약서의 면적 구분만으로 다른 건설업자 등의 사무실과 명확히 구분되었다고 판단 가능한지

회신내용

건설산업기본법 제10조 및 같은 법 시행령 제13조에 따라 건설업을 영위하려는 자는 건설업 등록기준이 되는 기술능력, 자본금, 보증가능금액, 시설 및 장비 등을 갖추어야 하며, 이 경우 사무실 등록기준은 건축법 등 관계 법령에 적합한 건물이어야 하고 다른 건설업자의 사무실과 명확히 구분되어야 합니다.

따라서, 다수 사업자가 하나의 사무실을 함께 이용할 경우에는 원칙적으로 사무실의 등록기준을 갖추었다고 볼 수 없습니다. 다만, 각 건설업자별로 시설·장비 및 인력 등을 독립적으로 사용할 수 있는 별개의 분리된 사무실(공간)을 갖추고 건설업의 영위를 위해 필요한 책상 등 사무설비와 통신설비의 설치 및 사무인력이 상시 근무하기에 적합한 정도의 공간을 확보한 경우에 한하여 사무실 등록기준을 인정받을 수 있을 것으로 판단되나 보다 구체적인 사항은 등록관청인 지자체 등에서 판단할 사항임을 알려드립니다.

65 건설업 등록시 사무실 기준

질의요지

건설업 등록 시 사무실 면적 기준이 삭제된 것으로 알고 있습니다. 이에 한 건물에 출입문을 따로 두고 서로 독립된 공간으로 구성되어 있을 시 몇개의 법인까지 한 건물에 둘 수 있는지

회신내용

건설산업기본법 제10조 및 같은 법 시행령 제13조에 따라 건설업을 영위하려는 자는 건설업 등록기준이 되는 기술능력, 자본금, 보증가능금액, 시설 및 장비 등을 갖추어야 하며, 이 경우 사무실 등록기준은 건축법 등 관계 법령에 적합한 건물이어야 하고 다른 건설업자의 사무실과 명확히 구분되어야 합니다.

따라서, 다수 사업자가 하나의 사무실을 함께 이용할 경우에는 원칙적으로 사무실의 등록기준을 갖추었다고 볼 수 없습니다. 다만, 각 건설업자별로 시설·장비 및 인력 등을 독립적으로 사용할 수 있는 별개의 분리된 사무실(공간)을 갖추고 건설업의 영위를 위해 필요한 책상 등 사무설비와 통신설비의 설치 및 사무인력이 상시 근무하기에 적합한 정도의 공간을 확보한 경우에 한하여 사무실 등록기준을 인정받을 수 있을 것으로 보이며 사무실기준의 적격여부는 처분청이 해당 사무실의 소재지를 방문하여 확인하도록 규정하고 있으므로 구체적인 사항은 등록관청인 지자체 등에서 판단할 사항임을 알려드립니다.

66 건설업 관리규정 사무실 관련

질의요지

전문건설업 등록기준 중 사무실 관련 등기부등본상 건물내역이 소매점으로 되어있습니다.
금년 주기적신고시 소매점이 아닌 사무실로 명확히 표기되어야 한다고 합니다.

당초 건설업 신설 당시(같은건물)도 문제없이 진행되었습니다.
등기부등본상 소매점은 건설업 관리규정에 맞지 않는지

회신내용

건설산업기본법 제10조 및 같은 법 시행령 제13조에 따라 건설업을 영위하려는 자는 건설업등록기준이 되는 기술능력, 자본금, 시설 및 장비 등을 갖추어 업종별로 등록을 하여야 합니다.

또한, 건설업관리규정(국토교통부 예규 제2015-113) 제2장제3호 라목 (1)에 사무실은 건축법 등 관련 법령에 적합한 것으로서 건물등기부등본 또는 건축물대장 등에서 정한 용도가 사무실이 아니라도 건물의 형태, 입지 및 주위여건 등 제반사항을 고려하여 상시 사무실로 이용 가능한 것으로 확인되는 경우라면 사무실로 인정할 수 있으나,

이 경우에도 ①단독주택, 공동주택등 주거용 건물 ②축사, 퇴비사, 온실, 저장고 등 농업, 임업, 축산, 어업용 건물 ③기타 상시적으로 사무실로 이용하기 부적합한 건물은 사무실로 인정되지 않으며, 건축물대장 등을 통하여 용도변경을 한 사실이 객관적으로 인정되는 경우에는 예외적으로 사무실로 인정하고 있으나, 구체적인 사항은 사실관계를 토대로 등록관청(지자체)에서 판단할 사항임을 알려드립니다.

4. 등록기준 중복인정 특례 등 기타사항

67 토목공사업체가 대지조성사업자 등록시 등록기준 중복여부

질의요지

시행사업자 주택건설업 또는 대지조성업 등록시 관련법에(건축공사업, 토목건축공사업 보유시 등록기준 중복인정 가능)으로 표기가 되어있는데, 토목건축공사업이 아닌 토목공사업만 등록된 업체가 대지조성사업자를 등록할때에는 등록기준 중복인정되는지
건축공사업 -> 주택건설업, 토목공사업 -> 대지조성업 중복인정의 개념은 같은거 같은데 법에는 건축공사업이랑 토목건축공사업만 명시가 된거같아서 여쭤봅니다.

회신내용

건설업관리규정(국토해양부 예규 제2014-113호) 제2장제3호 바목에 따르면 자본금기준 등 건설업 등록기준의 적격여부를 검토할 때에는 건설업종 중복보유 및 주택건설업, 전기공사업, 정보통신공사업 등 다른 법률에 따른 자본금기준 등 등록기준이 있는 업종을 함께 보유하고 있는지 확인하고, 이를 고려하여 적격여부를 판단하도록 규정하고 있습니다.

또한, 주택건설업과 종합건설업(토목건축공사업 또는 건축공사업에 한정)은 주택법 시행령 제10조에 따라 자본금, 기술인력 및 사무실 등록기준은 중복 인정하도록 규정하고 있음을 알려드립니다.

68 행정구역의 변경에 따라 소재지 명칭이 바뀐 경우의 기재사항 변경

질의요지

기재사항 변경에 대해 애매한 부분이 있어 질의합니다.

건설산업기본법 제9조의2(등록증의 발급 등)에 의하면 기재사항이 변경되면 30일 이내에 등록관청에 미신고 시 과태료 처분하는 걸로 알고 있습니다.

A업체의 경우 영업소재지 변경일(2015.9.23) 이후에 등록관청에 신고(2015.11.13) 하였으므로 과태료 처분이 타당하나,

A업체의 경우 영업소재지가 이전해서 법인등기부등본상 영업소재지가 변경된 경우가 아니라 도로명 변경으로 인해 법인 등기부등본을 변경하였습니다(영업소재지 이전이 아니라 영업소재지 명칭이 변경된 경우입니다).

– 광치농공1길 → 광치산업1길

이러한 경우에도 건설산업기본법 제9조의2에 따라 영업소재지가 변경된 걸로 보아 과태료 처분을 해야 하는지, 아니면 지자체 재량 사항인지 궁금해서 질의를 남깁니다.

회신내용

건설업자가 건설산업기본법 제9조의2 및 시행령 제12조의3에 따라 건설업등록증 또는 건설

업등록수첩의 기재사항 중 상호, 대표자, 소재지 등의 변경이 있는 때에는 30일 이내에 기재사항 변경 신청을 하도록 규정하고 있습니다.

이 경우, 소재지 변경은 해당 건설업자가 사무실 등의 변경에 따라 법인 등기부등본상 소재지가 변경된 경우를 말하는 것으로, 행정구역의 변경에 따라 소재지의 명칭이 변경된 경우 등은 기재사항 변경 신청 사유에 해당하지 않을 것임을 알려드립니다

69 건설업 등록기준 중복인정 특례에 대한 의사표시 필요 여부

질의요지

관내 주기적신고 대상업체(전문건설업면허 3개 : 도장공사업, 시설물유지관리업, 미장방수공사업)가 제출한 서류 검토중, 2010.3. 면허취득한 미장방수공사업 면허의 기술인이 1명 부족함을 확인했습니다.
업체에 유선으로 통보하니 건산법에 특례인정이 되어야 하는것 아니냐는 답변을 얻었습니다.
업체는 2014년, 2015년 기술인1명이 부족한 상태이며 미장방수공사업 면허취득시 자본금에 대한 특례는 인정되었으나 기술인에 대한 특례사항은 신청되어 있지 않았습니다.
지금이라도 업체의 신청을 받아 키스콘에 전산등록하고 주기적 신고를 적정으로 처리해야 하는지 자본금 미달을 들어 행정처분을 진행해야 하는지 고견을 부탁드립니다.

회신내용

건설산업기본법 시행령 제16조에 따라 건설업자가 다른 업종의 건설업 등록을 추가로 신청하는 경우에는 ①자본금의 경우는 보유하고 있는 업종의 별표2에 따른 최저 자본금기준의 2분의 1을 한도로 1회에 한정하여 등록하려는 업종의 최저 자본금기준의 2분의 1에 해당하는 자본금을 이미 갖춘 것으로 인정하며, ②기술능력의 경우는 보유하고 있는 업종의 별표2에 따른 기술능력과 등록하려는 업종의 기술능력이 같은 종류, 등급으로서 공동으로 활용할 수 있는 경우 국토교통부장관이 정하여 고시하는 바에 따라 1회에 한정하여 기술능력을 이미 갖춘 것으로 인정할 수 있습니다.

또한 「건설업관리규정」 제2장 3.(건설업등록기준의 적격여부 확인) 아.(건설업등록기준의

중복 인정에 관한 특례 적용기준) (2)에 따르면 영 제16조제1항의 "1회에 한정하여" 중 1회란 자본금과 기술능력에 대한 각각 한번의 횟수를 말하며, 둘 이상의 업종을 동시에 추가 등록하는 경우에는 자본금의 인정 업종과 기술능력의 인정 업종을 각기 달리 선택하여 특례 인정을 받을 수 있다고 되어 있습니다.

따라서, 위 특례 규정에 따라 건설업자는 건설업종 추가 등록 시 등록기준 중 1회에 한정하여 등록기준 중 자본금과 기술능력을 동시에 또는 각각 적용 받을 수 있으며, 이 경우 신청서류에 특례 적용에 관한 의사표시가 기재된 서류가 마땅히 첨부되어야 할 것으로 보이나, 서면으로 작성된 특례 적용에 관한 서류를 제출하지 않은 상태에서 관할 등록관청에서 임의로 자본금에 한정하여 특례을 적용하였다면 민원인의 주장에 반하는 객관적인 서류가 발견되지 않은 한 기술능력에 관해서도 특례를 적용할 수 있을 것으로 판단되나 구체적인 사항은 사실관계를 토대로 등록관청에서 판단할 사항으로 보입니다.

70 건설업 등록기준 특례적용 문의

질의요지

현재 토목건축공사업을 영위하는 업체에서 토목건축공사업 면허를 반납하고, 건축공사업과 시설물유지관리업을 동시에 등록할 경우 아래와 같이 건설업 등록기준의 특례를 인정받을수 있는지 문의드립니다.

- 토목건축공사업 반납
- 건축공사업+시설물유지관리업 등록

자본금 : 건축 5억 + 시설물 1.5억(1.5억 특례적용) –〉 6.5억

기술자 : 건축기술자 5인+ 건축 또는 토목기술자 3인(특례적용 1인 중복인정)–〉8인

회신내용

건설산업기본법 시행령 제16조에 따라 건설업자가 다른 업종의 건설업 등록을 추가로 신청하는 경우에는 ①자본금의 경우는 보유하고 있는 업종의 별표2에 따른 최저 자본금기준의 2분의 1을 한도로 1회에 한정하여 등록하려는 업종의 최저 자본금기준의 2분의 1에 해당하는

자본금을 이미 갖춘 것으로 인정하며, ②기술능력의 경우는 보유하고 있는 업종의 별표2에 따른 기술능력과 등록하려는 업종의 기술능력이 같은 종류, 등급으로서 공동으로 활용할 수 있는 경우 국토교통부장관이 정하여 고시하는 바에 따라 1회에 한정하여 기술능력을 이미 갖춘 것으로 인정할 수 있습니다.

또한 「건설업관리규정」 제2장 3.(건설업등록기준의 적격여부 확인) 아.(건설업등록기준의 중복 인정에 관한 특례 적용기준)에 따르면 영 제16조제1항의 "1회에 한정하여" 중 1회란 자본금과 기술능력에 대한 각각 한번의 횟수를 말하며, 둘 이상의 업종을 동시에 추가 등록하는 경우에는 자본금의 인정 업종과 기술능력의 인정 업종을 각기 달리 선택하여 특례 인정을 받을 수 있다고 규정하고 있습니다.

따라서 질의한 사항은 상기 규정에 따라 자본금의 경우 등록하려는 시설물유지관리업의 자본금의 1/2을 한도로, 기술능력의 경우 '건설업 등록기준 중 기술능력 중복인정 기준(국토교통부 고시 제2013-60호)'에 따라 보유하고 있는 업종의 법정 최소 기술능력 중 추가로 등록하려는 업종의 기술능력과 같은 종류, 등급인 기술능력이 있는 경우(2인 이상이 경우도 포함) 1인에 한해 중복인정됨을 알려드리며, 구체적인 사항은 사실관계를 토대로 등록관청에서 판단할 사항임을 알려드립니다.

71 부동산개발업 자본금 중복 인정 여부

질의요지

당사는 종합건설업(토목건축공사업)과 주택건설사업자(또는 대지조성사업자)를 등록한 업체로서 건설산업기본법 관련 국토교통부 예규 "건설업관리규정"에 의하면 주택법에 따른 주택건설사업자(또는 대지조성사업자)의 자본금은 건설산업기본법에 따른 종합건설업(토목건축공사업)의 자본금과 중복 인정된다고 명시되어 있는데 반해 부동산개발업과의 중복인정 여부는 전혀 언급되지 않아 아래와 같이 질의합니다.

부동산 개발업의 등록요건 중 자본금(3억)이 종합건설업의 자본금(12억)과 중복인정 가능한지

만약 가능하다면 추가로 부동산개발업을 등록할 경우 종합건설업(토목건축공사업)과 주택건설사업자(또는 대지조성사업자)와 함께 3중으로 자본금이 인정 가능한지

회신내용

건설업관리규정(국토교통부 예규 제2015-113호) 제2장제3호 바목에 따르면 자본금기준 등 건설업 등록기준의 적격여부를 검토할 때에는 건설업종 중복보유 및 주택건설업, 전기공사업, 정보통신공사업 등 다른 법률에 따른 자본금기준 등 등록기준이 있는 업종을 함께 보유하고 있는지 확인하고, 이를 고려하여 적격여부를 판단하도록 규정하고 있습니다.

또한, 주택건설업과 종합건설업(토목건축공사업 또는 건축공사업에 한정)은 주택법 시행령 제10조에 따라 자본금, 기술인력 및 사무실 등록기준은 중복 인정하도록 규정하고 있습니다.

따라서, 부동산개발업의 경우 건설업과 등록기준을 상호 중복 인정받을 수 있는지 여부에 대해서는 건설산업기본법령에 명시하고 있지 않으므로 중복 인정을 받을 수 없을 것이나, 다만, 부동산개발업의 관리 및 육성에 관한 법률 등 부동산개발업의 등록과 관련된 법령 등에 건설산업기본법에 따른 등록기준의 상호 중복이 가능한 것으로 보고 있다면 중복 인정이 가능할 것으로 사료됩니다. 이와 관련된 자세한 사항에 대해선 부동산개발업의 관리 및 육성에 관한 법률을 담당하고 있는 소관부서로 문의하여 주시기 바랍니다.

72 건설업 중복인정 의사표시 필요 여부

질의요지

2010년 02월 11일 고시된 건설업 등록기준 중 기술능력 중복인정 기준(특례법)에 관한 질의입니다.
기존 기술인 4명으로 시설물유지관리업종을 보유하고 있었고 기술자격 중복인정 특례법이 시행된 후 2010년 03월에 기술인 2명으로 실내건축 면허를 등록하였습니다.
업종 추가 등록시 기술자격 등록기준을 충원하여 등록해도 특례법이 적용 되는줄 알았고 다른 특별한 신청서류가 없었기 때문에 담당자와 구두상으로만 적용 하기로 했었습니다.
이번해 주기적신고를 하려보니 구청담당자가 "기술자격 중복인정 적용이 안되어있어 전년도 1년 여간의 1명의 기술자격 공백기가 있었기 때문에 건설업 등록기준 미달"이라고 전달받았습니다.
총 6명에서 1명 퇴사시 5명의 기술인으로도 중복인정이 된다고 알고있었는데 이것이 건설업 등록기준 미달로 될 수있는지 회신부탁드립니다

회신내용

건설산업기본법 시행령 제16조에 따라 건설업자가 다른 업종의 건설업 등록을 추가로 신청하는 경우에는 ①자본금의 경우는 보유하고 있는 업종의 별표2에 따른 최저 자본금기준의 2분의 1을 한도로 1회에 한정하여 등록하려는 업종의 최저 자본금기준의 2분의 1에 해당하는 자본금을 이미 갖춘 것으로 인정하며, ②기술능력의 경우는 보유하고 있는 업종의 별표2에 따른 기술능력과 등록하려는 업종의 기술능력이 같은 종류, 등급으로서 공동으로 활용할 수 있는 경우 국토교통부장관이 정하여 고시하는 바에 따라 1회에 한정하여 기술능력을 이미 갖춘 것으로 인정할 수 있습니다.
또한 「건설업관리규정」 제2장 3.(건설업등록기준의 적격여부 확인) 아.(건설업등록기준의 중복 인정에 관한 특례 적용기준) (2)에 따르면 영 제16조제1항의 "1회에 한정하여" 중 1회는 자본금과 기술능력에 대한 각각 한번의 횟수를 말하며, 둘 이상의 업종을 동시에 추가 등록하는 경우에는 자본금의 인정 업종과 기술능력의 인정 업종을 각기 달리 선택하여 특례 인정을 받을 수 있가고 되어 있습니다.
따라서, 위 특례 규정에 따라 건설업자는 건설업종 추가 등록 시 등록기준 중 1회에 한정하여 등록기준 중 자본금과 기술능력을 각각 적용 받을 수 있으며, 이 경우 등록 신청시 신청서류 등에 특례 적용에 관한 신청인의 의사표시가 기재된 서류가 첨부되어야 할 것으로 판단되며, 자본금에 대한 특례가 인정되었다면, 기술능력에 대한 특례도 인정될 수 있을 것으로 판단되나, 구체적인 사항은 실내건축공사업을 추가 신청시 신청서류 및 전산시스템 등재 상황 등 사실관계를 토대로 등록기관인 처분청(시군구청)에서 판단할 사항임을 알려드립니다.

73 건설업 양도 · 합병의 경우 등록기준 중복인정 특례 적용 가부

질의요지

당사는 애초 도장공사업 / 금속구조물, 창호공사업 / 전기공사업을 영위하고 있던 법인회사였습니다. 그러던 중에 추후 시설물유지보수공사업 / 미장방수조적공사업을 보유하고 있던 타 회사를 흡수합병하게 되면서 면허가 추가 신청하게 되었습니다.

이 경우에 건설산업기본법 시행령 제 16조의 특례사항에 보면 자본금과 기술능력이 중복 인정 가능하다는 내용이 명시되어 있습니다.
법령확인 후 관할 구청담당자에게 당사가 이러한 상황이라 합병당시의 담당자가 이 특례사항을 모르고 특례적용을 받지 못한것 같으니 지금이라도 적용 가능한지 문의하였는데, 구청 담당자는 합병시 신청했을 경우만 가능하다고 합니다.
이런 경우에 소급적용이 가능한지, 주기적신고시에 신청가능한지도 알고 싶습니다.

회신내용

건설산업기본법 시행령 제16조에 따르면 건설업자가 다른 업종의 건설업 등록을 추가로 신청하는 경우에는 ①자본금의 경우는 보유하고 있는 업종의 별표2에 따른 최저 자본금기준의 2분의 1을 한도로 1회에 한정하여 등록하려는 업종의 최저 자본금기준의 2분의 1에 해당하는 자본금을 이미 갖춘 것으로 인정하며, ②기술능력의 경우는 보유하고 있는 업종의 별표2에 따른 기술능력과 등록하려는 업종의 기술능력이 같은 종류, 등급으로서 공동으로 활용할 수 있는 경우 국토교통부장관이 정하여 고시하는 바에 따라 1회에 한정하여 기술능력을 이미 갖춘 것으로 인정할 수 있습니다.

또한 「건설업관리규정」 제2장 3.(건설업등록기준의 적격여부 확인) 아.(건설업등록기준의 중복 인정에 관한 특례 적용기준) (2)에 따르면 영 제16조제1항의 "1회에 한정하여" 중 1회란 자본금과 기술능력에 대한 각각 한번의 횟수를 말하며, 둘 이상의 업종을 동시에 추가 등록하는 경우에는 자본금의 인정 업종과 기술능력의 인정 업종을 각기 달리 선택하여 특례 인정을 받을 수 있다고 되어 있습니다.

다만, 상기 규정은 건설업자가 다른 건설업종을 추가 등록할 경우 적용되며, 건설업의 합병 또는 건설업의 양수도로 인하여 건설업종이 추가되는 경우에는 건설업 특례 규정이 적용되지 않음을 알려드립니다.

74 외국인(법인)의 전문건설업 등록 신청

질의요지

독일 법인이 국내에 영업소를 설치하고 전문건설업 등록(기계설비업)을 신청하고자 하는 민원에 관한 사항입니다.

영업소의 대표자는 외국인이며 대표자 1인으로 신청한다 합니다.

건설산업기본법 시행규칙 제2조 2항 6호 나목에 신청서를 접수받은 기관은 외국인등록증 및 영업소의 등기사항증명서를 확인하여야 된다고 규정되어 있는 바 외국인등록증 사본을 요청하였으나 체류자가 아니므로 외국인등록은 할 수 없으며 따라서 외국인등록증도 없다고 합니다.

기계설비공사를 하기 위해 등록하면서 체류를 하지 않는다는 것은 납득이 가지 않고, 관련 법령에 의거 외국인등록은 하셔야 된다고 안내는 했습니다만, 외국인등록증이 없는 외국인의 건설업 등록 가능여부와 혹시 가능하다면 확인해야 할 사항 및 필요서류는 무엇인지 문의드립니다.

회신내용

건설업을 등록하려는 자는 건설산업기본법 제9조 및 같은 법 시행령 제13조에서 정하고 있는 기술능력, 자본금, 시설 및 장비 등의 등록요건을 갖추어 업종별로 등록하여야 하며, 외국인 또는 외국법인의 경우에는 다음의 요건을 충족하여야 합니다.

①신청인(법인인 경우에는 대표자를 말한다)은 법 제13조제1항 각 호의 어느 하나에 따른 사유와 같거나 비슷한 사유에 해당하지 아니함을 확인할 수 있는 서류, ②기술능력요건에 해당하는 자가 외국인인 경우 당해 외국인은 출입국관리법 시행령 별표1의 규정에 의한 상사주재 · 기업투자 또는 무역경영의 체류자격을 갖춘 자일것, ③법인인 경우에는 주된 영업소의 자본금이, 개인인 경우에는 자산(외국에서 보유하고 있는 자산을 포함)의 평가액이 각각 등록기준요건 이상일 것, ④상법 제614조의 규정에 의하여 영업소를 설치하고 등기를 할 것

아울러, 같은 법 시행규칙 제3조에 따르면 건설업 등록을 하려는 자가 '외국의 국적을 가진 사람', '외국의 법령에 의하여 설립된 법인', '국내법에 의하여 설립된 법인으로서 같은 국적의 외국인(법인을 포함)이 법인의 자본금의 100분의 50 이상을 출자하였거나 임원수의 2분의 1 이상이 같은 국적의 외국인으로 구성된 법인'은 국적, 그가 출자한 금액과 출자비율을 건설업등록신청서에 기재하여야함을 알려드립니다.

75 대표자 추가시 기재사항 변경신고 해당여부

질의요지

건설산업기본법상에서 대표자, 주소, 상호 등 기재사항변경이 발생하였을 경우 30일 이내에 이를 신고토록 하고 있는바, 기존 대표이사는 그대로 두고 등기사항전부증명서에 각자 대표이사 한명을 추가로 등재시 대표자 기재사항변경신고 대상인지를 질의하오니 답변 바랍니다.

회신내용

건설산업기본법 제9조의2, 시행령 제12조의3 및 시행규칙 제9조에 따라 상호, 대표자, 영업소소재지, 법인(주민)등록번호 등 건설업등록증 또는 건설업등록수첩상 기재사항이 변경되면 30일 이내에 변경신청토록 되어 있고, 대표자 변경은 기재사항 변경으로 신고대상에 해당되며, 보다 구체적인 사항을 사실관계를 토대로 등록관청에서 판단할 사항임을 알려드립니다.

76 외국인의 대한민국 건설업 등록 방법

질의요지

시행령 제13조(건설업의 등록기준) 2항 외국에 주된 영업소를 두고 있는 외국인 또는 외국법인이 건설업등록을 신청하는 경우

2. 법인인 경우에는 주된 영업소의 자본금이, 개인인 경우에는 자산(외국에서 보유하고 있는 자산을 포함한다)의 평가액이 각각 별표2의 규정에 의한 기준 이상일 것

3. 상법에 의한 영업소를 설치하고 등기를 할 것

시행규칙 제2조제2항 1. 법인이 경우에는 법인 등기사항 증명서를 확인

시행령 제13조제2항제2호에서의 주된 영업소의 자본금은 외국에 있는 법인 혹은 주된 영업소를 말함인지, 아니면 상법에 의해 국내에 설치한 영업소를 말함인지 만약, 외국인에 있는 법인 혹은 주된 영업소의 자본금이라면 확인 방법은 무엇인지

외국법인인 경우 시행규칙 제2조제2항제1호에 의거 제출해야하는 법인등기사항 증명서는 국내에 상법에 의해 설치한 영업소의 등기부등본을 말함인지, 아니면 외국에 있는 법인(혹은 주된 영업소)의 등기부등본을 말함인지요.

회신내용

건설산업기본법 시행규칙 제2조 별지1호서식에 따르면 외국의 국적을 가진 사람, 외국의 법령에 의하여 설립된 법인 또는 국내법에 따라 설립된 법인으로서 같은 국적의 외국인(법인 포함)이 법인의 자본금의 100분의 50 이상을 출자하였거나 임원수의 2분의 1 이상이 같은 국적의 외국인으로 구성된 법인이 건설업등록을 신청하는 경우에는 국적(또는 국가의 명칭), 그가 출자한 금액과 출자비율을 건설업등록신청서에 기재하여야 하며, 외국의 법령에 의하여 설립된 법인인 경우 국내에 법인이 설립되어야만 건설업 등록이 가능함을 알려드립니다.

77 해외건설사의 국내시공에 대한 질의사항

질의요지

중국국영건설사와 관계를 두고 있는 한국에 소재한 외국인투자회사입니다. 올 하반기부터 중국국영건설사인 중건그룹, 갈주바그룹 등은 한국에 직간접투자한 부동산개발사업 및 기반시설공사에 대하여 직접공사를 희망하고 있습니다.
해외건설사가 국내에서 시공을 하기 위한 가이드라인이 있는지
"가령 토목공사는 가능 혹은 불가하다. 가능한 조건은 이러이러 하다.
건축공사는 국내업체와 ○○대○○의 조건으로 컨소시엄을 맺어야한다" 등 의 기준을 알고 싶습니다.
해외건설사가 국내에서 시공을 하기 위한 다른 선제 조건이나, 세금, 해당건설사의 현지인부파견수 제한조건 등 기타조건과 관련절차를 알고 싶습니다.
해외건설사가 국내에서 시공한 사례에 대해서도 알고 싶습니다.

회신내용

건설업을 등록하려는 자는 건설산업기본법 제9조 및 같은 법 시행령 제13조에서 정하고 있

는 기술능력, 자본금, 시설 및 장비 등의 등록요건을 갖추어 업종별로 등록하여야 하며, 외국인 또는 외국법인의 경우에는 다음의 요건을 충족하여야 합니다.

①신청인(법인인 경우에는 대표자를 말한다)은 법 제13조제1항 각 호의 어느 하나에 따른 사유와 같거나 비슷한 사유에 해당하지 아니함을 확인할 수 있는 서류, ②기술능력요건에 해당하는 자가 외국인인 경우 당해 외국인은 출입국관리법 시행령 별표1의 규정에 의한 상사주재·기업투자 또는 무역경영의 체류자격을 갖춘 자일것, ③법인인 경우에는 주된 영업소의 자본금이, 개인인 경우에는 자산(외국에서 보유하고 있는 자산을 포함)의 평가액이 각각 등록기준 이상일 것, ④상법 제614조의 규정에 의하여 영업소를 설치하고 등기를 할 것

따라서 외국인이 상기 규정에 따라 건설업을 등록한 경우 건설산업기본법령에 따라 건설공사를 수행할 수 있을 것으로 보이나, 외국인에 대한 별도의 시공지침 등은 없으며, 다만 세금이나 인력파견 등은 소관 법령의 담당부처(국세청, 고용노동부) 등에 문의하여 주시기 바라며, 해외건설사가 국내 시공실적은 관련 기관인 대한건설협회 등에 문의하여 주시기 바랍니다.

78 외국인이 건설업 등록신청할때 첨부서류

질의요지

독일인이 대표이사 및 임원인 한국법인입니다.
건설업을 등록신청하려고 하는데 대표자 및 임원 결격사유 조회때 필요한 서류가 궁금합니다.
독일에서 무범죄사실증명서에 아포스티유 인증을 받아가면 되는건지

회신내용

건설산업기본법 시행규칙 제2조제2항제6호에 따르면 외국인 또는 외국법인이 건설업의 등록을 신청하는 경우에 신청인(법인인 경우에는 대표자를 말한다)은 법 제13조제1항 각 호의 어느 하나에 따른 사유와 같거나 비슷한 사유에 해당하지 아니함을 확인할 수 있는 다음 각 목의 구분에 따른 서류를 제출하도록 규정하고 있습니다.

외국공문서에 대한 인증의 요구를 폐지하는 협약을 체결한 국가의 경우 : 해당 국가의 정부 그 밖에 권한 있는 기관이 발행한 서류이거나 공증인이 공증한 해당 외국인의 진술서로서 해당 국가의 아포스티유(Apostille) 확인서 발급 권한이 있는 기관이 그 확인서를 발급한 서류

외국공문서에 대한 인증의 요구를 폐지하는 협약을 체결하지 아니한 국가의 경우 : 해당 국가의 정부 그 밖에 권한 있는 기관이 발행한 서류이거나 공증인이 공증한 해당 외국인의 진술서로서 해당 국가에 주재하는 우리나라 영사가 확인한 서류

따라서 질의하신 사항은 상기 규정에 따라 해당 국적 국가와 관련한 아포스티유 확인을 받아야 할 것으로 보이며, '외국공문서에 대한 인증의 요구를 폐지하는 협약' 체결 여부 등에 따라 국가별 결격사유 확인서의 발급 및 확인기관, 해당 양식 등이 달라질 수 있는 바, 이에 대한 구체적인 사항은 외교부에 문의하여 주시기 바랍니다.

79 등록기준 특례적용에 있어 "1회에 한하여"의 의미와 등록관청의 특례 당연인정 관련

질의요지

다른 업종의 전문건설업을 추가 신청함에 있어 자본금, 기술능력의 특례조항의 적용 방법 등

회신내용

건설산업기본법 시행령 제16조에 따라 건설업자가 다른 업종의 건설업 등록을 추가로 신청하는 경우에는 ①자본금의 경우는 보유하고 있는 업종의 별표2에 따른 최저 자본금기준의 2분의 1을 한도로 1회에 한정하여 등록하려는 업종의 최저 자본금기준의 2분의 1에 해당하는 자본금을 이미 갖춘 것으로 인정하며, ②기술능력의 경우는 보유하고 있는 업종의 별표2에 따른 기술능력과 등록하려는 업종의 기술능력이 같은 종류, 등급으로서 공동으로 활용할 수 있는 경우 국토해양부장관이 정하여 고시하는 바에 따라 1회에 한정하여 기술능력을 이미 갖춘 것으로 인정할 수 있습니다.

또한 「건설업관리규정」 제2장 3.(건설업등록기준의 적격여부 확인) 아.(건설업등록기준의 중복 인정에 관한 특례 적용기준) (2)에 따르면 영 제16조제1항의 "1회에 한정하여" 중 1회

란 자본금과 기술능력에 대한 각각 한번의 횟수를 말하며, 둘 이상의 업종을 동시에 추가 등록하는 경우에는 자본금의 인정 업종과 기술능력의 인정 업종을 각기 달리 선택하여 특례 인정을 받을 수 있다고 되어 있습니다.

따라서, 위 특례 규정에 따라 건설업자는 건설업종 추가 등록 시 등록기준 중 1회에 한정하여 등록기준 중 자본금과 기술능력을 동시에 또는 각각 적용 받을 수 있으며, 이 경우 신청서류에 특례 적용에 관한 의사표시가 기재된 서류가 마땅히 첨부되어야 할 것입니다. 그러나 질의 사례와 같이 서면으로 작성된 특례 적용에 관한 서류를 제출하지 않은 상태에서 관할 등록관청에서 임의로 자본금에 한정하여 특례을 적용하고 기술능력에 관하여는 적용하지 않은 것은 등록관청의 업무처리가 미흡한 것으로 보입니다. 따라서, 민원인의 과실 여부를 떠나서 사례와 같이 민원인의 주장에 반하는 객관적인 서류가 발견되지 않은 한 등록관청의 업무처리 소홀로 인하여 민원인이 행정처분 등 일방적으로 불이익을 당하는 것은 행정의 신뢰원칙에 맞지 않을 것으로 보입니다.

80 보증가능금액 확인서 관련

질의요지

소액의 금액 미달로 보증가능금액이 실효(2015.7.2)되어 행정처분 예정인 업체가 예치금 증액으로 보증가능금액확인서가 재발급(2015.7.27)된 경우 행정처분 전에 보증가능금액 확인서를 제출한 경우 행정처분 유예나 과태료로 대체 가능한지 여부

건설공제조합 외에 서울보증보험의 이행(계약)보증보험으로 보증가능금액확인서를 갈음할 수 있는지 여부

회신내용

건설산업기본법 제10조 및 같은 법 시행령 제13조에 따르면 건설업자가 건설업을 등록할 경우에는 기술능력, 자본금, 시설 및 장비, 보증가능금액 등의 건설업 등록기준을 갖추어 업종별로 등록하도록 규정하고 있으며, 같은 법 제83조제3호에 따르면 건설업 등록기준에 미달한 사실이 있는 경우에는 1년 이내의 기간을 정하여 영업정지를 명할 수 있도록 규정하고

있습니다.

따라서 귀 질의 대상과 같이 보증가능금액확인서가 실효된 경우에는 그 기간과 관계없이 영업정지처분 대상이 되며, 과태료 부과 대상이 아닙니다.

건설업 등록기준으로 보증가능금액확인서는 건설산업기본법 시행령 제13조제1항제1의2에 따라 국토교통부장관이 지정한 금융기관(공제조합 및 서울보증보험)에서 국토교통부장관이 고시한 기준(국토교통부 고시 제2013-197호)에 따라 발급된 경우에 한하여 등록기준에 적합한 것으로 규정되어 있습니다. 따라서 질의 대상 이행(또는 계약) 보증증권은 이에 해당하지 않음을 알려드립니다.

81 농어업경영체 육성 및 지원에 관한 법률에 따른 영농(영어) 법인의 건설업 등록 가능 여부

질의요지

농어업경영체 육성 및 지원에 관한 법률에 따른 영농(영어) 법인의 건설업 등록 가능 여부

회신내용

건설산업기본법 제9조제3항에 따르면 국가나 지방자치단체가 자본금의 100분의 50 이상을 출자한 법인이나 영리를 목적으로 하지 아니하는 법인은 다른 법률에 특별한 규정이 있는 경우를 제외하고는 건설업을 등록할 수 없다고 규정하고 있습니다.

다만, 질의한 영농(영어)조합법인이 상기 규정에 저촉되지 않는다면 건설산업기본법 제9조에 따라 건설업 등록요건을 갖춰 건설업을 영위할 수 있을 것으로 보이나 농어업경영체 육성 및 지원에 관한 법률에 따라 건설업을 영위할 수 있는지 여부는 해당 법률의 소관부처에 문의하시기 바랍니다.

82 전문공사업의 장비 요건

질의요지

수중공사업을 등록한 건설업체가 등록 당시 시설 · 장비가 없거나 규격이 미달하는 장비 등을 사용하여 등록하고, 주기적 신고시에도 이를 재사용한 경우 등이 건설업의 부정한 등록에 해당하는지 여부

등록업체에 고용된 잠수분야 기술자(4대보험 가입, 급여지급)가 공사가 없는 경우 타공사 현장에 일용직으로 근무한 경우 상시근무에 해당하는지 여부

회신내용

건설산업기본법 제9조제1항 및 같은 법 시행령 제13조에 따르면 건설업을 영위하려는 자는 건설업 등록기준이 되는 기술능력, 자본금, 보증가능금액, 시설 및 장비 등을 갖추어 업종별로 등록하여야 하고, 건설업을 등록한 자는 같은 법 제9조제4항 및 같은 법 시행령 제12조의2에 따라 건설업 등록기준에 관한 사항별로 3년의 범위내에서 신고하여야 합니다.

이를 위반하여 같은 법 제9조에 따른 건설업 등록을 부정한 방법으로 하거나, 같은 법 제9조제4항에 따른 신고를 거짓으로 한 경우에는 같은 법 제83조제1호 또는 제2호의 규정에 따라 건설업 등록을 말소하도록 규정하고 있습니다.

따라서 건설업 등록 및 주기적 신고시 등록기준에 해당하는 시설 및 장비를 갖추지 못하고도 허위로 등록(신고)을 하거나, 등록기준에 미달하는 장비를 이용하여 거짓으로 등록(신고)한 경우에는 건설업 등록을 부정한 방법으로 하거나, 주기적 신고를 거짓으로 한 경우에 해당할 것으로 판단됩니다.

또한, 건설업 등록기준상 기술능력에 해당하는 기술자는 같은 법 시행령 별표2 비고1 가목에 따라 상시 근무하여야 하며, 기술능력의 적격 여부는 건설업관리규정(국토교통부 예규 제2015-113호, '15.8.20)에 따라 한국건설기술인협회의 업체별 건설기술자 자료와 기술자자격증 사본 및 고용보험 가입증명 등을 상호대조하여 확인하도록 하고 있습니다.

따라서 잠수분야 기술자의 상시근무 여부는 상기 규정과 해당 기술자의 근무상황, 근로계약관계, 실제 근무실적, 임금 지급 사실 등 사실관계를 토대로 해당 등록관청에서 판단할 사항임을 알려드립니다.

83 상장회사의 등록기준 일시적 미달 등

질의요지

등록기준 이상의 자본금을 유지하는 업체(기계설비공사업)도 별도로 보증가능금액확인서를 제출하여야 하는지 여부

비상장회사도 일시적 등록기준 미달이 적용되는 상법 제542조의8제1항 단서의 법인에 해당하는지 여부

처분관청이 '법 제83조제3호에 따른 영업정지처분을 하는 경우 그 처분 전까지 건설업 등록기준의 적격 여부를 확인하여야 한다'는 규정(시행령 별표6 비고)의 의미

회신내용

건설산업기본법 제10조 및 같은 법 시행령 제13조에 따르면 건설업을 하려는 자는 건설업의 등록기준이 되는 기술능력, 자본금, 시설 및 장비 등을 갖추어야 하며, 국토교통부장관이 지정하는 금융기관 등이 발급하는 보증가능금액확인서를 제출할 것을 규정하고 있습니다.

따라서 건설업(기계설비공사업)을 하려는 경우 건설업 등록신청시 기술능력 · 자본금 등 관련 서류와 아울러 보증가능금액확인서도 함께 제출하여야 합니다.

건설산업기본법 제83조제3호에 따르면 건설업자가 건설업의 등록기준에 미달한 사실이 있는 경우 1년 이내의 기간을 정하여 영업정지를 명하도록 하고 있으나, 같은 법 시행령 제79조의2제2호에 따라 「상법」 제542조의8제1항 단서의 적용대상법인(최근 사업연도 말 현재의 자산총액이 2조원 이상인 상장회사)이 최근 사업연도말 현재의 자산총액의 감소로 인하여 등록기준에 미달하는 기간이 50일 이내인 경우에는 예외적으로 처분을 하지 않도록 규정하고 있습니다. 따라서 비상장회사는 「상법」 제542조의8제1항 단서가 적용되는 상장회사가 아니므로 영업정지 처분의 예외가 적용되지 않는 것으로 판단됩니다.

건설산업기본법 시행령 제80조제1항 '별표6' 비고에 따르면 국토교통부장관은 법 제83조제3호에 따른 영업정지처분을 하는 경우 그 처분 전까지 건설업 등록기준의 적격 여부를 확인하여야 한다고 규정하고 있는 바, 이는 영업정지 처분 전까지 또 다른 등록기준 미달 사실이 있는지 여부를 종합적으로 확인하여 함께 처분하도록 규정한 것임을 알려드립니다.

제2절 건설업 주기적 신고

84 건설업등록기준에 관한 사항의 주기적 신고시 자본금 적격여부 확인 관련

질의요지

자본금 확인은 해당 건설업자의 매년 정기연차 결산일 기준 재무제표에 의하되, 직전 주기적신고 수리일 이후의 재무제표를 모두 확인하는 것으로 알고 있습니다.

궁금한 점은 당사 직전 주기적신고 수리일 이후(2012년, 2013년, 2014년) 재무제표는 12월 31일 결산일 기준이었으나, 2015년도에 9월 30일 결산일기준으로 변경하였습니다.

이에, 당사는 2015년 10월 29일 기준 30일 이내에 주기적 신고를 하게끔 되어 있는데, 그렇다면 2015년 9월 30일 결산기준 재무제표를 발급받았다면 당해 주기적신고 기간내에 2015년 결산 재무제표를 포함하여 자본금확인을 할 수 있는지요?

회신내용

건설산업기본법 제9조제4항, 시행령 제12조의2 및 시행규칙 제10조의2에 의거 건설업의 등록을 한 자는 건설업 등록기준에 관한 사항을 3년 이내의 범위에서 신고(주기적 신고)하여야하며, 건설업관리규정 제3장.3.다.에 따르면, 자본금 확인은 해당 건설업자의 매년 정기연차 결산일 기준 재무제표(외감법 제2조에 따라 외부감사를 받은 때는 해당 감사보고서를 말한다)에 의하되, 직전 주기적 신고 수리일 이후의 재무제표(연말에 주기적 신고를 하여 다음 회계연도의 연초에 수리가 된 때에는 해당 신고일 이후 수리일 전의 재무제표를 포함하며, 연말과 연초는 각각 회계연도를 기준으로 한다) 모두를 확인하며, 하나의 재무제표라도 재무제표상의 자본총계가 건설업등록기준을 미달하는 경우에는 제재처분 절차에 착수한다고 규정하고 있습니다.

건설산업기본법 제9조제4항 및 같은 법 시행령 제12조의2에 따라 건설업의 등록을 한 자는 건설업의 등록기준에 관한 사항별로 3년마다 건설업등록기준에 관한 사항을 신고(주기적 신고)토록 하고 있습니다.

이 경우, 자본금의 확인은 건설업관리규정(국토해양부예규 제2015-113호)에 따라 건설업자의 매년 정기연차 결산일 기준 재무제표에 의하되, 최초 건설업 등록일 또는 직전 주기적 신고 수리일 이후의 재무제표 모두를 확인하며 하나의 재무제표라도 자본총계가 건설업등록기준을 미달하는 경우에는 제재처분 절차에 착수하도록 규정하고 있습니다.

따라서 질의하신 사항은 상기 규정에 따라 직전 주기적 신고 수리일 이후 재무제표를 모두 확인하여야 할 것으로 보이며, 구체적인 사항은 사실관계를 토대로 등록관청에서 판단할 사항임을 알려드립니다.

85 건설업 주기적신고시 일반건설업과 전문건설업의 별개의 기업진단요구에 관하여

질의요지

당사는 일반건설 건축공사업과 전문건설 실내건축 및 시설물유지관리업을 동시에 보유한 법인으로 전문건설업 면허의 주기적신고 기한이 도래하여 관할시청에 신청을 하였으나 제출한 재무제표 등의 서류로는 건축공사업과 구별할수 없으니 전문건설 만의 기업진단을 제출하라 하여 건설협회에 자문을 구하니까 건설업 동종인 전문건설만의 기업진단은 필요치 않다는 유권해석을 들었는데 과연 별도의 기업진단은 필요한것인지 아닌지를 알려주시면 추후 업무에 도움이 되겠습니다

회신내용

건설업관리규정(국토해양부 예규 제2015-113호) 기업진단지침 제2조에 따르면 동 지침이 건설업 등록기준 중 사업자의 실질자본에 대한 진단에 관하여 적용한다고 규정하고 있고, 제5조에 따르면 겸업사업이란 재무관리상태의 진단대상이 되는 사업 이외의 사업을 말한다고 규정하고 있습니다.

따라서 동 지침은 재무관리상태의 진단대상이 되는 건설업의 실질자본을 확인하기 위한 것으로 업종별로 구분하여 기업진단을 받도록 하고 있지는 않으나, 보다 구체적인 사항은 사실관계를 토대로 등록관청에서 판단할 사항임을 알려드립니다.

86 실태조사에 의한 영업정지 기간 中 주기적 신고시 등록기준 미달의 경우

질의요지

가. 영업정지 관련

① 건설업 실태조사로 기술자 · 자본금 미달로 '09. 7. 15 ~ 11. 14까지 영업정지

② 주기적 신고시 신고시점 현재 기술자, 자본금 미달 발생

※ 주기적 신고기간 : 09. 10 .13 ~ 11. 12

영업정지 만료 전 미달사항을 보완하였으나, 주기적 신고심사 중 미달사항이 발견되었을 때 3년 이내 동일사유 발생으로 말소조치 하여야 하는지 여부?

※ 주기적신고시 영업정지 처분 전 시점에 발생한 미달사항에 대해서는 동일사안에 대한 중복처분으로 처분 하지 않는다고 하나,

- 처분 이후 주기적 신고 일까지 자본금, 기술인력에 대해서는 ①번 만료 전 미달사항의 보완으로 보고 처분하지 않아도 되는지
- ②번 주기적 신고시 미달사항에 대하여 3년 이내 동일사유 발생으로 말소조치 하여야 하는지 여부

나. 폐업신고 수리관련

등록기준 미달로 영업정지 중인 업체가 다른 사유로 영업정지가 예상되는 경우 폐업신고 수리여부

※ 건설업관리지침에 폐업신고 수리 전에 위법사항이 있을 경우 처분여부 결정 후 처리하도록 되어 있고 영업정지 기간 중에 있는 업체는 폐업신고가 가능하도록 되어 있음.

회신내용

건설산업기본법 제83조제2호에 따라 건설업등록기준에 미달한 사실이 있을 때 건설업의 등록을 말소하거나 1년 이내의 기간을 정하여 영업의 정지를 명할 수 있으며, 건설업관리지침 제7장제2호나목의(3)에는 건설업등록기준 미달에 해당되어 영업정지 처분을 받은 건설업자는 처분종료일까지 등록기준 미달사항을 보완토록 규정하고 있습니다.

따라서, 등록기준 미달로 이미 영업정지 처분을 받았다면 주기적 신고시 영업정지 기간 중의 등록기준 미달로는 처분할 수 없을 것으로 판단됩니다.

건설산업기본법 시행령 제13조제1항제5호에는 영업정지처분을 받은 경우에는 그 기간이 경

과되어야만 건설업을 등록할 수 있도록 건설업등록에 제한을 두고 있습니다.

따라서, 영업정지기간 중 폐업신고를 한 업체라 할지라도 다른 사유로 건설산업기본법 제81조 내지 제83조의 규정에 의한 시정명령, 영업정지, 등록말소 등이 객관적으로 명백히 예상되는 경우에는 폐업수리조치 전에 위법행위에 대한 사실확인 및 청문 등 처분절차를 조속히 이행하고, 처분여부 결정후 폐업신고를 수리하셔야 합니다.

87 실태조사 대상업체로 통보('14.12월)되어 조사 진행 중 주기적 신고가 수리('15.6월) 되었으나, 청문결과('15.11월) 등록기준 미달 확인시 행정처분 가능여부

질의요지

실태조사 대상업체로 통보('14.12월)되어 조사 진행 중 주기적 신고가 수리('15.6월) 되었으나, 청문결과('15.11월) 등록기준 미달 확인시 행정처분 가능여부

회신내용

건설산업기본법 제10조 및 같은 법 시행령 제13조에 따르면 건설업을 영위하려는 자는 건설업등록기준인 기술능력, 자본금, 보증가능금액 등을 갖추어 업종별로 등록하여야하며, 건설업등록기준에 미달한 사실이 있는 때에는 같은 법 제83조제3호에 따라 영업정지 처분을 받도록 규정하고 있습니다.

다라서 등록관청이 건설업자의 주기적 신고를 수리하였으나 이후 실태조사를 통해 신고대상기간(3년) 동안에 이루어진 위반행위를 새롭게 적발한 경우에는 해당 건설업자는 상기 규정에 따른 행정처분의 대상이 될 수 있음을 알려 드리며, 구체적인 사항은 사실관계를 토대로 등록관청에서 판단할 사항입니다.

88 실태조사 결과 자본금 미달이었으나 행정처분 하지 않고 주기적신고하며 적합판정을 내린 경우

질의요지

저희 시에서는 2012년 자본금 미달의심업체를 국토부로부터 통보받아 2013년에 실태조사 하였고 A시로 전입한 자본금 미달이 의심되는 B업체에 대하여 행정처분(영업정지- 자본금 미달) 의뢰 공문을 실시하였습니다.

그런데 A시에서는 행정처분 하지 않았고 2015년 7월 B업체는 주기적신고를 하여 2012,13,14년도 자본금에 대하여 적합 판정을 받았습니다.

B업체가 건실한 업체라고 판단한 C씨는 B업체를 인수하여 다시 고양시로 전입하였고 고양시에서는 2012년 자본금미달로 영업정지 처분을 하려고 청문까지 실시하였습니다.

B업체를 인수한 C씨는 자기는 건실한 업체라고 믿었으며, 주기적신고시에 2012,13,14년도 자본금에 대하여 인정을 받았다고 주장합니다.

또한 2012.12.31일 적금 1억 5천만원을 찾아서 2013.01.02일 다시 적금을 들었으므로 적금 1억 5천만원에 대해서도 자본금 인정을 해주어야 한다고 주장합니다.

청문을 주재한 법률자문관도 신뢰보호의 원칙으로 행정처분을 하는 것이 곤란하다는 의견도 제시하였습니다.

행정처분 의뢰하였으나 행정처분이 이루어지지 않고 주기적신고가 이루어진경우 다시 행정처분 할 수 없는지의 여부

적금의 경우 말일을 기준으로 인출한 후 공휴일 이후 재 입금한 경우에 자본금으로 인정할수 있는지의 여부

회신내용

건설산업기본법 제17조제3항에 따르면 건설업 양도가 신고된 때에는 건설업을 양수한 자는 건설업을 양도한 자의 건설업자로서의 지위를 승계한다고 규정하고 있고, 건설업관리규정(국토교통부 예규 2015-113호, 2015.8.20) 제4장의2.5.에 따르면, 시정명령, 영업정지 등이 예상되는 경우 건설업 양도신고 수리전에 사실 확인 및 청문 등 처분절차를 조속히 이행하고, 처분여부 결정후 처리하며, 영업기간 및 실적 등이 승계되는 규칙 제18조제6항 각 호의 경우는 양수인이 양도인의 지위를 포괄적으로 승계하므로 먼저 양도신고 수리 후 양수인에 대해서 처분이 가능하도고 규정하고 있습니다.

주기적 신고 후 별개의 실태조사 등에서 해당 건설업등록기준 미달이 확인된 경우에는 상기 규정에 따라 행정처분 등이 가능하나, 질의한 사항의 경우 상기 규정과 위반행위 내역(은행거래실적, 입출금 상황 및 일시적 예금 여부 등), 당시 전입관청의 미처분 사유 등 사실관계를 종합적으로 검토하여 처분관청에서 판단할 사항임을 알려드립니다.

건설산업기본법 제9조에 따라 건설업등록 및 주기적신고 당시 건설업등록기준(기술능력미달)이 미달함에도 그 사실을 확인하지 못하였으며, 추후 실태조사(관련협회의 조사) 로 건설업등록기준 미달 사실이 확인된 경우 제재처분의 가능여부에 대한 질의인 바, 같은 법 제83조제1호 및 2호에 따라 건설업자가 "부정한 방법으로 건설업의 등록을 한 때"는 건설업등록말소 처분을 받게 되고, "건설업의 등록기준에 미달한 사실이 있는 때"는 영업정지처분을 받게 됩니다.

따라서, 건설업 실태조사 등에 따라 해당 건설업자의 건설업등록기준 미달(기술능력미달)이 확인된 경우에는 상기 규정에 따라 제재처분을 받게 될 것이며, 다만, 최종처분 여부 및 처분의 감경 등은 해당 건설업자의 기술능력 미달에 대한 보완경위, 시기 및 해당 건설업자의 고의성여부 등을 면밀히 조사하여 처분권자가 판단할 사항으로 생각됩니다.

제3절 건설업 양도 · 양수 · 합병

89 건설산업기본법 시행규칙 제18조(건설업양도의 신고 등) 관련 질의

질의요지

건설산업기본법 시행규칙 제18조(건설업양도의 신고 등)제6항 시 · 도지사는 건설업의 양도가 양도인의 건설업에 관한 자산과 권리.의무의 전부를 포괄적으로 양도하는 경우로서 다음 각 호의 1에 해당하는 때에는 양도인의 건설업영위기간을 합산할 수 있다.

각 호의 1 – 1. 개인이 영위하던 건설업을 법인사업으로 전환하기 위하여 건설업을 양도하는 때. 라고 명시되어 있습니다.

질의) 상기와 같이 '개인이 영위하던 건설업을 법인사업으로 전환하기 위하여 건설업을 양도하는 때에는 양도인의 건설업영위기간을 합산할 수 있다.' 일때 건설업영위기간 합산이란 건설업영위기간의 해당지역 소재기간도 포함 되는지 여부를 질의드립니다.

회신내용

건설산업기본법 시행규칙 제18조제6항제1호에 따르면 개인이 영위하던 건설업을 법인사업으로 전환하기 위하여 건설업을 양도하는 때 등 건설업의 양도가 양도인의 건설업에 관한 자산과 권리, 의무의 전부를 포괄적으로 양도하는 경우에는 양도인의 건설업 영위기간을 합산할 수 있다고 되어 있습니다.

위 규정에서 건설업 영위기간이란 양도인이 해당 등록관청에서 건설업 등록을 한 후 그 업을 계속한 기간을 의미함을 알려 드립니다.

90 | 개인 건설업의 법인전환(포괄양도)

질의요지

현재 개인으로 건축공사업을 영위하고 있을경우 실질 자본금은 10억 이상이어야 등록 기준을 충족하여 정상영업이 가능합니다. 만약, 이 개인 건설업을 법인전환(포괄양수도) 할경우 현재 개인 자본금(실질자본금 및 순자산)10억 이상을 법인으로 전환시 법인의 실질 자본금 및 등기 자본금도 10억 이상이어야 포괄 양수도로 간주되는것인지, 아니면 법인의 등록기준인 실질 자본금 5억 이상만 충족해도 포괄 양수도로 인정되는지 명쾌한 해석을 부탁드립니다. 처리 지침도 없고 법에서도 지위만 승계하면 된다는데 유권해석을 어떻게 해야 하나요(양수도 시점, 법인전환 시점의 개인 자본금은 등록기준에 문제가 없을시 질의 내용입니다)

회신내용

건설업관리규정(국토교통부 예규 2015-113호) 제4장의2(건설업양도, 법인합병 및 상속) 2.에 따르면 건설업의 양도 또는 합병신고서를 접수받아 심사하는 기관은 양도인 또는 피합병법인이 법 제49조 및 제91조제3항제9호에 따른 건설업등록기준에 적합한지 여부를 확인할 수 있으며, 심사기준은 주기적 신고의 심사에 준한다고 규정하고 있습니다. 또한 확인대상기간은 최초의 건설업등록일 또는 직전 주기적 신고 수리일부터 양도양수계약일 또는 합병계약일이 속하는 달의 직전월 말일까지로 한다고 규정하고 있습니다.

다라서 등록관청은 상기 규정에 따라 개인이 영위하던 건설업을 법인사업으로 전환하기 위하여 건설업을 양도하는 경우 개인사업 영위시 직전주기적 신고 수리일부터 양도양수계약일이 속하는 달의 직전월말일까지 자본금(10억) 등 건설업 등록기준 적합여부를 주기적 신고에 준하여 심사하도록 하고 있음을 알려드리며, 보다 구체적인 사항은 사실관계를 토대로 등록관청에서 판단할 사항임을 알려드립니다

91 전문건설업체 공동대표의 회사분할 관련 질의

질의요지

공동대표자(A,B)가 이끌고 있는 토공 철콘 업종을 2개가진 전문건설업체가 있습니다.

회사사정으로 인해 공동대표A가 토공을, 공동대표B가 철콘을 분할하려고 합니다.

회사를 분할하려면 대표 중 1인이 새로운 법인을 설립하여 분할하여야만 하는지

2인의 공동대표 중 1인이 새로운 법인을 설립할 경우 전문건설업의 양도로 보고 새로운 법이 기존 법인이 한 종목을 양도하는 것으로 볼 수 있는지와 새로운법인이 하나의 업종을 양도받을 경우 실적등을 모두 승계하는지 여부

2명의 공동대표가 한업종씩 나눠가져서 분할하는 이러한 과정에서 필요한 서류 및 절차는 양도양수 신고과정과 동일한지 여부. 동일하지 아니한 경우는 어떠한 과정인지

회신내용

건설산업기본법 제17조 및 같은 법 시행규칙 제18조제6항제3호에 따라 건설업의 양도가 양도인의 건설업에 관한 자산과 권리, 의무의 전부를 포괄적으로 양도하는 경우로서 건설업자인 회사가 분할에 의하여 설립된 신설법인에 그가 영위하는 건설업의 전부를 양도하는 때에는 양도인의 건설업에 관한 영위기간을 합산할 수 있으며, 이 경우 제18조제6항 각 호의 어느 하나에 따른 양수인 또는 합병 후 존속하거나 신설된 법인의 시공능력은 피상속인, 양도인 또는 종전법인의 시공능력과 동일한 것으로 본다고 규정하고 있습니다.

다만, 해당업체가 보유한 다수 업종 중 일부 업종만 분할하여 양도하는 경우에는 상기 규정에 따라 건설업에 관한 전부를 포괄적으로 양도하는 경우에 해당하지 않으므로 실적 등이 양수인에게 승계되지 아니하며 건설업의 분할은 같은 법 시행규칙 제18조에 따른 양도절차를 거쳐야 할 것으로 판단되나, 구체적인 사항은 사실관계를 토대로 등록관청에서 판단할 사항임을 알려드립니다.

92 합병 당시 적법하게 수리('15.1.30) 되었으나 이후 실태조사('13.12.31 기준)에서 자본금 미달이 확인된 경우 영업정지 처분 가능 여부

질의요지

합병 당시 적법하게 수리('15.1.30) 되었으나 이후 실태조사('13.12.31 기준)에서 자본금 미달이 확인된 경우 영업정지 처분 가능 여부

회신내용

건설산업기본법 제17조제3항에 따르면 건설업자인 법인이 다른 법인과 합병하려는 경우(다만, 건설업자인 법인이 건설업자가 아닌 법인을 흡수합병하려는 경우는 제외한다), 합병으로 설립되거나 존속하는 법인은 합병으로 소멸되는 법인의 건설업자로서의 지위를 승계한다고 규정하고 있으며, 또한 건설업관리규정(국토교통부 예규 2015-113호, 2015.8.20) 제4장의 2 5.에 따르면, 시정명령, 영업정지 등이 예상되는 합병의 경우 존속법인이 소멸법인의 권리 의무를 포괄적으로 승계하므로 먼저 합병신고 수리 후 존속법인에 대해 처분이 가능하다고 규정하고 있습니다.

따라서, 상기 규정에 따라 합병에 의한 존속업체는 합병 후 피합병업체의 자본금 미달 등 위반행위(과거 위반행위 포함)를 승계하므로 사후 실태조사 등에서 위반행위가 확인될 경우 행정처분의 대상에 해당됨을 알려드립니다.

93 산림조합의 주기적 신고 심사 방법 등

질의요지

산림조합의 주기적 신고 심사 방법 등

회신내용

건설산업기본법 시행령 제17조 및 시행규칙 제12조에 따르면 산림조합법 제11조제4항에 따라 건설업 등록 신청을 한 자에 대하여는 건설업등록증 및 건설업등록수첩을 교부하도록 규정되어 있으므로 산림조합의 경우 산림조합법에 의한 건설업자로 볼 수 있을 것입니다.

또한, 건설산업기본법 제4조에 따르면 건설산업에 관하여 다른 법률에서 정하고 있는 경우를 제외하고는 이 법을 적용하도록 규정하고 있고, 같은 법 제9조제4항에 따르면 건설업을 등록한 자는 등록기준의 사항별로 3년의 범위에서 대통령령으로 정하는 기간이 지날 때마다 그 사항을 신고(주기적 신고)하도록 규정하고 있습니다.

따라서 산림조합법에 따라 건설업을 신고한 자도 건설산업기본법령에 따라 주기적 신고를 해야 할 것으로 판단되며, 주기적 신고시 산림조합의 등록기준 등에 대해서는 산림조합법 등 관련 법령에 따라 충족여부를 검토해야 할 것으로 판단됩니다.

제4절 영업정지 및 등록 말소 후 계속공사

94 건설업 등록 및 변경(법인→개인)에 따른 유지 방법 문의

질의요지

건설산업기본법 내 건설업 등록 및 변경 관련하여 지식이 일천하여 확인이 어려운 부분이 있어 문의를 드리오니 상세한 답변 주시면 업무 진행에 많은 도움이 되겠습니다.

배경) 현재 가스시공업 1종 보유한 법인이 개인사업자로 변경(대표자도 변경)하려고 준비 중이며, 변경 후에도 가스시공업 1종 역시 지속 보유를 원하는 상황입니다.

질문) 배경과 같이 법인에서 개인사업자로 변경하려고 하는 경우, 가스시공업 1종을 지속 보유하기 위해서는 재등록 및 심사를 받아야만 하는 것인지요, 다른 간소화 절차가 있다면 어떤 방법이 있는지 답변을 부탁드립니다.

건설산업기본법 시행령 별표2 건설업 등록기준 중 자본금 관련하여, 법인일 경우에는 대차대조표, 손익계산서 등을 활용 가능한 것으로 알고 있습니다. 개인일 경우에는 영업용자산평가액으로 평가된다고 하는데 영업용자산평가액의 정확한 의미와 어떤 증빙자료가 필요한 것인지 상세한 안내/답변을 부탁드립니다.

회신내용

가스시설시공업1종을 보유한 법인이 개인사업자로 변경되는 경우 건설산업기본법 제17조 등에 따라 건설업 양도 등 관련 절차를 거쳐야 할 것으로 보이며, 같은 법 시행령 제13조 별표2 비고2에 따라 건설업 등록기준으로 자본금과 관련하여 개인의 경우 영업용자산평가액으로 규정하고 있는 바, 이는 개인이 보유한 현금, 예금, 유형자산 등으로 보다 구체적인 사항은 사실관계를 토대로 등록관청에서 판단할 사항임을 알려드립니다.

95 전문건설업 영업정지에 따른 공사 진행여부 및 면허추가 관련

질의요지

영업정지 이전이나 이후등 면허추가에 따른 자본금(EX5억)을 2개월간 예치후 영업정지 기간과 상관없이 면허추가가 가능한지

영업정지 기간에는 공개입찰에 참여 못하는 건 예측되오나, 영업정지 기간 이전에 계약한 국가공사 하도급 공사는 진행 가능한지

영업정지 기간에 사급공사는 계약서 작성하고 공사 실행하고 세금계산서 발행이 가능한지

회신내용

건설산업기본법 제9조, 제10조 및 같은 법 시행령 제13조에 따르면 건설업을 영위하려는 자는 건설업등록기준이 되는 기술능력, 자본금, 보증가능금액, 시설 및 장비 등을 갖추어 업종별로 등록하여야 하며, 건설업영업정지처분을 받은 경우에는 그 기간이 경과되었을 것으로 규정하고 있습니다.

또한 같은 법 제14조에 의하면 같은 법 제82조, 제82조의2 또는 제83조에 따른 영업정지처분 또는 등록말소처분을 받은 건설업자와 그 포괄승계인은 그 처분을 받기 전에 도급계약을 체결하였거나 관계 법령에 따라 허가, 인가 등을 받아 착공한 건설공사는 계속 시공할 수 있고, 영업정지처분 또는 등록말소처분을 받은 건설업자와 그 포괄승계인이 하수급인인 경우에는 그 처분의 내용을 발주자 및 수급인에게 알려야 하며, 수급인은 그 통지를 받거나 처분 사실을 안 날(발주자가 하도급계약의 해지를 요청받은 경우에는 그 요청을 받은 날)부터 30일이 지나는 날까지 하도급계약을 해지할 수 있습니다.

영업의 정지란 일반적으로 새로운 입찰, 견적제출 및 계약의 체결 등에 부수되는 행위의 정지로 보는 것이므로 수급인이 30일 이내에 하도급계약을 해지하지 아니한 경우라면, 수급인은 하수급인과 영업정지 전에 체결한 하도급계약과 관련하여 계약기간 및 금액을 변경하는 하도급 변경계약을 체결할 수 있을 것이고 하수급인은 당해 건설공사를 계속 시공할 수 있다고 판단됩니다.

96 시공중인 공사관련 건설업의 폐업

질의요지

당사는 전문건설업 면허 3개를 갖고 있습니다. 면허 1개를 반납하고자 합니다. 그런데 반납할 면허가 현재 지자체와 계약하여 시공중에 공사가 있습니다. 시공중에도 반납가능한지 궁금합니다.

회신내용

건설산업기본법 제20조의2에 따르면 건설업을 등록한 자가 폐업하는 경우 건설업 폐업신고를 하여야하며, 폐업신고가 있으면 국토교통부장관(등록관청)은 건설업 등록을 말소하고 그 사실을 인터넷 홈페이지 등에 공고하도록 규정하고 있으며,

또한, 같은 법 제14조에 따르면 영업정지 처분 또는 등록말소처분을 받은 건설업자와 그 포괄승계인은 그 처분을 받기 전에 도급계약을 체결하였거나 관계 법령에 따라 허가 · 인가등을 받아 착공한 건설공사에 대하여 는 이를 계속하여 시공할 수 있으며, 건설업 등록이 제20조의2에 따른 폐업신고에 따라 말소된 경우에도 같다고 규정하고 있음을 알려드립니다.

아울러, 영업정지처분 또는 등록말소처분을 받은 건설업자와 그 포괄승계인은 그 처분의 내용을 지체 없이 그 건설공사의 발주자에게 통지하여야 하고, 건설공사의 발주자는 특별한 사유가 있는 경우를 제외하고는 해당 건설업자로부터 통지를 받은 날 또는 그 사실을 안 날부터 30일이 지나는 날까지 도급계약을 해지할 수 있으며, 건설업관리규정(국토교통부 예규 2015-113호)에 따라 폐업하려는 해당 건설업종이 같은 법 제81조 내지 제83조의 규정에 의한 시정명령, 영업정지, 등록말소 등이 객관적으로 명백히 예상되는 경우에는 폐업수리조치 전에 위법행위에 대한 사실확인 및 청문 등 처분절차를 조속히 이행하고 처분여부를 결정후 처리함을 알려드립니다.

97 건설업의 분리 · 양도 질의

질의요지

합병에 의하여 겸업을 하고있는 일반건설업과 전문건설업을 합병전의 상태로 되돌리고자 함에 있어서 일반건설업과 전문건설업의 분할이 가능한지 분할이 안되는 둘중 하나를 양도는 가능한지 이 경우 실적을 유지할수 있는지 실적을 인정받으면서 합병전의 상태로 되돌릴수는 없는지

회신내용

건설산업기본법 제17조 및 같은 법 시행규칙 제18조제6항제3호에 따르면 건설업의 양도가 양도인의 건설업에 관한 자산과 권리, 의무의 전부를 포괄적으로 양도하는 경우로서 건설업자인 회사가 분할에 의하여 설립되거나 분할합병한 회사에 그가 영위하는 건설업 전부를 양도하는 때에는 양도인의 건설업에 관한 영위기간을 합산할 수 있으며, 이 경우 같은 법 시행규칙 제23조제4항에 따라 제18조제6항 각 호의 어느 하나에 따른 양수인 또는 합병 후 존속하거나 신설된 법인의 시공능력은 피상속인, 양도인 또는 종전법인의 시공능력과 동일한 것으로 본다고 규정하고 있습니다.

다만, 해당업체가 보유한 다수 업종 중 일부 업종만 분할하여 양도하는 경우에는 건설업에 관한 전부를 포괄적으로 양도하는 경우에 해당하지 않아 실적 등이 양수인 등에게 승계되지 아니할 것으로 판단되나, 구체적인 사항은 사실관계를 토대로 등록관청에서 판단할 사항임을 알려드립니다.

건설산업기본법 제20조제3호에 따라 같은 법 제82조 또는 제83조의 규정에 의한 영업정지 처분기간중에 있는 때에는 건설업양도가 제한되며, 건설업자가 다수의 건설업종을 보유한 경우 영업정지 처분을 받은 업종 이외의 업종에 대한 건설업의 양수도에 관한 제한은 건설산업기본법상 규정하고 있지 않습니다.

다만, 건설업자가 건설업의 양도절차를 거쳐 건설업의 전부를 포괄적으로 양도하는 경우에만 건설산업기본법 시행규칙 제23조제5항에 따라 양수인의 시공능력을 새로이 평가하는 경우 양도인의 공사실적을 양수인의 공사실적에 합산할 수 있습니다.

즉, 양도인의 실적을 양수인의 실적에 합산하여 평가받기 위해서는 같은 법 제17조 내지 제19조 및 시행규칙 제18조의 규정에 따른 건설업의 양도 절차를 거쳐야 하며, 같은 법 시행

규칙 제18조제6항에 따라 '건설업의 양도가 양도인의 건설업에 관한 자산과 권리·의무의 전부를 포괄적으로 양도하는 경우로서 i)개인이 영위하던 건설업을 법인사업으로 전환하기 위하여 건설업을 양도하는 때 ii)건설업자인 법인을 합명회사 또는 합자회사에서 유한회사 또는 주식회사로 전환하기 위하여 건설업을 양도하는 때 iii)건설업자인 회사가 분할에 의하여 설립되거나 분할 합병한 회사에 그가 영위하는 건설업의 전부를 양도하는 때'에 한하여 양도인의 실적이 양수인에게 승계됩니다.

따라서, 건설업자가 영업정지 기간중에는 건설업 양도를 제한하고 있으며, 건설업자가 다수의 건설업종을 보유한 경우에 영업정지 처분을 받지 않은 일부의 업종에 대하여는 건설업 양수도가 가능할 것입니다.

98 개인사업이 법인사업으로 전환(포괄적 양수도)됨에 따라 건설업 등록증 기재사항 변경이 발생하는 경우, 건설업 등록증 변경신고 대상 해당 여부 등

질의요지

개인사업이 법인사업으로 전환(포괄적 양수도)됨에 따라 건설업 등록증 기재사항 변경이 발생하는 경우, 건설업 등록증 변경신고 대상 해당 여부 등

회신내용

건설산업기본법 제9조의2 및 같은 법 시행령 제12조의3에 따르면 건설업등록증 또는 건설업등록수첩의 기재사항 중 상호, 대표자, 영업소소재지, 법인(주민)등록번호 등의 변경이 있는 때에는 30일 이내에 기재사항의 변경을 신청하여야 하나, 같은 법 제17조제1항 또는 제4항에 따라 신고한 사항은 제외하도록 규정하고 있습니다.

따라서 건설산업기본법 제17조제1항에 따라 건설업을 양도 신고한 사항은 건설업 등록증의 기재사항 변경 신청 대상이 아님을 알려드리니 업무에 참고하시기 바랍니다.

제2장 경미한 공사 및 부대공사

01 소규모 건축공사를 철근콘크리트 공사업을 등록한 건설업자가 시행할 수 있는지

질의요지

소규모 건축공사를 철근콘크리트 공사업을 등록한 건설업자가 시행할 수 있는지

회신내용

건설산업기본법 제16조제1항에 따라 종합공사를 도급받으려는 자는 해당 종합공사를 시공하는 업종을 등록하여야 합니다. 다만 제1항제3호에 따라 전문공사를 시공하는 업종을 등록한 건설업자가 전문공사와 그 부대공사를 함께 도급받는 경우 해당 종합공사를 시공하는 업종을 등록하지 아니하고도 도급받을 수 있다라고 규정하고 있습니다.

같은 법 시행령 제21조에 따라 부대공사는 '2종 이상의 전문공사가 복합된 공사로서 공사예정금액이 3억원 미만이고, 주된 전문공사의 공사예정금액이 전체 공사예정금액의 2분의 1 이상인 경우 그 나머지 부분의 공사' 등으로 규정하고 있습니다.

따라서, 질의하신 사항이 위 규정에 따라 전문공사에 등록한 건설업자가 부대공사를 함께 도급 받은 경우라면 해당 종합건설업을 등록하지 않고 도급 받아 시공이 가능할 것으로 사료되나 구체적인 사항은 설계내용, 시공특성, 공사예정금액 등을 감안하여 판단할 사항임을 알려드립니다.

이를 위반하여 하도급 받은 자는 같은 법 제96조제1호에 따라 3년 이하의 징역 또는 3천만원 이하의 벌금에 처할 수 있으며, 하도급 제한 규정을 위반한 수급인은 제4호에 따라 동일하게 처분될 수 있으며 또한, 제82조제2항제3호에 따라 1년 이내의 기간을 정하여 영업정지를 명하거나 영업정지를 갈음하여 과징금을 부과할 수 있음을 알려드립니다.

02 토공사업 부대공사의 범위 및 계약

질의요지

건축공사 현장입니다.
토공사업 면허로 수행 가능한 부대공사의 업무범위에 관한 질의입니다.
건설산업기본법 시행령 [별표1. 건설업의 업종과 업종별 업무내용]에 의거 토공사업 면허를 소지한 전문공사를 시공하는 건설업자는 흙막이공사의 수행이 가능하고, 동 법 제16조(건설공사의 시공자격) 3항에 전문공사를 시공하는 업종을 등록한 건설업자가 전문공사와 그 부대공사를 함께 도급받을 수 있도록 규정하고 있습니다.
당 현장의 흙막이공사는 토공사, H파일공사(H파일박기+토류판 설치), 가시설공사(띠장공사+제거용 앵커공사), 자재운반, 사급자재 등의 공종 및 내역으로 구성되어 있습니다.
질의) 당 현장 토공사업 면허소지 업체가 흙막이공사를 수행할 시 가시설공사 중 제거용 앵커공사 시공을 건설산업기본법 시행령 제21조(부대공사의 범위등) ①항의 1. 주된 공사를 시공하기 위하여 또는 시공함으로 인하여 필요하게 되는 종된 공사로 판단하여 토공사업에 등록된 자가 제거용 앵커공사의 시공 및 계약이 가능한지 여부를 질의합니다.

회신내용

건설산업기본법 제9조 및 제16조에 따라 건설업을 하려는 자는 시행령 별표1의 업무내용에 맞게 해당 업종별 등록하고 시행령 제21조에 따른 부대공사의 범위에 해당하지 않은 경우에는 해당 업을 등록하지 않고 도급 받을 수 없도록 규정하고 있으며, 부대공사는 주된 공사를 시공하기 위하여 또는 시공함으로 인하여 필요하게 되는 종된 공사 또는 2종 이상의 전문공사가 복합된 공사로서 공사예정금액이 3억원 미만이고, 주된 전문공사의 공사예정금액이 전체 공사예정금액의 2분의 1 이상인 경우 그 나머지 부분의 공사 등을 규정하고 있습니다.
또한, 건설공사 발주요령(예규 제241호) 3-(3) 종합·전문건설업자가 시공가능한 부대공사 적용방법에 '공사의 전후 시공과정상 주된 공사에 반드시 수반되는 공사이어야 하며, 건설업종별 업무내용 및 시공기술상의 난이도 등을 고려하여 주된 공사의 건설업자가 시공할 수 있어야 하고, 주된 공사업자가 시공하더라도 공사의 품질이나 안전에 지장을 초래하지 아니하여야 한다'라고 규정하고 있습니다.

따라서, 질의하신 공사가 토공사업의 업무내용에 해당되는 공사를 수행하는 과정상 반드시 수반되는 등 위 규정에 해당되는 경우라면 부대공사로 인정될 수 있을 것으로 사료되나 구체적인 사항은 발주자가 설계내용, 시공특성 등을 종합적으로 검토하여 판단할 사항임을 알려드립니다.

제1절 경미한 공사

03 경미한 공사 해당 여부

질의요지

당 현장은 목재로 된 문과 창을 시공함에 있어, 실내건축공사업 면허가 없는 업자(일반과세자)와 계약을 하고, 자재납품 및 설치를 하였습니다. 설치 완료 후 발행한 세금계산서의 금액은 부가세포함해서 14,080,000 원이었습니다.

1. 이는 건설산업기본법 시행령 제8조 2에 해당하는 경미한공사에 포함할수 있는지
   (※공사예정금액과 세금계산서발행금액이 같은 의미로 볼수있는지)
2. 아울러 이 건에 대하여 발주처 통보가 의무사항인지

회신내용

건설산업기본법 제9조 따라 건설업을 영위하고자 하는 자는 업종별로 등록하도록 규정하고 있으며 건설산업기본법 제9조 및 동 법 시행령 제8조 따르면 경미한 건설공사는 건설업 등록을 하지 아니하고 건설공사를 할 수 있으며, 경미한 건설공사란 종합공사를 시공하는 업종과 그 업종별 업무내용에 해당하는 건설공사로서 1건 공사의 공사예정금액이 5천만원 미만인 건설공사이거나 전문공사를 시공하는 업종과 그 업종별 업무내용에 해당하는 건설공사 경우 1건의 공사예정금액이 1천5백만원 미만인 건설공사(가스시설공사 등은 제외)로 규정하고 있습니다.

질의하신 공사의 경우 발주자가 설계한 공사예정금액이 1천5백만원 미만인 경우 상기 규정에 따라 경미한 공사에 해당되어 건설업 등록없이 사업수행이 가능할 것으로 보이나, 상기 내용이 하도급 받은 경우라면 경미한 공사 여부와 상관없이 건설업 등록을 한 건설업자에게 하도급할 수 있을 것이며 구체적인 사항은 사실관계를 토대로 등록관청에서 판단할 사항임을 알려드립니다. 아울러 동 법 제29조제4항에 따라 도급받은 공사의 일부를 하도급(재하도급 포함)한 건설업자와 재하도급하는 것을 승낙한 자는 발주자에게 통보를 하여야 함을 알려드립니다.

04 건설업 등록을 한 자와 사업자 등록만을 한 자의 차이

질의요지

건설산업기본법 제8조 및 제9조에 따르면 건설업의 종류는 종합공사를 시공하는 업종, 전문공사를 시공하는 업종으로 나뉘고, 그 건설업을 하려는 자는 대통령령으로 정하는 업종별로 국토교통부장관에게 등록을 하여야 한다고 규정(단 대통령령으로 정하는 경미한 건설공사를 업으로 하려는 경우에는 등록을 하지 아니하고 건설업을 할 수 있다)하고 있는 바,

위 규정에 의하지 않고 관할세무서에 사업의 종류를 건설업으로 하고 사업자등록(법인사업자 포함)을 한 자의 경우(국토부장관 등록없이 일반사업자의 경우) 건설업을 할 수 있는 범위는 어떻게 정하고 그 규제방법은 어디에 근거하는 것인지

국토부장관에 등록을 필한 건설업체와 관할 세무서에 사업자 등록을 필한 건설업체의 차이(업무범위, 권한, 규제 방법, 그 근거 및 조항 등)

회신내용

건설산업기본법 제2조에 따르면 "건설공사"란 토목공사, 건축공사, 산업설비공사, 조경공사, 환경시설공사, 그 밖에 명칭에 관계없이 시설물을 설치 · 유지 · 보수하는공사(시설물을 설치하기 위한 부지조성공사를 포함한다) 및 기계설비나 그 밖의 구조물의 설치 및 해체공사 등을 말한다고 규정하고 있고, 같은 법 제10조 및 시행령 제13조에 따르면 건설업을 영위하려는 자는 건설업등록기준이 되는 기술능력, 자본금, 보증가능금액, 시설 및 장비 등을 갖추어 업종별로 등록하도록 규정하면서 같은 법 시행령 제7조 별표1 및 제13조 별표2에서는 건설업의 업종과 업종별 업무내용 및 업종별 등록기준에 대해 규정하고 있습니다.

또한 같은 법 시행령 제8조에 따른 경미한 건설공사를 업으로 하려는 경우에는 등록을 하지 아니하고 건설업을 할 수 있으며, 경미한 건설공사란 종합공사를 시공하는 업종과 그 업종별 업무내용에 해당하는 건설공사로서 1건 공사의 공사예정금액이 5천만원 미만인 건설공사이거나 전문공사를 시공하는 업종과 그 업종별 업무내용에 해당하는 건설공사 경우 1건의 공사예정금액이 1천5백만원 미만인 건설공사(가스시설공사 등은 제외)로 규정하고 있습니다.

따라서 상기 규정에 따라 건설산업기본법령상의 건설공사를 수행하기 위해서는 경미한 건설공사를 제외하고는 해당 건설공사에 해당하는 건설업종을 등록하여야 하며 사업자등록에 관한 사항은 해당 법령을 담당하는 소관부서에 문의하시기 바랍니다.

05 건설산업기본법상 경미한 건설공사의 범위와 관련하여 전문공사를 시공하는 업종의 공사금액 1천5백만원의 의미가 전문공사 전체계약금액인지 세부 내역별로 공사금액을 의미하는지

질의요지

건설산업기본법상 경미한 건설공사의 범위와 관련하여 전문공사를 시공하는 업종의 공사금액 1천5백만원의 의미가 전문공사 전체계약금액인지 세부 내역별로 공사금액을 의미하는지

회신내용

건설산업기본법 제9조 및 같은 법 시행령 제8조에 따라 건설업을 하려는 자는 업종별로 등록하여야 하며 다만 경미한 건설공사를 업으로 하려는 경우에는 등록을 하지 아니하고 건설업을 할 수 있다고 규정하고 있습니다. 이 경우 경미한 건설공사는 종합공사는 공사예정금액이 5천만원 미만의 건설공사, 전문공사는 1천5백만원 미만인 건설공사가 해당되고 가스시설공사, 철강재설치공사 및 강구조물공사, 삭도설치공사, 승강기설치공사, 철도 · 궤도공사, 난방공사 등은 적용되지 않습니다.

이 경우 전문공사를 시공하는 업종의 경미한 건설공사 범위는 1건의 건설공사 예정금액이 1천5백만원 미만으로 공사예정금액이란 발주자가 재료를 제공하는 경우에는 그 재료의 시장가격 및 운임을 포함하는 금액으로 일반적으로 해당 발주 공사 전체의 설계금액을 의미하는 것으로 세부 내역별 공사금액을 의미하는 것은 아님을 알려드립니다.

제2절 부대공사

06 기계설비공사업을 등록한 건설업자가 상하수도공사를 함께 도급받을 수 있는지

질의요지

기계설비공사업을 등록한 건설업자가 상하수도공사를 함께 도급받을 수 있는지

회신내용

종합공사란 종합적인 계획, 관리 및 조정을 하면서 시설물을 시공하는 건설공사를 말하고, 전문공사란 시설물의 일부 또는 전문 분야에 관한 건설공사를 말하므로 건설산업기본법 제16조에 따라 부대공사일 경우에 한하여 주된 공사업을 등록한 건설업자가 함께 도급 받을 수 있음

건설산업기본법 제2조제5호에 따라 "종합공사"란 종합적인 계획, 관리 및 조정을 하면서 시설물을 시공하는 건설공사를 말하며, 제6호에 따라 "전문공사"란 시설물의 일부 또는 전문 분야에 관한 건설공사를 말한다라고 규정하고 있습니다.

같은 법 시행령 별표1 업종별 업무내용 중 기계설비공사업은 전문공사를 시공하는 업종으로서 건축물 · 플랜트 그 밖의 공작물에 급배수 · 위생 · 냉난방 · 공기조화 · 기계기구 · 배관설비 등을 조립 · 설치하는 공사를 업무내용으로 규정하고, 상 · 하수도설비공사업은 상수도, 농 · 공업 용수도 등을 위한 기기를 설치하거나 상수도관, 농 · 공업용수도관 등을 부설하는 공사 등을 업무내용으로 규정하고 있습니다.

같은 법 제16조제1항 및 시행령 제21조에 따라 주된 공사를 시공하기 위하여 또는 시공함으로 인하여 필요하게 되는 종된 공사는 전문공사를 시공하는 업종을 등록한 건설업자가 전문공사와 그 부대공사를 함께 도급 받을 수 있도록 규정하고 있습니다.

따라서, 질의하신 공사가 기계설비공사업의 업무내용을 시공하기 위하여 또는 시공함으로 인하여 필요하게 되는 종된 공사가 아니라면 종합공사에 해당되어 전문공사업을 등록한 건설업체가 도급 받을 수 없을 것으로 사료되나 구체적인 사항은 발주자가 위 규정과 설계내용, 시공특성 등을 토대로 부대공사에 해당하는 지 등을 종합적으로 검토하여 판단할 사항임을 알려드립니다.

07 건축공사업 자가로 시공할 수 있는 부대공사의 규모

질의요지

가스설비 등 전문면허만 보유한 회사입니다. 이번에 새롭게 건축공사업(종합면허)을 등록하려고 하는데, 전문면허와 종합면허를 전부 보유해도 되는지 문의드립니다. 그리고 건축공사업 면허로 건축공사 및 부대공사를 수행 시 토목공사를 수행할 수 있는지와 만약 수행할 수 있다면 공사규모의 제한이 있는지 문의 드립니다.

회신내용

건설산업기본법 제9조, 제10조 및 동 법 시행령 제13조에 따라 건설업을 영위하려는 자는 건설업등록기준이 되는 기술능력, 자본금, 보증가능금액, 시설 및 장비 등을 갖추어 업종별로 등록하도록 규정하고 있고 같은 법 제16조에 따라 종합공사를 도급받으려는 자는 해당 종합공사를 시공하는 업종을 등록하도록 하고, 전문공사를 도급 받으려는 자는 해당 전문공사를 등록하도록 규정하면서 예외 사항으로 종합공사를 시공하는 업종을 등록한 건설업자가 이미 도급받아 시공하였거나 시공 중인 건설공사의 부대공사(시행령 제21조)로서 전문공사에 해당하는 공사를 도급받을 수 있도록 규정하고 있습니다.

부대공사는 같은 법 시행령 제21조에 따라 주된 공사를 시공하기 위하여 또는 시공함으로 인하여 필요하게 되는 종된 공사 또는 2종 이상의 전문공사가 복합된 공사로서 공사예정금액이 3억원 미만이고, 주된 전문공사의 공사예정금액이 전체 공사예정금액의 2분의 1 이상인 경우 그 나머지 부분의 공사 등을 규정하고 있습니다.

또한, 건설공사 발주요령(예규 제241호)3-(3)은 종합, 전문건설업자가 시공가능한 부대공사 적용 방법에 '건설업종별 업무내용 및 시공기술상의 난이도 등을 고려하여 주된 공사의 건설업자가 시공할 수 있어야 하고, 주된 공사업자가 시공하더라도 공사의 품질이나 안전에 지장을 초래하지 아니하여야 한다'라고 규정하고 있습니다.

다만 구체적인 사항은 발주자가 위 규정과 설계내용, 시공특성 등을 감안하여 판단할 사항임을 알려드립니다.

08 배관지지형 고정구 형태의 완성형 방화용제품 내화충전 시공은 미장 · 방수 · 조적공사업과 기계설비공사업 중 어느 업종의 업무내용에 해당되는지

질의요지

배관지지형 고정구 형태의 완성형 방화용제품 내화충전 시공은 미장 · 방수 · 조적공사업과 기계설비공사업 중 어느 업종의 업무내용에 해당되는지

회신내용

건설산업기본법 제8조 및 별표1의 건설업의 업종 및 업무범위에서 5종의 종합공사를 시공하는 업종과 29종의 전문공사를 시공하는 업종의 구체적인 업무내용과 건설공사 예시 등을 규정하고 있으며, 같은 법 제25조에 발주자는 공사내용에 상응하는 업종을 등록한 건설업자에게 도급하여야 한다라고 규정하고 있으며, 같은 법 시행령 별표1 구체적인 건설업의 업종과 업종별 업무내용을 규정하고 있습니다.

또한, 건설산업기본법 제9조 및 제16조에 따라 건설업을 하려는 자는 시행령 별표1의 업무내용에 맞게 해당 업종별로 등록하여야 하며, 소규모 복합공사의 경우 전문공사를 시공하는 업종을 모두 등록한 건설업자가, 전문공사를 시공하는 업종을 등록한 건설업자는 전문공사와 그 부대공사를 함께 도급 가능하도록 규정하고 있으며, 같은 법 제25조에서는 발주자는 도급하려는 건설공사의 종합적인 계획 · 관리 · 조정의 필요성, 시공기술상의 특성 및 현지여건 등을 고려하여 공사내용에 상응하는 업종을 등록한 건설업자에게 도급하여야 한다고 규정하고 있습니다.

따라서, 질의하신 내용이 구조물 등에 모르타르 · 플러스터 · 회반죽 · 흙 등을 바르거나 내 · 외벽 및 바닥 등에 성형단열재 경량단열재 등을 접착하거나 뿜칠하여 마감하는 공사에 해당되는 내화충전공사가 아닌 배관공사의 형태로 시공하는 경우라면 이는 기계설비공사업의 업무내용에 해당되는 것으로 판단되나, 구체적인 사항은 법 제25조에 따라 도급하려는 건설공사의 종합적인 계획 · 관리 · 조정의 필요성, 시공기술상의 특성 및 현지여건 등을 고려하여 판단하도록 하고 있으므로 구체적인 사항은 발주자와 협의하여 주시기 바랍니다.

참고로, 건설공사의 시공자격과 관련하여서는(법 제16조 참고) 전문공사의 부대공사로 도급받은 경우에는 그 전문공사를 등록한 건설업자가 도급받을 수 있으므로 질의 대상공사가 기계설비공사업 등 해당 전문공사의 부대공사로 설치되는 경우라면 그 전문공사를 시공하는

업종에 등록한 건설업자도 시공이 가능할 것이므로 구체적인 사항은 소규모 복합공사인지, 전문공사의 부대공사인지 등을 바탕으로 설계내용, 시공 특성 등을 종합적으로 고려하여 건설공사의 시공자격을 판단하여야 할 사항임을 알려드립니다.

제3장 건설업 업무

01 전문공사의 동일업종 하도급 가부

질의요지

자재납품 히트펌프의 하도급 가능 여부

회신내용

건설산업기본법 제2조제4호에 건설공사란 토목공사 · 건축공사 · 산업설비공사 · 조경공사 및 환경시설공사 등 시설물을 설치 · 유지 · 보수하는 공사(시설물을 설치하기 위한 부지조성공사 포함)와 기계설비 기타 구조물의 설치 및 해체공사 등을 말하며 다만, 전기공사업법에 따른 전기공사, 정보통신공사업법에 의한 정보통신공사 등은 포함하지 아니한다로고 규정하고 있으며, 건설산업기본법 제2조제11호에 따라 "도급"이란 원도급, 하도급, 위탁 등 명칭에 관계없이 건설공사를 완성할 것을 약정하고, 상대방이 그 공사의 결과에 대하여 대가를 지급할 것을 약정하는 계약을 말한다라고 규정하고 있습니다.

또한, 같은 법 제9조 및 제16조에 따라 건설업을 하려는 자는 시행령 별표1의 업무내용에 맞게 해당 업종별 등록하고 시행령 제21조에 따른 부대공사의 범위에 해당하지 않은 경우에는 해당 업을 등록하지 않고 도급 받을 수 없도록 규정하고 있으며, 부대공사는 주된 공사를 시공하기 위하여 또는 시공함으로 인하여 필요하게 되는 종된 공사 또는 2종 이상의 전문공사가 복합된 공사로서 공사예정금액이 3억원 미만이고, 주된 전문공사의 공사예정금액이 전체 공사예정금액의 2분의 1 이상인 경우 그 나머지 부분의 공사 등을 규정하고 있습니다.

아울러, 시행령 별표1에 따라 산업 · 환경설비공사업의 업무내용으로 종합적인 계획 · 관리 및 조정에 따라 산업의 생산시설, 환경오염을 예방 · 제거 · 감축하거나 환경오염물질을 처리 · 재활용하기 위한 시설, 에너지 등의 생산 · 저장 · 공급시설 등을 건설하는 공사로 규정하고, 발전소 설비공사 등을 건설공사의 예시로 하고 있으며, 기계설비공사업의 업무내용으로 건축물 · 플랜트 그 밖의 공작물에 급배수 · 위생 · 냉난방 · 공기조화 · 기계기구 · 배관설비 등을 조립 · 설치하는 공사로 규정하고, 지열냉 · 난방 기기설치 및 배관공사 등을 건설공사의 예시로 하고 있으며, 보링 · 그라우팅공사업의 업무내용으로 지반 또는 구조물 등에 천공을 하거나 압력을 가하여 보강재를 설치하거나 회반죽 등을 주입 또는 혼합 처리하는 공사르 규정하고, 지열공착정공사 등을 건설공사의 예시로 하고 있으며, 비고1에 업무내용에는 건설공사용 재료의 채취 또는 그 공급업무, 기계 또는 기구의 공급업무와 단순한 노무공급업무 등은 포함되지 아니한다. 다만, 건설공사의 시공계약과 재료의 납품 계약을 같은 건설업자가 체결하는 경우 해당 건설공사용 재료의 납품 업무는 해당 업종의 업무내용에 포함되는 것으로 본다라고 규정하고 있습니다.

따라서, 위 규정에 따른 건설공사를 포함한 도급 계약은 해당 업종에 등록하여야 도급 받을 수 있을 것이며, 전문공사를 수행하는 업종으로 발주된 공사에 대해 같은 법 제29조제2항 단서에 따라 발주자의 서면 승낙을 받아 동일한 업종에 해당하는 건설업자에게 하도급할 수 있음을 알려드리며, 구체적인 사항은 발주자가 위 규정과 같은 법 시행규칙 제14조에 따라 건설공사의 내용, 종합적인 계획 · 관리 · 조정의 필요성, 시공기술상의 특성 및 현지여건 등을 고려하여 판단할 사항임을 알려드립니다.

제1절 건설업 직접시공

02 종합건설업자가 전문건설업의 직접시공 가부

질의요지

종합건설업자(건축공사업)가 20억 규모의 건축공사 실시 예정인데 해당 업체는 기계설비공사까지 포함해서 직접시공코자 합니다.
건설기본법 시행령 별표1 [건설업의 업종과 업무별 업무내용]을 보면 종합공사와 전문공사가 나눠져 있는데 종합건설업자가 전문공사를 시공 시 필요한 사항을 알고 싶습니다.
건축공사업 종합건설업자는 기계설비공사인 전문공사를 직접 수행이 가능한지
만약 가능하다면 어떤 자격이나 등록, 절차가 필요한지
만약에 종합 건설업자는 별도의 전문공사 업종 등록을 하지 않고도 단지 전문 기술자만 고용해서 기계설비공사를 시공할 수 있는지

회신내용

건설산업기본법 제9조, 제10조 및 동 법 시행령 제13조에 따라 건설업을 영위하려는 자는 건설업등록기준이 되는 기술능력, 자본금, 보증가능금액, 시설 및 장비 등을 갖추어 업종별로 등록하도록 규정하고 있고 같은 법 제16조에 따라 종합공사를 도급받으려는 자는 해당 종합공사를 시공하는 업종을 등록하도록 하고, 전문공사를 도급 받으려는 자는 해당 전문공사를 등록하도록 규정하면서 예외 사항으로 종합공사를 시공하는 업종을 등록한 건설업자가 이미 도급받아 시공하였거나 시공 중인 건설공사의 부대공사(시행령 제21조)로서 전문공사에 해당하는 공사를 도급받을 수 있도록 규정하고 있습니다.
또한 같은 법 시행령 제7조 별표1에 따르면 건축공사업은 종합적인 계획 · 관리 및 조정에 따라 토지에 정착하는 공작물 중 지붕과 기둥(또는 벽)이 있는 것과 이에 부수되는 시설물을 건설하는 공사를 도급 받을 수 있으며, 도급받은 내용에 기계설비공사가 포함되어 있다면 직접 시공할 수 있을 것으로 보이나 구체적인 사항은 발주자가 위 규정과 당해공사의 설계내용, 시공기술상의 특성 및 작업방법, 현장여건 등을 감안하여 판단하여야 할 사항임을 알려

드립니다.

또한 동 법 시행령 제7조 별표1에서는 건설업의 업종과 업종별 업무내용을 정하고 있으며 동 법 시행령 제7조 별표1에서 토목건축공사업은 토목공사업과 건축공사업의 업무내용에 속한 공사로 규정하고 있으며, 보링 · 그라우팅공사업(12호)의 경우 전문공사를 시공하는 업종으로 지반 또는 구조물 등에 천공을 하거나 압력을 가하여 보강재를 설치하거나 회반죽 등을 주입하는 작업을 업무내용으로 보링공사, 그라우팅공사, 착정공사, 지열공착정공사 등을 건설공사로 예시하고 있습니다. 토목건축공사업을 등록한 건설업자는 해당 종합공사를 도급받은 경우 도급받은 내용에 포함된 보링 · 그라우팅공사업을 직접 시공할 수 있을 것으로 보이나 다만 보링 · 그라우팅공사업이 업무내용만으로 발주된 경우에는 해당 업종별로 등록하도록 규정하고 있으므로 종합공사를 수행하는 업종을 등록한 건설업자는 도급 받을 수 없음을 알려드리며 다만 구체적인 사항은 발주자가 위 규정과 당해공사의 설계내용, 시공기술상의 특성 및 작업방법, 현장여건 등을 감안하여 판단하여야 할 사항으로 보입니다. 지하수법과 관련된 지하수개발 시공업 면허의 경우는 해당법령 및 면허를 담당하는 소관부서에 문의하시기 바랍니다.

03 주계약자방식의 공동도급의 경우 주계약자의 직접시공비율은 각각의 분담액을 기준으로 산정하는지

질의요지

주계약자방식의 공동도급의 경우 주계약자의 직접시공비율은 각각의 분담액을 기준으로 산정하는지

회신내용

건설산업기본법 제28조의2 및 같은 법 시행령 제30조의2에서 건설업자는 1건 공사의 도급금액이 50억원 미만인 건설공사에 대해서 일정비율에 따른 금액이상의 공사를 직접시공하도록 하고 건설공사를 직접 시공하는 자는 도급계약을 체결한 날부터 30일 이내에 직접시공계획을 발주자에게 통보하여야 한다고 규정하고 있습니다.

따라서 주계약자관리방식은 공동수급체구성원 중 주계약자를 선정하고 주계약자가 전체 건설공사의 수행에 관하여 종합적인 계획 · 관리 및 조정을 하는 공동도급계약으로 건설공사

공동도급운영규정(국토부 고시 2012-399)에 따라 주계약자는 자신이 분담한 부분에 대하여 계약이행책임을 지는 외에 다른 구성원의 계약이행책임에 대하여도 연대책임을 지고, 주계약자 이외의 구성원은 자신이 분담한 부분에 대하여만 계약이행 책임을 진다고 규정하고 있습니다.

따라서 주계약자의 직접시공비율은 주계약자가 자신이 분담한 부분에 대한 계약이행책임에 맞춰 전체 공사금액중 주계약자가 분담하기로 한 공사금액을 적용하여 직접시공비율을 산정하여야 할 것임을 알려 드립니다.

04 건설자재의 제조비용과 설치비용으로 구성된 금속창호 교체공사(조달청 물품납품)의 경우 건설공사의 직접시공비율 산정시 물품제조비용은 제외하고 설치비용만으로 산정하는지

질의요지

건설자재의 제조비용과 설치비용으로 구성된 금속창호 교체공사(조달청 물품납품)의 경우 건설공사의 직접시공비율 산정시 물품제조비용은 제외하고 설치비용만으로 산정하는지

회신내용

건설산업기본법 제28조의2 및 같은 법 시행령 제30조의2에서 건설업자는 1건 공사의 도급금액이 50억원 미만인 건설공사에 대해서 일정비율에 따른 금액이상의 공사를 직접시공하도록 하고 건설공사를 직접 시공하는 자는 도급계약을 체결한 날부터 30일 이내에 직접시공계획을 발주자에게 통보하여야 한다고 규정하고 있습니다.

따라서 직접시공비율은 건설공사를 도급받은 그 공사금액 중 일정비율에 따른 금액 이상에 해당하는 공사를 직접시공하는 것으로서 도급받은 공사내용이 물품의 제조와 시공까지 이루어진 경우라면 공사의 직접 시공 대상금액은 물품의 제조부분에 해당하는 금액도 포함하여 산정하여야 할 것으로 판단됩니다.

05 토목공사업으로 도급받은 강구조물 설치공사 및 파제제 건설공사의 종합공사의 세부공종에 해당하는 수중공사, 준설공사, 등부표 설치공사에 대해 직접시공이 가능한지

질의요지

토목공사업으로 도급받은 강구조물 설치공사 및 파제제 건설공사의 종합공사의 세부공종에 해당하는 수중공사, 준설공사, 등부표 설치공사에 대해 직접시공이 가능한지

회신내용

건설산업기본법 제9조에서는 건설업을 하려는 자는 해당 업종별로 등록하도록 규정하고 있고, 같은 법 시행령 제8조 및 별표1에 5종의 종합공사를 시공하는 업종과 29종의 전문공사를 시공하는 업종의 구체적인 업무내용과 건설공사 예시 등을 규정하고 있습니다.

건설산업기본법 시행령 별표1에 종합적인 계획 · 관리 및 조정에 따라 토목공작물을 설치하거나 토지를 조성 · 개량하는 공사를 토목공사업의 업무내용으로 규정하고, 도로 · 항만 · 교량 · 철도 · 지하철 · 공항 · 관개수로 · 발전(전기제외) · 댐 · 하천 등의 건설, 택지조성 등 부지조성공사, 간척 · 매립공사 등을 그 건설공사의 예시로 정하고 있습니다.

따라서, 질의하신 공사가 토목공사업에 해당되어 도급받은 경우라면 그 종합공사를 시공하는 건설업자는 해당 세부공종인 수중공사, 준설공사, 등부표 설치공사 등의 직접시공이 가능할 것으로 판단됩니다.

06 3억원 미만인 부대 독신숙소 개수공사 중 건설업자가 직접시공 비율 산정시 하도급 부분에 해당하는 수급인의 도급금액을 공제하고 산정하는지 아니면 하수급인이 약정한 하도급계약 금액을 공제하고 산정하는지

질의요지

3억원 미만인 부대 독신숙소 개수공사 중 건설업자가 직접시공 비율 산정시 하도급 부분에 해당하는 수급인의 도급금액을 공제하고 산정하는지 아니면 하수급인이 약정한 하도급계약 금액을 공제하고 산정하는지

회신내용

건설산업기본법 제28조의2 및 같은 법 시행령 제30조의2에서 건설업자는 1건 공사의 도급금액이 50억원 미만인 건설공사에 대해서 일정비율에 따른 금액이상의 공사를 직접시공하도록 하고 건설공사를 직접 시공하는 자는 도급계약을 체결한 날부터 30일 이내에 직접시공계획을 발주자에게 통보하여야 한다고 규정하고 있습니다.

질의하신 공사는 도급받은 공사금액이 3억원 미만에 해당되므로 직접시공비율은 하수급인이 약정한 하도급계약 금액의 공제분이 아닌 도급받은 전체 공사금액의 50%를 직접시공 하여야 함을 알려드립니다.

07 공동이행방식과 분담이행방식이 결합된 현장에서 건설산업기본법 제28조의2제1항에서의 도급금액은 공동수급체가 발주자와 계약한 전체 도급계약 금액인지, 공동, 분담이행방식 각각의 금액을 의미하는지 여부

질의요지

공동이행방식과 분담이행방식이 결합된 현장에서 건설산업기본법 제28조의2제1항에서의 도급금액은 공동수급체가 발주자와 계약한 전체 도급계약금액인지, 공동, 분담이행방식 각각의 금액을 의미하는지 여부

회신내용

건설산업기본법 제28조의2(건설공사의 직접 시공) 제1항 및 제2항 및 같은 법 시행령 제30조의2에 의하면 건설업자는 1건 공사의 금액이 50억원 미만인 건설공사를 도급받은 경우에는 그 공사금액 중 대통령령으로 정하는 비율에 따른 금액 이상에 해당하는 공사를 직접 시공하여야 한다고 되어 있습니다.

직접시공 의무대상 여부는 건설업자가 도급받은 1건의 공사금액에 의해 결정되므로 분담이행방식 등으로 건설공사를 공동도급 받은 경우에도 공동수급체가 발주자와 계약한 전체 공사금액이 50억원 이상인 경우라면 직접시공 의무가 없음을 알려드립니다.

제2절 종합건설업과 전문건설업 구분

08 종합공사를 도급받은 자의 전문공사 시공가부

질의요지

그룹내 다른 법인으로 부터 건축, 토목공사를 일괄 도급 받아 종합건설업 면허를 가지고 지열배관공사를 직접 시공을 하려고 합니다.

구청에 굴착행위 신고서를 제출 하려고 하는데, 지하수법에는 지하수개발 시공업 면허, 건설산업기본법에는 보링 그라우팅 면허가 있어야 한다고 합니다.

종합건설업 면허로 시공이 불가능한지 그 사실관계가 맞는지 법적 해석 후 회신 부탁드립니다.

회신내용

건설산업기본법 제9조, 제10조 및 동 법 시행령 제13조에 따라 건설업을 영위하려는 자는 건설업등록기준이 되는 기술능력, 자본금, 보증가능금액, 시설 및 장비 등을 갖추어 업종별로 등록하도록 규정하고 있고 같은 법 제16조에 따라 종합공사를 도급받으려는 자는 해당 종합공사를 시공하는 업종을 등록하도록 하고, 전문공사를 도급 받으려는 자는 해당 전문공사를 등록하도록 규정하고 있습니다. 질의하신 지열배관공사가 법 제2조제6호의 시설물의 일부 또는 전문 분야에 관한 건설공사인 전문공사일 경우 법 시행령 제7조 별표1에 따른 업종별 관련 전문건설업을 등록하여야 할 것이나 구체적인 사항은 당해공사의 설계내용, 시공기술상의 특성 및 작업방법, 현장여건 등을 감안하여 발주자가 판단하여야 할 사항임을 알려드립니다.

건설산업기본법 제9조, 제10조 및 동 법 시행령 제13조에 따라 건설업을 영위하려는 자는 건설업등록기준이 되는 기술능력, 자본금, 보증가능금액, 시설 및 장비 등을 갖추어 업종별로 등록하도록 규정하고 있고 같은 법 제16조에 따라 종합공사를 도급받으려는 자는 해당 종합공사를 시공하는 업종을 등록하도록 하고, 전문공사를 도급 받으려는 자는 해당 전문공사를 등록하도록 규정하면서 예외 사항으로 종합공사를 시공하는 업종을 등록한 건설업자가 이미 도급받아 시공하였거나 시공 중인 건설공사의 부대공사(시행령 제21조)로서 전문공사에 해당하는 공사를 도급받을 수 있도록 규정하고 있습니다.

또한 동 법 시행령 제7조 별표1에서는 건설업의 업종과 업종별 업무내용을 정하고 있으며 동 법 시행령 7조 별표1에서 토목건축공사업은 토목공사업과 건축공사업의 업무내용에 속한 공사로 규정하고 있으며, 보링 · 그라우팅공사업(12호)의 경우 전문공사를 시공하는 업종으로 지반 또는 구조물 등에 천공을 하거나 압력을 가하여 보강재를 설치하거나 회반죽 등을 주입하는 작업을 업무내용으로 보링공사, 그라우팅공사, 착정공사, 지열공착정공사 등을 건설공사로 예시하고 있습니다. 토목건축공사업을 등록한 건설업자는 해당 종합공사를 도급받은 경우 도급받은 내용에 포함된 보링 · 그라우팅공사업을 직접 시공할 수 있을 것으로 보이나 다만 보링 · 그라우팅공사업이 업무내용만으로 발주된 경우에는 해당 업종별로 등록하도록 규정하고 있으므로 종합공사를 수행하는 업종을 등록한 건설업자는 도급 받을 수 없음을 알려드리며 다만 구체적인 사항은 발주자가 위 규정과 당해공사의 설계내용, 시공기술상의 특성 및 작업방법, 현장여건 등을 감안하여 판단하여야 할 사항으로 보입니다. 지하수법과 관련된 지하수개발 시공업 면허의 경우는 해당법령 및 면허를 담당하는 소관부서에 문의하시기 바랍니다.

09 종합건설업과 전문건설업 겸업

질의요지

전문건설면허를 보유한 법인회사가 토목공사업(종합)을 추가로 등록할 경우 동일 법인으로 겸업이 가능한지 여부, 가능할 경우 대표자도 동일인으로 가능한 지 여부.

회신내용

건설산업기본법 제9조, 제10조 및 같은 법 시행령 제13조에 따르면 건설업을 영위하려는 자는 건설업등록기준이 되는 기술능력, 자본금, 시설 및 장비 등을 갖추어 업종별로 등록을 하도록 규정하고 있으므로 건설업자(대표이사)는 상기 규정에 따른 요건을 갖추어 다수의 업종을 등록관청에 등록할 수 있음을 알려드립니다.

10 하수관로정비사업 및 상수도 노후관 교체공사는 토목공사업의 관개수로에 해당하는지

질의요지

하수관로정비사업 및 상수도 노후관 교체공사는 토목공사업의 관개수로에 해당하는지

회신내용

건설산업기본법 제9조에서는 건설업을 하려는 자는 해당 업종별로 등록하도록 규정하고 있고, 같은 법 제8조 및 시행령 별표1에 5종의 종합공사를 시공하는 업종과 29종의 전문공사를 시공하는 업종의 구체적인 업무내용과 건설공사 예시 등을 규정하고 있으며, 같은 법 제25조 발주자는 공사내용에 상응하는 업종을 등록한 건설업자에게 도급하여야 한다라고 규정하고 있습니다.

건설산업기본법 시행령 별표1에 종합적인 계획·관리 및 조정에 따라 토목공작물을 설치하거나 토지를 조성·개량하는 공사를 토목공사업의 업무내용으로 규정하면서 도로·항만·교량·철도·지하철·공항·관개수로·발전(전기제외)·댐·하천 등의 건설, 택지조성 등 부지조성공사, 간척·매립공사 등을 그 공사의 예시로 규정하고 있습니다.

또한, 상·하수도설비공사업은 상수도, 농·공업용수도 등을 위한 기기를 설치하거나 상수도관, 농·공업용수도관 등을 부설하는 공사(상수도설비공사), 하수 등을 처리하기 위한 기기를 설치하거나 하수관을 부설하는 공사(하수도설비공사)를 업무내용으로 하고, 상수도, 농·공업용수도 등의 용수관 설치공사(옥내급배수설비공사를 제외한다), 하수·우수관 부설(옥내급배수설비공사를 제외한다)및 세척·갱생공사 등을 그 건설공사의 예시로 규정하고 있습니다.

질의하신 내용이 공사명만으로 판단하기 어려우며, 종합적인 계획·관리·조정이 필요하지 아니한 하수관로 설비공사 및 상수도 노후관 교체공사라면 상·하수도설비공사업의 업무내용으로 판단되나, 구체적으로 어느 업종의 업무내용에 해당되는지는 위 규정을 토대로 같은 법 제25조 규정에 따라 발주자가 종합적인 계획·관리·조정의 필요성, 설계내용, 시공기술상의 특성 및 현지여건 등을 종합적으로 검토하여 판단할 사항임을 알려 드립니다.

11 연면적 495㎡ 이하인 주거용외의 건축물의 증축공사를 도장공사업에 등록한 건설업자에게 도급할 수 있는지와 여러동의 건축물 증축시 연면적 산정은

질의요지

연면적 495㎡ 이하인 주거용외의 건축물의 증축공사를 도장공사업에 등록한 건설업자에게 도급할 수 있는지와 여러동의 건축물 증축시 연면적 산정은

회신내용

건설산업기본법 제41조에서 연면적이 495㎡를 초과하는 주거용외의 건축물과 연면적 495㎡ 미만이라도 많은 사람들이 이용하는 건축물 중 학교, 병원 등에 대해서는 건설업자가 건설공사를 하도록 규정하고 있으며, 같은 법 제2조에서 "건설업자"란 이 법 또는 다른 법률에 따라 등록 등을 하고 건설업을 하는 자를 말한다고 규정하고 있습니다.

건설산업기본법 제2조에 "종합공사"란 종합적인 계획, 관리 및 조정을 하면서 시설물을 시공하는 건설공사로, "전문공사"란 시설물의 일부 또는 전문 분야에 관한 건설공사로 규정하고 있고, 같은 법 제16조에 종합공사를 도급받으려는 자는 해당 종합공사를 시공하는 업종을 등록하여야 하고, 전문공사를 도급받으려는 자는 해당 전문공사를 시공하는 업종을 등록하여야 한다고 규정하고 있으며, 같은 법 시행령 별표1에 종합적인 계획·관리 및 조정에 따라 토지에 정착하는 공작물 중 지붕과 기둥이 있는 것과 이에 부수되는 시설물을 건설하는 공사를 건축공사업의 업무내용으로 규정하고 있습니다.

따라서, 질의하신 증축공사가 종합적인 계획·관리 및 조정에 따라 토지에 정착하는 공작물 중 지붕과 기둥이 있는 것을 증축하는 공사라면 이를 건축공사업에 등록된 자가 도급받아 시행하여야 할 사항으로 도장공사업자가 도급받아 시행할 수 없을 것으로 판단되나, 구체적인 사항은 같은 법 제25조 규정에 따라 발주자가 공사의 설계내용, 시공기술상의 특성 및 현지여건 등을 종합적으로 검토하여 판단할 사항임을 알려 드립니다.

또한, 이 경우 기존 건축물을 증축 또는 대수선하는 경우 그 증축 또는 대수선하는 부분의 바닥면적의 합계로 하며, 동을 달리하는 건축물일 경우에는 각 동의 연면적을 합산하지 아니하고 각각의 건축물을 기준으로 산정함을 알려 드립니다.

12 실내건축공사업만으로 구성된 건설공사를 종합공사업에 등록한 건설업자가 시공할 수 있는지와 건축물의 건축 및 대수선의 경우 시공자 제한을 받지 않는 경우 건축주가 직접 시공할 수 있는지

질의요지

실내건축공사업만으로 구성된 건설공사를 종합공사업에 등록한 건설업자가 시공할 수 있는지와 건축물의 건축 및 대수선의 경우 시공자 제한을 받지 않는 경우 건축주가 직접 시공할 수 있는지

회신내용

건설산업기본법 제9조에서는 건설업을 하려는 자는 해당 업종별로 등록하도록 규정하고 있고, 같은 법 시행령 제7조 및 별표1에 5종의 종합공사를 시공하는 업종과 29종의 전문공사를 시공하는 업종의 구체적인 업무내용과 건설공사 예시 등을 규정하고 있습니다.

건설산업기본법 제16조에서는 종합공사를 도급받으려는 자는 해당 종합공사를 시공하는 업종을 등록하여야 하고, 전문공사를 도급받으려는 자는 해당 전문공사를 시공하는 업종을 등록하여야 한다고 규정하고 있으며, 같은 법 제41조 규정에 따라 연면적이 661㎡ 이하인 주거용의 건축물과 연면적 495㎡ 이하의 주거용외의 건축물에 대해서는 시공자 제한 규정이 적용되지 아니합니다.

따라서, 건설산업기본법 제16조 규정에 따라 실내건축공사업에 해당하는 전문공사를 종합공사를 시공하는 업종에 등록한 건설업자가 도급받을 수 없음을 알려 드리며, 건축물의 건축 및 대수선에 관한 건설공사가 시공자 제한에 해당되지 않은 경우에는 건축주가 기술·인력·장비 등을 확보하여 직접 자기 건축물 등을 시공하는 것으로, 건축주가 직접 시공하지 아니하고 다른 사람에게 도급하는 경우에는 건설산업기본법 제25조제1항에 따라 해당 건설업을 등록한 자에게 도급하여야 함을 알려드립니다.

13 토공, 포장공, 상하수도공 등으로 구성된 배수개선공사가 토목공사업에 해당하는지 상 · 하수도설비공사업에 해당하는지

질의요지

토공, 포장공, 상하수도공 등으로 구성된 배수개선공사가 토목공사업에 해당하는지 상 · 하수도설비공사업에 해당하는지

회신내용

건설산업기본법 제9조에서는 건설업을 하려는 자는 해당 업종별로 등록하도록 규정하고 있고, 같은 법 시행령 제8조 및 별표1에 5종의 종합공사를 시공하는 업종과 29종의 전문공사를 시공하는 업종의 구체적인 업무내용과 건설공사 예시 등을 규정하고 있으며, 건설산업기본법 시행령 별표1에 종합적인 계획 · 관리 및 조정에 따라 토목공작물을 설치하거나 토지를 조성 · 개량하는 공사을 토목공사업의 업무내용으로, 상수도, 농 · 공업용수도 등을 위한 기기를 설치하거나 상수도관, 농 · 공업용수도관 등을 부설하는 공사 등을 상 · 하수도설비공사업의 업무내용으로 규정하고 있습니다.

또한, 건설산업기본법 제9조 및 제16조에 따라 건설업을 하려는 자는 시행령 별표1의 업무내용에 맞게 해당 업종별로 등록하여야 한다고 규정하면서, 소규모 복합공사의 경우 전문공사를 시공하는 업종을 모두 등록한 건설업자가, 전문공사를 시공하는 업종을 등록한 건설업자가 전문공사와 그 부대공사를 함께 도급받는 경우 가능하도록 규정하고 있습니다.

부대공사는 같은 법 시행령 제21조에 따라 주된 공사를 시공하기 위하여 또는 시공함으로 인하여 필요하게 되는 종된 공사 또는 2종 이상의 전문공사가 복합된 공사로서 공사예정금액이 3억원 미만이고, 주된 전문공사의 공사예정금액이 전체 공사예정금액의 2분의 1 이상인 경우 그 나머지 부분의 공사 등을 규정하고 있으며, 소규모 복합공사에 대하여는 시행규칙 제13조의2에서 규정하고 있습니다.

따라서, 질의하신 공사의 경우는 2개 이상의 전문공사로 구성되나 종합적인 계획, 관리 및 조정 역할이 필요하지 아니한 소규모 공사에 해당되는지, 주된 공사와 그 부대공사로 이루어진 공사인지, 종합적인 계획 · 관리 · 조정이 필요한 공사인지를 발주자가 해당 공사의 설계내용, 시공특성 등을 종합적으로 검토하여 토목공사업 또는 상 · 하수도설비공사업 등 해당 공사를 시공하는 건설업자에게 도급하여야 할 것임을 알려 드립니다.

14 건설산업기본법 제41조(건설공사 시공자의 제한)과 관련 대학교 강의실 건물의 엘리베이터 설치 증축 공사의 경우 종합공사를 시공하는 건설업종에 등록한 자가 시공해야 하는지 소규모 공사로서 전문공사를 시공하는 업종에 모두 등록된 건설업자가 시공할 수 있는지

질의요지

건설산업기본법 제41조(건설공사 시공자의 제한)과 관련 대학교 강의실 건물의 엘리베이터 설치 증축 공사의 경우 종합공사를 시공하는 건설업종에 등록한 자가 시공해야 하는지 소규모 공사로서 전문공사를 시공하는 업종에 모두 등록된 건설업자가 시공할 수 있는지

회신내용

건설산업기본법 제41조에서 많은 사람들이 이용하는 건축물중 학교, 병원 등에 대해서는 연면적 495㎡ 미만이라도 건설업자가 건설공사를 하도록 규정하고 있으며, 같은 법 제2조에서 "건설업자"란 이 법 또는 다른 법률에 따라 등록 등을 하고 건설업을 하는 자를 말한다고 규정하고 있습니다.

건설산업기본법 제2조에 "종합공사"란 종합적인 계획, 관리 및 조정을 하면서 시설물을 시공하는 건설공사로, "전문공사"란 시설물의 일부 또는 전문 분야에 관한 건설공사로 규정하고 있고, 같은 법 제16조에 종합공사를 도급받으려는 자는 해당 종합공사를 시공하는 업종을 등록하여야 하고, 전문공사를 도급받으려는 자는 해당 전문공사를 시공하는 업종을 등록하여야 한다고 규정하고 있으며, 전문공사를 시공하는 업종을 등록한 건설업자가 2개 이상의 전문공사로 구성되나 종합적인 계획, 관리 및 조정 역할이 필요하지 아니한 소규모 공사의 경우 해당 전문공사를 시공하는 업종을 모두 등록한 전문건설업자가가 도급받을 수 있으며, 전문공사를 시공하는 업종을 등록한 건설업자가 전문공사와 그 부대공사를 함께 도급받는 경우 가능하도록 규정하고 있습니다.

소규모 복합공사에 대하여는 같은 법 시행규칙 제13조의2에서 "해당 전문공사를 시공하는 업종을 모두 등록한 건설업자가 도급받은 공사예정금액 4억원 미만의 공사(시설물유지관리업의 업무내용에 해당하는 공사는 제외한다)로서 공종 간의 연계 정도가 낮고 안전 · 교통 · 환경에 미치는 영향이 적은 공사로, 같은 법 시행령 제21조에서 부대공사의 범위를 주된 공사를 시공하기 위하여 또는 시공함으로 인하여 필요하게 되는 종된 공사 또는 2종 이상의

전문공사가 복합된 공사로서 공사예정금액이 3억원 미만이고, 주된 전문공사의 공사예정금액이 전체 공사예정금액의 2분의 1 이상인 경우 그 나머지 부분의 공사 등으로 규정하고 있습니다.

따라서, 질의하신 공사인 경우 종합적인 계획 · 관리 · 조정이 필요한 공사인지, 2개 이상의 전문공사로 구성되나 종합적인 계획, 관리 및 조정 역할이 필요하지 아니한 소규모 공사에 해당되는지, 주된 공사와 그 부대공사로 이루어진 공사인지를 해당 공사의 설계내용, 시공특성 등을 종합적으로 검토하여 발주자가 판단할 사항임을 알려 드립니다.

이는 공사의 유형은 위에서 설명드린 다양한 요건에 따라 판단할 사항이므로 일률적으로 판단할 수 있는 사항이 아니므로 일반적으로는 해당 공사의 설계내용, 시공특성 등을 가장 잘 알고 해당 공사를 발주한 발주자가 판단하도록 하고 있는 것이지만 인허가 등의 경우에는 인허가 관청에서 판단할 수 있는 사항입니다. 다만 이에 대한 판단시에는 반드시 건설산업기본법에서 규정한 위 규정에 따라 판단하여야 할 것이며, 일반적으로 건축물의 증축 · 개축 · 대수선의 경우는 여러개의 전문공사가 복합되어 종합적인 계획 · 관리 및 조정이 필요한 공사이므로 종합공사업인 건축공사업의 업무내용으로 보는 것이지만, 구체적인 사항은 공사의 설계내용, 시공특성 등을 종합적으로 검토하여 판단하는 것입니다.

15 승강기 철거 후 재설치공사, 보일러 설치공사, 내부 인테리어공사 등으로 구분된 각각의 전문공사를 건축공사업에 등록한 종합건설업자가 각각 도급받을 수 있는지

질의요지

승강기 철거 후 재설치공사, 보일러 설치공사, 내부 인테리어공사 등으로 구분된 각각의 전문공사를 건축공사업에 등록한 종합건설업자가 각각 도급받을 수 있는지

회신내용

건설산업기본법 제9조에서는 건설업을 하려는 자는 해당 업종별로 등록하도록 규정하고 있고 같은 법 시행령 제7조 및 별표1에 5종의 종합공사를 시공하는 업종과 29종의 전문공사를 시공하는 업종의 구체적인 업무내용과 건설공사 예시 등을 규정하고 있습니다.

또한, 건설산업기본법 제16조에서는 종합공사를 도급받으려는 자는 해당 종합공사를 시공하는 업종을 등록하여야 하고, 전문공사를 도급받으려는 자는 해당 전문공사를 시공하는 업종을 등록하여야 한다고 규정하고 있습니다.

따라서, 실내건축공사업, 도장공사업 등 전문공사는 해당 전문공사를 시공하는 건설업에 등록한 건설업자가 도급받을 수 있음을 알려 드립니다.

제3절 전문건설업

16 외벽방수공사의 시공업종에 대한 질의

질의요지

4층인 A회사 건물에 누수가 발생함에 따라 건물 외벽의 방수공사를 위하여 전문건설업체에 건설공사를 발주할 경우 건설산업기본법상 어느 전문건설업을 등록한 업종의 건설공사 업무범위에 해당하는지

* 다른 별건의 건설공사 없이 〈건물외벽 방수공사〉만을 시행하는 건설공사임

위의 공사와 관련하여 건설공사 금액이 1천5백만원 미만인 경우에 종전에 A회사 3층 내부인테리어 공사를 시공한 경험이 있는 B전문건설업체(실내건축공사업, 시설물유지관리업 등록)가 건물외벽 방수공사를 하였을 경우 건설산업기본법상 어느 전문건설업종의 실적으로 전문건설공사 실적신고를 하여야 하는지

또한, 건설공사 예정금액이 1천5백만원 미만인 전문건설공사를 수행함에 있어 건설산업기본법 시행령 〈별표1〉에 따른 해당 전문건설업종의 업무내용이 아닌 다른 전문건설업종의 건설공사를 수행한 경우에 보유하고 있는 전문건설업종으로 실적신고를 할 수 있는지

회신내용

건설산업기본법 제8조 및 동 법 시행령 제7조 별표1에 따르면 전문건설업의 업종인 미장·방수·조적공사업의 경우 미장공사와 조적공사 외에 방수공사를 업무내용으로 규정하고 있으며 아스팔트·실링재·에폭시·시멘트모르타르·합성수지 등을 사용하여 토목·건축구조물, 산업설비 및 폐기물매립시설 등에 방수·방습·누수방지 등을 하는 공사를 수행할 수 있다고 규정하고 있으며 구체적인 사항은 발주자가 위 규정과 설계내용, 시공기술상의 특성 및 작업방법, 현장여건 등을 감안하여 판단하여야 할 사항임을 알려드립니다.

또한, 2개 이상의 업종을 보유한 건설업체가 수행한 외벽방수공사의 실적신고는 입찰공고서, 설계내역서 등을 종합적으로 검토하여 발주자가 판단할 사항입니다. 아울러 건설업자는 등록업종별 업무내용에 해당하는 건설공사를 수행할 수 있으며 업무내용에 해당하는 건설공사

실적을 인정 받을 수 있을 것으로 보이나 자세한 사항은 발주자가 입찰공고서, 설계내역서 등을 종합적으로 검토하여 발주자가 판단할 사항임을 알려드립니다.

17 프랜차이즈 본사의 무면허 인테리어공사 관련

질의요지

2014년 10월에 상업지역 건물 중 2개층을 임대한 후 숙박업 가맹본부 계약, 객실 인테리어 공사를 진행 하였습니다. 인테리어 공사금액은 3억원 이상 소요되었으며, 공사진행이 원활히 진행되지 못하였지만 이미 계약을 했고 공사가 중지된다면 더 큰 피해가 생길것을 우려하여 힘들게 마감공사를 진행하고 있었습니다. 하지만 그때부터 인테리어 공사를 진행한 인부들이 공사비를 다 받지 못했다며 저희에게 찾아오기 시작하였고, 저희에게 해결해 줄것을 요구하였습니다. 저희는 가맹본부에 이 사실을 전했고, 가맹본부에서는 인테리어 공사를 한 협력업체에 대금을 지급완료 하였기 때문에 이는 인테리어 협력업체의 문제라며, 공사인부들이 찾아와서 행패를 부릴 경우 경찰에 신고하라는 답변을 받았습니다. 인테리어 시공 협력업체에 이를 알렸으나 그쪽에서는 공사를 다시 떼어 준 사람이 돈을 지급하지 않고 잠적하였다고 책임을 회피하고 마감 공사도중 잠적하였습니다. 결국 가맹본부에서 한사람이 내려와서 겨우 마감을 하고 3월말에 오픈을 하였으나, 공사의 품질 및 하자(대량누수, 소음, 전기불안정 등)로 인해 현재까지도 고통을 받으며 영업을 하고 있습니다.

저희가 지급한 금액의 적정품질의 인테리어를 납품받지 못한 이유가 인테리어 공사에 대한 계약 및 시공전반에 대한 위법사항이라고 생각되어 아래와 같은 문의사항을 여쭙고자 합니다.

가맹본부가 실내건축업과 같은 적절한 건설면허 없이 인테리어 공사계약을 하는 것이 "건설산업기본법의 건설공사 시공자격"에 관한 법 위반이 아닌지(키스콘과 본사 소재지 구청 건설과에 확인한 결과 가맹본부는 건설업 등록이 안되어 있었습니다.)

공사현장에 현장대리인이 없거나 기술자격이 없는 경우는 법 위반이 아닌지

가맹본부가 발주자인 저희에게 서면승낙을 받지 않고 하도급할 수 있는지

가맹본부는 하도급을 주었으나 건설산업기본법에서 정하는 바와 같이 일정 비율이상 직접 시공을 하여야 하나 일괄하도급을 준 것이 법 위반이 아닌지

하도급 협력업체가 적절한 면허가 없이 공사를 진행한 경우 이에 대한 가맹본부의 책임은 어디까지인지(하도급업체 역시 건설업 등록이 안되어 있었습니다)

하도급 협력업체가 공사를 다시 개인업자에게 재하도급을 준것은 법위반이 아닌지
상기내용들이 위법사항이라면 향후 절차는 어떻게 진행해야 하는지

회신내용

건설산업기본법 제9조에 따라 건설업을 하려는 자는 업종별로 건설업을 등록하여야 하며, 같은 법 제96조제1호에 따라 제9조제1항에 따른 등록을 하지 아니하거나 부정한 방법으로 등록을 하고 건설업을 한 자는 3년 이하의 징역 또는 3천만원 이하의 벌금에 처하도록 규정하고 있습니다. 다만 같은 법 시행령 제8조에 따른 경미한 건설공사를 업으로 하려는 경우(종합공사 5천만원 미만, 전문공사 1천5백만원 미만)에는 등록을 하지 아니하고 건설업을 할 수 있도록 규정하고 있습니다.

또한 같은 법 제2조에 따라 '건설업'이란 건설공사를 하는 업을 말하고, '도급'이란 원도급, 하도급, 위탁 등 명칭에 관계없이 건설공사를 완성할 것을 약정하고, 상대방이 그 공사의 결과에 대하여 대가를 지급할 것을 약정하는 계약을 말하며, 같은 법 제25조에 따라 발주자(수급인)는 공사내용에 상응하는 업종을 등록한 건설업자에게 도급(하도급) 하도록 규정하고 있습니다.

따라서, 가맹본사가 건설업을 등록하지 않고 가맹점과 건설공사의 도급계약을 체결하면 상기 규정에 따라 위 법령을 위반한 것으로 보이며, 무등록 시공을 전제로 질의한 나머지 사항은 관할 등록관청의 안내를 받으시기 바랍니다.

18 간설업 등록증에 미장 · 방수공사업종로 기재되어 있는데, 조적, 타일공사도 시행할 수 있는지

질의요지

간설업 등록증에 미장 · 방수공사업종로 기재되어 있는데, 조적, 타일공사도 시행할 수 있는지

회신내용

건설산업기본법 시행령 제7조 별표1 '건설업의 업종과 업종별 업무내용'에 따르면 전문건설업의 업종 중 제3목에 "미장 · 방수공사업", 제6호에 "조적공사업"을 구분하고 있었으나, 동

시행령은 2003. 8. 21. 개정(대통령령 제18092호)으로 "미장 · 방수 · 조적공사업"으로 통합(제3목) 되었습니다.

따라서, 동 시행령 개정 이후에는 통합된 등록업종에 따른 건설공사를 시행할 수 있습니다

19 난방시공업 1, 2, 3종이 중복보유가 제한되는 동일 업종 해당여부 및 법인의 대표자가 개인사업자 명의로 각각 건설업 등록 가능한지 여부

질의요지

난방시공업 1, 2, 3종이 중복보유가 제한되는 동일 업종 해당여부 및 법인의 대표자가 개인사업자 명의로 각각 건설업 등록 가능한지 여부

회신내용

건설산업기본법 제10조 및 동 법 시행령 제13조에 따르면 건설업자가 건설업을 등록할 경우 기술능력, 자본금, 시설 및 장비 등의 등록기준을 갖추도록 규정하고 있고 같은 법 시행령 제13조 별표2에 따르면 난방시공업 1, 2, 3종은 각각 별도의 건설업 등록업종으로 구분되어 있습니다. 또한 건설업관리규정(국토교통부 예규 제2014-85, 2014.9.29) 제2장제2호에 따르면 동일 법인(개인)이 동일한 종류의 건설업종 2개 이상을 보유할 수 없도록 되어 있고, 양도 · 합병 · 상속 등의 사유로 동일 건설업종을 2개 이상 보유한 경우에는 지체없이 폐업 · 등록말소 처리하여야 한다고 규정하고 있습니다.

따라서 질의한 난방시공업 1, 2, 3종의 경우 상기 규정에 따라 업종별로 다른 업무내용과 기술능력 및 시설 · 장비 · 사무실 등의 등록요건을 규정하고 있으므로 동일업종 중복 제한 규정이 적용되지 않아 동일 법인(개인)이 모두 등록이 가능하며, 또한 건설산업기본법령에 따라 법인과 개인(대표자)은 별도의 법인격이므로 건설업 중복 제한 규제를 받지 않음을 알려드립니다.

20 어장관리법 제2조제1호의 어장내 투석공사가 수중공사업의 업무내용에 해당되는지

질의요지

어장관리법 제2조제1호의 어장내 투석공사가 수중공사업의 업무내용에 해당되는지

회신내용

건설산업기본법 제2조제4호에 "건설공사"라 함은 토목공사, 건축공사, 산업설비공사, 조경공사 및 환경시설공사, 그 밖에 명칭에 관계없이 시설물을 설치·유지·보수하는 공사 및 기계설비나 그 밖의 구조물의 설치 및 해체공사 등을 말하며(소방공사업법에 따른 소방공사 등 제외), 같은 법 시행령 제7조 별표1(건설업의 업종과 업종별 업무내용)에서는 건설공사용 재료의 채취 또는 그 공급업무, 기계 또는 기구이 공급업무와 단순한 노무공급업무 등은 포함되지 아니한다고 정하고 있습니다. 이중 수중공사업은 수중에서 인원·장비 등으로 수중·해저의 시설물을 설치하거나 지장물을 해체하는 공사를 업무내용으로 하고, 수중암석파쇄공사, 수중구조물의 설치 및 해체공사, 투석공사 등을 그 건설공사의 예시로 정하고 있습니다.

따라서 질의하신 내용이 수중에서 인원·장비 등으로 수중·해저의 시설물을 설치하는 공사로서 투석공사에 해당하는 경우라면 수중공사업의 업무내용에 해당될 것으로 판단되며, 구체적인 사항은 건설산업기본법 시행령 별표1의 건설업의 업종과 업종별 업무내용을 기준으로 같은 법 제25조 규정에 따라 발주자가 종합적인 계획·관리·조정의 필요성, 시공기술상의 특성 및 현지여건 등을 종합적으로 검토하여 판단할 사항임을 알려 드립니다.

21 지하차도공사로서 복공판을 설치하는 가설흙막이공사의 경우 어느 건설업종에 해당하는지

질의요지

지하차도공사로서 복공판을 설치하는 가설흙막이공사의 경우 어느 건설업종에 해당하는지

회신내용

건설산업기본법 제9조에서는 건설업을 하려는 자는 해당 업종별로 등록하도록 규정하고 있고, 같은 법 제8조 및 시행령 별표1에 5종의 종합공사를 시공하는 업종과 29종의 전문공사를 시공하는 업종의 구체적인 업무내용과 건설공사 예시 등을 규정하고 있으며, 건설산업기본법 시행령 별표1에 땅을 굴착하거나 토사 등으로 지반을 조성하는 공사를 토공사업의 업무내용으로 규정하면서 성토 · 절토 · 흙막이공사 등을 그 공사의 예시로 규정하고 있으며, 교량 및 이와 유사한 시설물을 건설하기 위하여 철구조물을 제작하여 조립 · 설치하는 공사를 강구조물공사업 등의 업무내용으로 규정하고 있습니다.

또한, 건설산업기본법 제9조 및 제16조에 따라 건설업을 하려는 자는 시행령 별표1의 업무내용에 맞게 해당 업종별로 등록하여야 한다고 규정하면서, 소규모 복합공사의 경우 전문공사를 시공하는 업종을 모두 등록한 건설업자가, 전문공사를 시공하는 업종을 등록한 건설업자가 전문공사와 그 부대공사를 함께 도급받는 경우 가능하도록 규정하고 있습니다.

부대공사는 같은 법 시행령 제21조에 따라 주된 공사를 시공하기 위하여 또는 시공함으로 인하여 필요하게 되는 종된 공사 또는 2종 이상의 전문공사가 복합된 공사로서 공사예정금액이 3억원 미만이고, 주된 전문공사의 공사예정금액이 전체 공사예정금액의 2분의 1 이상인 경우 그 나머지 부분의 공사 등을 규정하고 있으며, 소규모 복합공사에 대하여는 시행규칙 제13조의2에서 규정하고 있습니다.

따라서, 질의하신 공사의 경우는 흙막이공사와 구조물설치공사가 복합된 공사로 판단되나, 구체적인 사항은 설계내용, 공사특성 등을 고려하여 2개 이상의 전문공사로 구성되나 종합적인 계획, 관리 및 조정 역할이 필요하지 아니한 소규모 공사에 해당되는지, 주된 공사와 그 부대공사로 이루어진 공사인지, 종합적인 계획 · 관리 · 조정이 필요한 공사인지를 해당 공사의 설계내용, 시공특성 등을 종합적으로 검토하여 발주자가 판단할 사항임을 알려 드립니다.

22 에스컬레이터 외부 캐노피공사의 경우 실내건축공사업에 등록한 건설업자가 시공가능한지

질의요지

에스컬레이터 외부 캐노피공사의 경우 실내건축공사업에 등록한 건설업자가 시공가능한지

회신내용

건설산업기본법 제9조에서는 건설업을 하려는 자는 해당 업종별로 등록하도록 규정하고 있고, 같은 법 시행령 제8조 및 별표1에 5종의 종합공사를 시공하는 업종과 29종의 전문공사를 시공하는 업종의 구체적인 업무내용과 건설공사 예시 등을 규정하고 있으며, 같은 법 제25조 발주자는 공사내용에 상응하는 업종을 등록한 건설업자에게 도급하여야 한다라고 규정하고 있습니다.

건설산업기본법 시행령 별표1에 건축물의 내부를 용도와 기능에 맞게 건설하는 실내건축공사 및 실내공간의 마감을 위하여 구조체 · 집기 등을 제작 또는 설치하는 공사를 실내건축공사업의 업무내용으로 규정하면서 실내공간의 구조체 제작 및 마감공사, 그 밖에 집기 등을 제작 또는 설치하는 공사 등 등을 그 공사의 예시로 규정하고 있습니다. 또한, 금속류 구조체를 사용하여 건축물의 천장 · 벽체 · 칸막이 등을 설치하는 공사, 금속류 구조체를 사용하여 도로, 교량, 터널 및 기타의 장소에 안전 · 경계 · 방호 · 방음시설물 등을 설치하는 공사, 각종 금속류로 구조물 및 공작물을 축조하거나 설치하는 공사 등은 금속구조물 · 창호공사업의 업무내용으로 규정하면서 가드레일 · 가드케이블 · 표지판 · 방호울타리 · 휀스 · 낙석방지망 · 낙석방지책 · 방음벽 · 방음터널 · 교량안전점검시설 · 버스승강대 · 도로교통안전시설물 등의 공사 등을 그 건설공사의 예시로 규정하고 있습니다.

따라서, 질의하신 내용이 금속구조체를 사용하여 건축물의 캐노피를 설치하는 공사에 해당되는 경우라면 금속구조물 · 창호공사업의 업무내용에 해당될 것으로 판단되나, 구체적으로 어느 업종의 업무내용에 해당되는지는 같은 법 제25조 규정에 따라 발주자가 종합적인 계획 · 관리 · 조정의 필요성, 시공기술상의 특성 및 현지여건 등을 종합적으로 검토하여 판단할 사항임을 알려 드립니다.

23 옥상 우레탄 방수 도장공사는 도장공사업과 미장 · 방수 · 조적공사업 중 어느 업종의 업무내용에 해당되는지

질의요지

옥상 우레탄 방수 도장공사는 도장공사업과 미장 · 방수 · 조적공사업 중 어느 업종의 업무내용에 해당되는지

회신내용

건설산업기본법 제9조에서는 건설업을 하려는 자는 해당 업종별로 등록하도록 규정하고 있고, 같은 법 시행령 제8조 및 별표1에 5종의 종합공사를 시공하는 업종과 29종의 전문공사를 시공하는 업종의 구체적인 업무내용과 건설공사 예시 등을 규정하고 있으며, 같은 법 제25조 발주자는 공사내용에 상응하는 업종을 등록한 건설업자에게 도급하여야 한다라고 규정하고 있습니다.

또한, 같은 법 제16조에서는 전문공사를 도급받으려는 자는 해당 전문공사를 시공하는 업종을 등록하여야 한다고 규정하고 있으며, 소규모 복합공사의 경우 전문공사를 시공하는 업종을 모두 등록한 건설업자가, 전문공사를 시공하는 업종을 등록한 건설업자가 전문공사와 그 부대공사를 함께 도급받는 경우 가능하도록 규정하고 있습니다.

건설산업기본법 시행령 별표1에 시설물에 칠바탕을 다듬고 도료 등을 솔 · 로울러 · 기계 등을 사용하여 칠하는 공사를 도장공사업의 업무내용으로, 미장 · 방수 · 조적공사업 중 방수공사는 아스팔트 · 실링재 · 에폭시 · 시멘트모르타르 · 합성수지 등을 사용하여 토목 · 건축구조물, 산업설비 및 폐기물매립시설 등에 방수 · 방습 · 누수방지 등을 하는 공사를 업무내용으로 규정하고 있습니다.

따라서, 질의하신 공사는 주된 공사와 그 부대공사로 이루어진 공사인지(이 경우 주된공사업자가 함께 도급받아 시공 가능), 소규모 복합공사인지(두 업종을 모두 등록된 건설업자가 도급) 등을 기준을 판단할 사항으로 이에 대한 판단은 건설산업기본법 시행령 제21조(부대공사의 범위)와 같은 법 시행규칙 제13조의2(소규모 공사의 범위) 등을 참고하여 법 제25조 규정에 따라 발주자가 종합적인 계획 · 관리 · 조정의 필요성, 시공기술상의 특성 및 현지여건 등을 종합적으로 검토하여 판단할 사항임을 알려 드립니다.

24 기계설비공사업의 난방시공 공사 수행 가부

질의요지

기계설비공사업을 등록한자가 난방시공업 1종의 업무내용에 해당하는 공사를 할 수 있는지와 보일러 및 흡수식 냉온수기, 냉동기 등 세관공사는 기계설비공사업자가 시공할 수 있는지

회신내용

건설산업기본법 제9조에서는 건설업을 하려는 자는 해당 업종별로 등록하도록 규정하고 있고, 같은 법 시행령 제8조 및 별표1에 5종의 종합공사를 시공하는 업종과 29종의 전문공사를 시공하는 업종의 구체적인 업무내용과 건설공사 예시 등을 규정하고 있습니다.

건설산업기본법 시행령 별표1에 건축물 · 플랜트 그 밖의 공작물에 급배수 · 위생 · 냉난방 · 공기조화 · 기계기구 · 배관설비 등을 조립 · 설치하는 공사를 기계설비공사업의 업무내용으로 규정하면서 건축물 등 시설물에 설치하는 급배수 · 환기 · 공기조화 · 냉난방 · 급탕 · 주방 · 위생 · 방음 · 방진 · 전자파차단설비공사 등을 그 공사의 예시로 규정하고 있습니다. 또한, 비고 5.에 기계설비공사업을 등록한 자는 해당 업종에 해당하는 공사와 함께 난방시공업 제1종 및 제2종의 업무내용에 해당하는 공사 및 플랜트 또는 냉동냉장설비 안에서의 고압가스배관의 설치 · 변경공사를 할 수 있다고 규정하고 있습니다.

따라서, 질의하신 공사가 기계설비공사업을 등록한 건설업자가 해당 업종에 해당하는 공사와 함께 난방시공업 1종의 업무내용의 공사를 함께 시공하는 경우라면 가능할 것으로 판단되며, 보일러 및 흡수식 냉온수기, 냉동기 등 세관공사는 기계설비공사업의 업무내용에 해당될 것으로 판단되나, 구체적인 사항은 건설산업기본법 시행령 별표1의 건설업의 업종과 업종별 업무내용을 기준으로 같은 법 제25조 규정에 따라 발주자가 종합적인 계획 · 관리 · 조정의 필요성, 시공기술상의 특성 및 현지여건 등을 종합적으로 검토하여 판단할 사항임을 알려 드립니다.

25 보강토옹벽공사는 철근콘크리트공사업으로 도급받을 경우 문제가 없는지

질의요지

보강토옹벽공사는 철근콘크리트공사업으로 도급받을 경우 문제가 없는지

회신내용

건설산업기본법 제9조에서는 건설업을 하려는 자는 해당 업종별로 등록하도록 규정하고 있고, 같은 법 시행령 제7조 및 별표1에 5종의 종합공사를 시공하는 업종과 29종의 전문공사를 시공하는 업종의 구체적인 업무내용과 건설공사 예시 등을 규정하고 있습니다.

건설산업기본법 시행령 별표1에 땅을 굴착하거나 토사 등으로 지반을 조성하는 공사를 토공사업의 업무내용으로 규정하면서 성토 · 절토 · 흙막이공사 등을 그 공사의 예시로 규정하고 있습니다. 또한, 철근 · 콘크리트로 토목 · 건축구조물 및 공작물 등을 축조하는 공사는 철근 · 콘크리트공사업의 업무내용으로 규정하면서 철근가공 및 조립공사, 콘크리트공사, 거푸집 및 동바리공사, 각종 특수콘크리트공사, 프리스트레스트콘크리트(PSC)구조물공사, 포장장비로 시공하지 아니하는 2차로 미만의 농로 · 기계화 경작로 · 마을안길 등을 시멘트콘크리트로 포장하는 공사 등을 그 건설공사의 예시로 규정하고 있습니다.

따라서, 질의하신 내용이 토사 등으로 지반을 조성하는 공사로서 이루어지는 옹벽공사라면 이는 토공사업의 업무내용으로 판단되나, 구체적인 사항은 건설산업기본법 시행령 별표1의 건설업의 업종과 업종별 업무내용을 기준으로 같은 법 제25조 규정에 따라 발주자가 종합적인 계획 · 관리 · 조정의 필요성, 시공기술상의 특성 및 현지여건 등을 종합적으로 검토하여 판단할 사항임을 알려 드립니다.

26 하천 제방의 산책로 조성시 경화토 포장공사는 포장공사업과 조경시설물설치공사업 중 어느것에 해당하는지

질의요지

하천 제방의 산책로 조성시 경화토 포장공사는 포장공사업과 조경시설물설치공사업 중 어느것에 해당하는지

회신내용

건설산업기본법 제9조에서는 건설업을 하려는 자는 해당 업종별로 등록하도록 규정하고 있고, 같은 법 시행령 제8조 및 별표1에 5종의 종합공사를 시공하는 업종과 29종의 전문공사를 시공하는 업종의 구체적인 업무내용과 건설공사 예시 등을 규정하고 있습니다.

건설산업기본법 시행령 별표1에 역청재 또는 시멘트콘크리트·투수콘크리트 등으로 도로·활주로·광장·단지·화물야적장 등을 포장하는 공사(포장공사에 수반되는 보조기층 및 선택층 공사를 포함한다)와 이의 유지·수선공사를 포장공사업의 업무내용으로 규정하면서 아스팔트콘크리트포장공사, 시멘트콘크리트포장공사, 유색·투수콘크리트포장공사, 소파보수 및 덧씌우기 포장공사, 과속방지턱설치공사 등을 그 공사의 예시로 규정하고 있습니다. 또한, 석재를 사용하여 시설물 등을 시공하는 공사는 석공사업의 업무내용으로 규정하면서 석축 등 돌쌓기 공사를 그 건설공사의 예시로 규정하고 있습니다.

따라서, 질의하신 내용이 경화토를 활용하여 산책로를 포장하는 공사의 경우라면 이는 포장공사업의 업무내용으로 판단되나, 구체적으로 어느 업종의 업무내용에 해당되는지는 공사의 설계내용, 시공특성 등을 종합적으로 검토하여 판단할 사항임을 알려 드립니다.

27 ALC(Autoclaved Lightweight Concrete) 블록 쌓기 공사는 미장 · 방수 · 조적공사업과 지붕판금 · 건축물조립공사업 중 어느것에 해당하는지

질의요지

ALC(Autoclaved Lightweight Concrete) 블록 쌓기 공사는 미장 · 방수 · 조적공사업과 지붕판금 · 건축물조립공사업 중 어느것에 해당하는지

회신내용

건설산업기본법 제9조에서는 건설업을 하려는 자는 해당 업종별로 등록하도록 규정하고 있고, 같은 법 시행령 제8조 및 별표1에 5종의 종합공사를 시공하는 업종과 29종의 전문공사를 시공하는 업종의 구체적인 업무내용과 건설공사 예시 등을 규정하고 있습니다. 비고2에 위표에 명시되지 아니한 건설공사에 관한 건설업종의 구분은 해당 공사의 시공에 필요한 기술 · 재료 · 시설 · 장비 등의 유사성에 따라 구분한다라고 규정하고 있습니다.

건설산업기본법 시행령 별표1에 구조물의 벽체나 기초 등을 시멘트블록 · 벽돌 등의 재료를 각각 모르타르 등의 교착제로 부착시키거나 장치하여 쌓거나 축조하는 공사를 미장 · 방수 · 조적공사업의 업무내용으로 규정하면서 블록쌓기공사, 벽돌쌓기공사, 벽돌붙임공사 등을 그 공사의 예시로 규정하고 있습니다. 또한, 공장에서 제조된 판넬과 부품 등으로 건축물의 내벽 · 외벽 · 바닥 등을 조립하는 공사 등은 지붕판금 · 건축물조립공사업의 업무내용으로 규정하면서 샌드위치판넬 · ALC판넬 · PC판넬 · 세라믹판넬 · 알루미늄 복합판넬 · 사이딩판넬 · 클린복합판넬 · 시멘트보드판넬 · 악세스바닥판넬 등의 공사를 그 건설공사의 예시로 규정하고 있습니다.

따라서, 질의하신 ALC(Autoclaved Lightweight Concrete) 블록이 공장에서 제조된 판넬로서 건축물의 내벽 · 외벽 · 바닥 등을 조립하는 공사에 해당하는 경우라면 지붕판금 · 건축물조립공사업에 해당할 것으로 보이나, 어느 건설업종에 해당되는지는 공사의 설계내용, 시공특성 등을 종합적으로 검토하여 판단할 사항임을 알려 드립니다.

28 국제 롤러경기장의 줄눈보수, 콘크리트 균열보수 및 도장 등의 보수공사는 어느 업종의 업무내용에 해당하는지

질의요지

국제 롤러경기장의 줄눈보수, 콘크리트 균열보수 및 도장 등의 보수공사는 어느 업종의 업무내용에 해당하는지

회신내용

건설산업기본법 제9조에서는 건설업을 하려는 자는 해당 업종별로 등록하도록 규정하고 있고, 같은 법 시행령 제8조 및 별표1에 5종의 종합공사를 시공하는 업종과 29종의 전문공사를 시공하는 업종의 구체적인 업무내용과 건설공사 예시 등을 규정하고 있습니다. 비고2에 위표에 명시되지 아니한 건설공사에 관한 건설업종의 구분은 해당 공사의 시공에 필요한 기술 · 재료 · 시설 · 장비 등의 유사성에 따라 구분한다라고 규정하고 있습니다.

또한, 같은 법 제25조에 발주자는 종합적인 계획 · 관리 · 조정의 필요성, 시공기술상의 특성 및 현지여건 등을 종합적으로 검토하여 해당 업종에 등록된 건설업자에게 도급하도록 규정하고 있으며, 같은 법 제16조에서는 2개 이상의 전문공사로 구성되나 종합적인 계획, 관리 및 조정 역할이 필요하지 아니한 소규모 복합공사의 경우 해당 업종에 모두 등록된 건설업자가, 주된 공사와 그 부대공사로 이루어진 공사인 경우 주된 공사의 업무내용에 해당되는 건설업자가, 종합적인 계획, 관리 및 조정이 필요한 종합공사인 경우 종합건설업자가 시공하여야 할 것으로 이에 대한 판단은 발주가가 해당 공사의 내용을 기준으로 판단하게 되는 것입니다

따라서, 질의하신 내용이 시설물의 완공 이후 그 기능을 보전하고 이용자의 편의와 안전을 높이기 위하여 시설물에 대해 일상적으로 점검 · 정비하고 보수하는 공사에 해당하는 경우라면 시설물유지관리업에 해당할 것으로 보이나, 어느 업종의 업무내용에 해당되는지는 발주자가 공사의 설계내용, 시공특성 등을 종합적으로 검토하여 판단할 사항임을 알려 드립니다.

29 공동주택의 아파트 동의 지하 천정 생활하수관 배관세척공사는 기계설비공사업과 상 · 하수도설비공사업 중 어느 것에 해당되는지

질의요지

공등주택의 아파트 동의 지하 천정 생활하수관 배관세척공사는 기계설비공사업과 상 · 하수도설비공사업 중 어느 것에 해당되는지

회신내용

건설산업기본법 제9조에 따라 건설업을 하려는 자는 업종별로 등록하여야 하며, 같은 법 시행령 별표1(건설업의 업종과 업종별 업무내용)에 하수 등을 처리하기 위한 기기를 설치하거나 하수관을 부설하는 공사 등을 상하수도공사업의 업무내용으로 규정하면서 그 건설공사의 예시로 하수 등의 처리를 위한 기기설치공사, 하수 · 우수관 부설(옥내급배수설비공사를 제외한다) 및 세척 · 갱생공사 등으로 규정하고 있고, 기계설비공사업은 건축물 · 플랜트 그 밖의 공작물에 급배수 · 위생 · 냉난방 · 공기조화 · 기계기구 · 배관설비 등을 조립 · 설치하는 공사를 업무내용으로 하고 옥내급배수관개량 · 세척공사 등을 그 건설공사의 예시로 정하고 있으며, 비고1에 위 표의 업무내용에는 건설공사용 재료의 채취 또는 그 공급업무, 기계 또는 기구의 공급업무와 단순한 노무공급업무 등은 포함되지 아니한다 라고 규정하고 있습니다.

또한, 같은 법 제25조제1항에 발주자는 도급하려는 건설공사의 종합적인 계획 · 관리 · 조정의 필요성, 시공기술상의 특성 및 현지여건 등을 고려하여 공사내용에 상응하는 업종을 등록한 건설업자에게 도급하여야 한다고 규정하고 있습니다.

따라서, 질의하신 내용이 단순히 노무공급 수준의 세척하는 작업이라면 이는 건설공사로 보기 어려울 것이나, 질의내용이 건축물 등의 위생 등을 위한 옥내급배수관 개량 · 세척공사라면 기계설비공사업의 업무내용으로 판단되나, 구체적인 사항은 발주자가 시공내용, 시공기술상의 특성 등을 종합적으로 검토하여 판단할 사항임을 알려드립니다.

30 가스의료건조기의 가스 배관 및 배기통 설치는 가스시설시공업에 해당되는지

질의요지

가스의료건조기의 가스 배관 및 배기통 설치는 가스시설시공업에 해당되는지

회신내용

건설산업기본법 제2조제4호에 "건설공사"라 함은 토목공사, 건축공사, 산업설비공사, 조경공사 및 환경시설공사, 그 밖에 명칭에 관계없이 시설물을 설치·유지·보수하는 공사 및 기계설비나 그 밖의 구조물의 설치 및 해체공사 등을 말하며(소방공사업법에 따른 소방공사 등 제외), 건설산업기본법 제9조에 따라 건설업을 영위하고자 하는 경우에는 해당 업종별로 등록하도록 규정하고 있으며, 시행령 별표1 건설업종별 업무내용에 가스시설시공업(제1종), 가스시설시공업(제2종), 가스시설시공업(제3종)에 대해 규정하고 있습니다.

이 중 가스시설시공업(제1종)은 가스시설시공업 제2종 및 제3종의 업무내용을 포함하고 도시가스공급시설의 설치·변경공사, 도시가스스시설 중 특정가스사용시설의 설치·변경공사 등을 업무내용으로 정하고 있습니다.

따라서, 질의하신 가스의료건조기의 설치가 배관에 고정설치되는 가스용품의 설치공사 및 그 부대공사에 해당하는 경우 가스시설시공업(제2종) 업무내용에 해당된다고 판단되나, 구체적인 사항은 발주자가 시공내용, 시공기술상의 특성 등을 종합적으로 검토하여 판단할 사항임을 알려드립니다.

31 세미쉴드(천공+그라우팅), 토공, 포장공, 하수관리시공비, 교통안전시설물 등으로 구성된 세미쉴드공사가 보링·그라우팅공사업 또는 상하수도공사업 중 어느것에 해당되는지

질의요지

세미쉴드(천공+그라우팅), 토공, 포장공, 하수관리시공비, 교통안전시설물 등으로 구성된 세미쉴드공

사가 보링 · 그라우팅공사업 또는 상하수도공사업 중 어느것에 해당되는지

회신내용

건설산업기본법 제9조에서는 건설업을 하려는 자는 해당 업종별로 등록하도록 규정하고 있고, 같은 법 시행령 제8조 및 별표1에 5종의 종합공사를 시공하는 업종과 29종의 전문공사를 시공하는 업종의 구체적인 업무내용과 건설공사 예시 등을 규정하고 있으며, 건설산업기본법 시행령 별표1에 지반 또는 구조물 등에 천공을 하거나 압력을 가하여 보강재를 설치하거나 회반죽 등을 주입 또는 혼합처리하는 공사를 보링 · 그라우팅공사업의 업무내용으로, 상수도, 농 · 공업용수도 등을 위한 기기를 설치하거나 상수도관, 농 · 공업용수도관 등을 부설하는 공사 등을 상 · 하수도설비공사업의 업무내용으로 규정하고 있습니다.

부대공사는 같은 법 시행령 제21조에 따라 주된 공사를 시공하기 위하여 또는 시공함으로 인하여 필요하게 되는 종된 공사 또는 2종 이상의 전문공사가 복합된 공사로서 공사예정금액이 3억원 미만이고, 주된 전문공사의 공사예정금액이 전체 공사예정금액의 2분의 1 이상인 경우 그 나머지 부분의 공사 등을 규정하고 있습니다.

따라서, 질의하신 공사가 지반에 천공하고 보강재를 설치하는 공사가 주요 대부분을 차지하고 종합적인 계획 · 관리 · 조정이 필요하지 않는 전문공사업에 해당하는 경우라면 보링 · 그라우팅공사업의 업무내용에 해당될 것으로 판단되나, 구체적인 사항은 주된 공사와 그 부대공사로 이루어진 공사인지, 종합적인 계획 · 관리 · 조정이 필요한 공사인지를 해당 공사의 설계내용, 시공특성 등을 종합적으로 검토하여 발주자가 위 내용을 토대로 판단할 사항임을 알려드립니다.

32 내화충전재 완제품(내화충전 일체형 발포소켓)이 시공기술을 수반할 경우 미장 · 방수 · 조적 공사업에 해당되는지 기계설비공사업에 해당되는지

질의요지

내화충전재 완제품(내화충전 일체형 발포소켓)이 시공기술을 수반할 경우 미장 · 방수 · 조적 공사업에 해당되는지 기계설비공사업에 해당되는지

회신내용

질의하신 내용의 공사가 내화충전재를 내장한 발포소켓형 스리브(관통슬라브)를 조립한 완제품을 납품과 함께 시공기술을 수반하는 경우로서 건설산업기본법 시행령 별표1에 따른 건축물 · 플랜트 그밖의 공작물에 급배수 · 위생 · 냉난방 · 공기조화 · 기계기구 · 배관설비 등을 조립 · 설치하는 공사와 유사한 내용이라면 기계설비공사업에 해당된다고 보이나, 구체적인 사항은 해당공사의 시공에 필요한 기술 · 재료 · 시설 · 장비 등의 유사성에 따라 종합적으로 검토하여 판단할 사항입니다.

33 플랜트 설비내 각종 기계, 장비의 점검, 수선을 위한 안전시설물(안전망, 사다리 등)의 설치공사는 기계설비공사업과 금속구조물 · 창호공사업 중 어느 것에 해당하는지

질의요지

플랜트 설비내 각종 기계, 장비의 점검, 수선을 위한 안전시설물(안전망, 사다리 등)의 설치공사는 기계설비공사업과 금속구조물 · 창호공사업 중 어느 것에 해당하는지

회신내용

건설산업기본법 제9조에서는 건설업을 하려는 자는 해당 업종별로 등록하도록 규정하고 있고, 같은 법 시행령 제8조 및 별표1에 5종의 종합공사를 시공하는 업종과 29종의 전문공사를 시공하는 업종의 구체적인 업무내용과 건설공사 예시 등을 규정하고 있습니다.

건설산업기본법 시행령 별표1에 금속류 구조체를 사용하여 도로, 교량, 터널 및 기타의 장소에 안전 · 경계 · 방호 · 방음시설물 등을 설치하는 공사 등을 금속구조물 · 창호공사업의 업무내용으로 규정하면서 굴뚝 · 탱크 · 수문설치 · 셔터설치 · 옥외광고탑 · 격납고도어 · 사다리 · 철재프레임 · 난간 · 계단 등의 공사 등을 그 공사의 예시로 규정하고 있습니다. 또한, 건축물 · 플랜트 그 밖의 공작물에 급배수 · 위생 · 냉난방 · 공기조화 · 기계기구 · 배관설비 등을 조립 · 설치하는 공사는 기계설비공사업의 업무내용으로 규정하면서 건축물 등 시설물에 설치하는 급배수 · 환기 · 공기조화 · 냉난방 · 급탕 · 주방 · 위생 · 방음 · 방진 · 전자파차

단설비공사, 플랜트안의 배관 · 기계기구설치공사 등을 그 건설공사의 예시로 규정하고 있습니다.

따라서, 질의하신 내용이 기계설비공사업의 부대공사가 아닌 별개의 공사로서 금속류 구조체를 사용하여 안전시설물 등을 설치하는 공사에 해당되는 경우라면 이는 금속구조물 · 창호공사업의 업무내용으로 판단되나, 구체적으로 어느 업종의 업무내용에 해당되는지는 공사의 설계내용, 시공특성 등을 종합적으로 검토하여 판단할 사항임을 알려 드립니다.

34 특정가스사용시설의 보일러 교체와 1천만원 이하의 일반가스사용시설의 후렉시블이 포함된 보일러 교체시 가스시설시공업의 업종은

질의요지

특정가스사용시설의 보일러 교체와 1천만원 이하의 일반가스사용시설의 후렉시블이 포함된 보일러 교체시 가스시설시공업의 업종은

회신내용

건설산업기본법 제2조제4호에 "건설공사"라 함은 토목공사, 건축공사, 산업설비공사, 조경공사 및 환경시설공사, 그 밖에 명칭에 관계없이 시설물을 설치 · 유지 · 보수하는 공사 및 기계설비나 그 밖의 구조물의 설치 및 해체공사 등을 말하며(소방공사업법에 따른 소방공사 등 제외), 건설산업기본법 제9조에 따라 건설업을 영위하고자 하는 경우에는 해당 업종별로 등록하도록 규정하고 있으며, 시행령 별표1 건설업종별 업무내용에 가스시설시공업(제1종), 가스시설시공업(제2종), 가스시설시공업(제3종)에 대해 규정하고 있습니다.

이 중 가스시설시공업(제1종)은 가스시설시공업 제2종 및 제3종의 업무내용을 포함하고 도시가스공급시설의 설치 · 변경공사, 도시가스스시설 중 특정가스사용시설의 설치 · 변경공사 등을 업무내용으로 정하고 있습니다.

또한, 가스시설시공업(제3종)은 공사예정금액이 1천만원 미만으로서 도시가스사용시설중 온수보일러 · 온수기 및 그 부대시설의 설치 · 변경공사 등을 업무내용으로 규정하고 있습니다.

따라서, 질의하신 내용 중 특정가스사용시설의 보일러교체에 해당하는 경우는 특정가스사용

시설의 설치 · 변경공사로서 가스시설시공업(제1종) 업무내용에 해당되고, 일반가스사용시설의 후렉시블이 포함된 보일러 교체가 공사예정금액 1천만원 미만으로서 도시가스시설 중 온수보일러, 온수기 및 그 부대시설의 설치 · 변경공사인 경우는 가스시설시공업(제3종)의 업무내용에 해당한다고 판단되나, 구체적인 사항은 시공내용, 시공기술 등을 종합적으로 검토하여 판단할 사항임을 알려드립니다.

35 경량철골천정 및 실내부 시스템칸막이 공사, 인테리어 마감을 위한 STL 틀설치 등이 실내건축공사업에 해당하는지

질의요지

경량철골천정 및 실내부 시스템칸막이 공사, 인테리어 마감을 위한 STL 틀설치 등이 실내건축공사업에 해당하는지

회신내용

건설산업기본법 제9조에서는 건설업을 하려는 자는 해당 업종별로 등록하도록 규정하고 있고, 같은 법 시행령 제8조 및 별표1에 5종의 종합공사를 시공하는 업종과 29종의 전문공사를 시공하는 업종의 구체적인 업무내용과 건설공사 예시 등을 규정하고 있습니다.

건설산업기본법 시행령 별표1에 건축물의 내부를 용도와 기능에 맞게 건설하는 실내건축공사 및 실내공간의 마감을 위하여 구조체 · 집기 등을 제작 또는 설치하는 공사 등을 실내건축공사업의 업무내용으로 규정하면서 실내건축공사(제4호 및 제5호의 공사만으로 행하여지는 공사를 제외한다), 실내공간의 구조체 제작 및 마감공사, 그 밖에 집기 등을 제작 또는 설치하는 공사 등을 그 공사의 예시로 규정하고 있습니다.

다. 또한, 금속구조물 · 창호공사업의 업무내용은 금속류 구조체를 사용하여 건축물의 천장 · 벽체 · 칸막이 등을 설치하는 공사 등으로 규정하고 있으며, 천정 · 건식벽체 · 강재벽체 · 경량칸막이 등의 공사 등을 그 건설공사의 예시로 정하고 있습니다.

따라서, 질의하신 내용이 건축물의 내부를 용도와 기능에 맞게 건설하는 실내건축공사 및 실내공간의 마감을 위해 구조체 등을 제작 · 설치하는 공사인지, 금속류 구조체를 사용하여 건

축굴의 천장이나 칸막이 등을 설치하는 공사에 해당되는지 등을 고려하여 어느 건설업의 업종에 해당되는지를 판단하여야 할 것이므로, 그 구체적인 판단을 위해서는 설계내용, 시공특성 등을 종합적으로 검토하여야 할 사항임을 알려 드립니다.

36 고압가스 시설의 부대공사가 아닌 방호벽설치공사의 시공자격으로 가스시설시공업(제1종)이 해당하는지

질의요지

고답가스 시설의 부대공사가 아닌 방호벽설치공사의 시공자격으로 가스시설시공업(제1종)이 해당하는지

회신내용

건설산업기본법 제9조에서는 건설업을 하려는 자는 해당 업종별로 등록하도록 규정하고 있고, 같은 법 시행령 제8조 및 별표1에 5종의 종합공사를 시공하는 업종과 29종의 전문공사를 시공하는 업종의 구체적인 업무내용과 건설공사 예시 등을 규정하고 있습니다.

건설산업기본법 시행령 별표1에 가스시설시공업(제1종)은 가스시설시공업 제2종 및 제3종의 업무내용과 도시가스공급시설의 설치·변경공사 등을 업무내용으로 규정하고 있습니다.

따라서, 질의하신 내용이 고압가스시설의 부대공사가 아닌 방호벽설치공사만을 시공하는 자격에 관한 경우라면 가스시설시공업 제1종에 해당되지 않을 것으로 보이며, 2개 이상의 전문공사로 구성되나 종합적인 계획, 관리 및 조정 역할이 필요하지 아니한 소규모 공사에 해당되는지, 주된 공사와 그 부대공사로 이루어진 공사인지, 종합적인 계획·관리·조정이 필요한 공사인지를 해당 공사의 설계내용, 시공특성 등을 종합적으로 검토하여 발주자가 판단할 사항임을 알려 드립니다.

37 특정가스사용시설내 가스시설 중 가스계량기 교체는 가스시설시공업(제1종)에 해당되는지

질의요지

특정가스사용시설내 가스시설 중 가스계량기 교체는 가스시설시공업(제1종)에 해당되는지

회신내용

건설산업기본법 제2조제4호에 "건설공사"라 함은 토목공사, 건축공사, 산업설비공사, 조경공사 및 환경시설공사, 그 밖에 명칭에 관계없이 시설물을 설치 · 유지 · 보수하는 공사 및 기계설비나 그 밖의 구조물의 설치 및 해체공사 등을 말하며(소방공사업법에 따른 소방공사 등 제외), 건설산업기본법 제9조에 따라 건설업을 영위하고자 하는 경우에는 해당 업종별로 등록하도록 규정하고 있으며, 시행령 별표1 건설업종별 업무내용에 가스시설시공업(제1종), 가스시설시공업(제2종), 가스시설시공업(제3종)에 대해 규정하고 있습니다.

이 중 가스시설시공업(제1종)은 가스시설시공업 제2종 및 제3종의 업무내용을 포함하고 도시가스공급시설의 설치 · 변경공사, 도시가스스시설 중 특정가스사용시설의 설치 · 변경공사 등을 업무내용으로 정하고 있습니다.

따라서, 질의하신 내용이 특정가스사용시설의 계량기교체가 특정가스사용시설의 변경공사에 해당되는 경우라면 가스시설시공업(제1종) 업무내용에 해당된다고 판단되나, 구체적인 사항은 시공내용, 시공기술 등을 종합적으로 검토하여 판단할 사항임을 알려드립니다.

38 하수처리장의 분뇨 협잡물 처리기, 하수 유입펌프 등의 설치 및 수선공사는 상하수도설비공사업과 기계설비공사업 중 어느 것에 해당하는지

질의요지

하수처리장의 분뇨 협잡물 처리기, 하수 유입펌프 등의 설치 및 수선공사는 상하수도설비공사업과 기계설비공사업 중 어느 것에 해당하는지

회신내용

건설산업기본법 제9조에서는 건설업을 하려는 자는 해당 업종별로 등록하도록 규정하고 있고, 같은 법 시행령 제8조 및 별표1에 5종의 종합공사를 시공하는 업종과 29종의 전문공사를 시공하는 업종의 구체적인 업무내용과 건설공사 예시 등을 규정하고 있습니다.

건설산업기본법 시행령 별표1에 상·하수도 설비공사업은 하수 등을 처리히가 위한 기기를 설치하거나 하수관을 부설하는 공사 등을 업무내용으로 하고 하수 등의 처리를 위한 기기설치공사, 하수·우수관 부설(옥내급배수설비공사를 제외) 및 세척·갱생공사 등을 그 건설공사의 예시로 규정하고 있습니다. 또한, 기계설비공사업은 건축물·플랜트 그 밖의 공작물에 급배수·위생·냉난방·공기조화·기계기구·배관설비 등을 조립·설치하는 공사를 업무내용으로 규정하고 건축물 등 시설물에 설치하는 급배수·환기·공기조화·냉난방·급탕·주방·위생·방음·방진·전자파차단설비공사 등을 그 건설공사의 예시로 규정하고 있습니다.

따라서, 질의하신 내용이 하수 등의 처리를 위한 기기설치공사에 해당하는 경우라면 이는 상·하수도설비공사업의 업무내용으로 볼 수 있으나, 구체적으로 어느 업종의 업무내용에 해당되는지는 공사의 설계내용, 시공특성 등을 종합적으로 검토하여 판단할 사항임을 알려드립니다.

39 벽체와 지붕이 있는 고가초소, 이에 따른 기초공사 등이 조경시설물설치공사업에 해당되는지

질의요지

벽체와 지붕이 있는 고가초소, 이에 따른 기초공사 등이 조경시설물설치공사업에 해당되는지

회신내용

건설산업기본법 제9조에서는 건설업을 하려는 자는 해당 업종별로 등록하도록 규정하고 있고, 같은 법 시행령 제8조 및 별표1에 5종의 종합공사를 시공하는 업종과 29종의 전문공사를 시공하는 업종의 구체적인 업무내용과 건설공사 예시 등을 규정하고 있습니다.

건설산업기본법 시행령 별표1에 조경을 위하여 조경석 · 인조목 · 인조암 등을 설치하거나 야외의자 · 파고라 등의 조경시설물을 설치하는 공사를 조경시설물설치공사업의 업무내용으로 규정하면서 조경석 · 인조목 · 인조암 등의 설치공사, 야외의자 · 파고라 · 놀이기구 · 운동기구 · 분수대 · 벽천 등의 설치공사, 인조 잔디공사 등을 그 공사의 예시로 규정하고 있습니다.

따라서, 질의하신 내용이 조경석 · 인조목 · 인조암 등을 설치하거나 야외의자 · 파고라 등의 조경시설물을 설치공사로 보기 어려울 것으로 판단되며, 구체적으로 어느 업종의 업무내용에 해당되는지는 건설산업기본법 시행령 별표1의 건설공사의 업무내용과 공사예시 규정을 기초로 해당 공사의 설계내용, 시공특성 등을 종합적으로 검토하여 판단할 사항임을 알려 드립니다.

40 도로공사현장의 터널2개소를 시공하는 현장으로 생태자연석옹벽 공종은 석공사업에 해당하는지 조경시설물설치공사업에 해당하는지

질의요지

도로공사현장의 터널2개소를 시공하는 현장으로 생태자연석옹벽 공종은 석공사업에 해당하는지 조경시설물설치공사업에 해당하는지

회신내용

건설산업기본법 제9조에서는 건설업을 하려는 자는 해당 업종별로 등록하도록 규정하고 있고, 같은 법 시행령 제7조 및 별표1에 5종의 종합공사를 시공하는 업종과 29종의 전문공사를 시공하는 업종의 구체적인 업무내용과 건설공사 예시 등을 규정하고 있습니다

건설산업기본법 시행령 별표1에 석재를 사용하여 시설물 등을 시공하는 공사는 석공사업의 업무내용으로 규정하면서 석축 등 돌쌓기 공사를 그 건설공사의 예시로 규정하고 있으며, 조경을 위하여 조경석 · 인조목 · 인조암 등을 설치하거나 야외의자 · 파고라 등의 조경시설물을 설치하는 공사는 조경시설물설치공사업의 업무내용으로 규정하면서 조경석 · 인조목 · 인조암 등의 설치공사, 야외의자 · 파고라 · 놀이기구 · 운동기구 · 분수대 · 벽천 등의 설치공사, 인조잔디공사 등을 그 건설공사의 예시로 규정하고 있습니다.

따라서, 질의하신 공사가 석재를 사용하여 시설물 등을 시공하는 공사에 해당하는 경우라면 이는 석공사업의 업무내용으로 판단되나, 구체적으로 어느 업종의 업무내용에 해당되는지는 공사의 설계내용, 시공특성 등을 종합적으로 검토하여 판단할 사항임을 알려 드립니다.

제3편

건설공사 도급 및 하도급

제1장 건설공사 도급계약

01 공동주택 및 숙박시설 증축시 건축주 직접시공이 가능한지

질의요지

공등주택 및 숙박시설 증축시 건축주 직접시공이 가능한지

회신내용

건축주 직접시공이 불가능한 건축물의 증축시 시공자제한 해당여부는 증축하는 부분의 각층 바닥면적 합계에 해당되는 면적으로 시공자제한 여부를 판단하나, 건설산업기본법 제41조제2호, 제4호 및 동 법 시행령 제36조제4호에 따라, 건축법에 따른 공동주택과 공중위생관리법에 의한 숙박시설의 경우 반드시 건설업자가 시공하도록 하였으므로 질의의 경우 건설업자가 시공하여야 할 것으로 사료됩니다.

02 현물기부하기로 한 건설회사로부터 도급받은 경우 원도급에 해당하는지

질의요지

현물기부하기로 한 건설회사로부터 도급받은 경우 원도급에 해당하는지

회신내용

현물기부 약정내용을 보고 판단할 사항

건설산업기본법 제2조제11호에 따라 "도급"이란 원도급, 하도급, 위탁 등 명칭에 관계없이

건설공사를 완성할 것을 약정하고, 상대방이 그 공사의 결과에 대하여 대가를 지급할 것을 약정하는 계약을 말한다라고 규정하고 있으며, 같은 법 제29조제1항 건설업자는 도급받은 건설공사의 전부 또는 주요 부분의 대부분을 다른 건설업자에게 하도급할 수 없다라고 규정하고 있습니다.

따라서, 학교와 건설회사가 기숙사 1개층을 증축하여 현물기부하기로 약정한 내용이 학교로부터 발주자로서 권한을 위임 받은 것으로서 위 규정에 따른 "도급"에 해당하지 않을 경우라면 현물기부하기로 한 건설회사와 도급계약을 체결한 사항은 원도급에 해당되어 기성실적신고가 가능할 것으로 사료되나

학교와 건설회사간 약정 내용이 공사의 결과에 대하여 대가를 지급할 것을 약정하는 내용이 포함된 계약에 해당하는 경우에는 건설회사로부터 증축공사를 도급 받은 계약은 일괄하도급에 해당되어 기성실적으로 인정되지 않을 수 있음을 알려드리며 구체적인 기성실적 인정여부는 위탁기관(대한건설협회)에서 기성실적 신고 접수시 위 규정과 약정내용 등 세부적인 사실관계를 토대로 판단할 사항임을 알려드립니다.

03 도급계약시 건설공사대장 전자통보관련(키스콘)

질의요지

건설공사건은 원도급 1억 이상 하도급 4천만원 이상일 경우 건설공사대장을 전자로 통보하게 되어 있습니다.
당사는 건설과 제조를 동시에 보유하고 있으며 물품과 관련된 입찰을 낙찰받았을때 시공토록 되어 있을 경우 이것도 키스콘에 통보해야 하는지

회신내용

건설산업기본법 제22조제4항 및 같은 법 시행령 제26조제1항의 규정에 따라 도급금액 1억원 이상(하도급 4천만원 이상)인 건설공사를 도급받은 건설업자는 건설공사대장의 기재사항을 건설산업종합정보망을 이용하여 도급계약을 체결한 날부터 30일 이내에 발주자에게 통보토록 하여야 하며, 이를 위반한 경우 같은 법 제99조제3항 등에 따라 과태료 처분대상이 됩

니다. 상기규정은 건설공사를 대상으로 하고 있으므로, 당해 계약이 건설공사에 해당되는지 여부는 당해 계약의 설계내용, 시공방법, 현지여건 등을 면밀히 검토하여 발주자가 판단할 사항이며 보다 자세한 사항은 구체적 사실관계를 바탕으로 건설업을 등록한 처분청(지자체)에 문의하시기 바랍니다.

04 건설공사대장 미통보 범위

질의요지

건설산업기본법 제22조제6항에 따라 건설공사대장의 기재사항을 건설산업종합정보망을 이용하여 도급계약을 체결한 날부터 30일 이내에 발주자에게 통보하도록 되어 있고 건설업자는 통보한 사항에 변경이 발생하거나 새로이 기재하여야 할 사항이 발생한 경우에는 발생한 날부터 30일 이내에 건설산업종합정보망을 이용하여 발주자에게 통보하도록 되어 있는 바
건설공사대장의 기재사항을 해당공사 완료일까지 발주자에게 통보하였으나 공사 준공기간 등 변경사항을 발주자에게 통보하지 아니한 경우
건설산업기본법 제99조 제3호에 의한 건설공사대장의 기재사항을 공사 완료일까지 발주자에게 통보하지 아니한 것으로 되는지 아니면 거짓으로 통보한 자로 간주 과태료 부과대상인지
건설공사대장의 기재사항을 해당공사 완료일까지 발주자에게 통보하였으나 공사 준공기간 등 변경사항을 발주자에게 통보하지 아니한 경우에 기재사항 변경을 통보하지 않은 것은 건설산업기본법 제99조 제3호에 해당하지 않는지

회신내용

건설산업기본법 제22조제6항 및 같은 법 시행령 제26조제1항의 규정에 따라 도급금액 1억원 이상(하도급 4천만원 이상)인 건설공사를 도급받은 건설업자는 도급계약을 체결한 날부터 30일 이내에 건설공사대장의 기재사항을 발주자에게 통보토록 하고 있고, 동 법 시행령 제26조제3항에 따라 건설업자는 통보한 사항에 변경이 발생하거나 새로이 기재하여야 할 사항이 발생한 경우에는 발생한날부터 30일 이내에 건설종합정보망을 이용하여 발주자에게 통보하도록 하고 있으며 건설업자가 이를 위반할 경우 같은 법 제81조제4호에 따라 시정명령

대상이 되고 이에 불응할 경우 제99조제3호 및 같은 법 시행령 89조 별표7 2.개별기준에 따라 과태료 부과 처분을 하도록 규정되어 있음을 알려드리며, 구체적인 사항은 사실관계를 토대로 처분관청에서 판단할 사항임을 알려드립니다.

05 공동도급 공사의 강제탈퇴 가능여부

질의요지

발주처 : 강원도청
계약기간 : 2012년 2월 28일 ~ 2016년 2월 28일
공동도급으로 3개사 참여 (공동, 분담)
공동 이행 토목공사 대표사 52%, 공동수급사 48%
분담이행 조경공사 조경업체 100%
분담이행사인 조경공사업체가 건설업등록말소 처분을 받았습니다.
현재 토목공사 진행율 64.4% 조경공사 진행율 0% 계약 후 공사진행율이 0%인 조경업체를 공동도급공사의 강제탈퇴가 가능한지
조경공사업면허 등록말소 처분을 받은 업체를 공동수급협의체 강제탈퇴 시킬 수 있는지

회신내용

건설공사 공동도급운영규정(토해양부 고시 제2012-399호) 제7조에서는 공동수급체의 변경과 관련하여 발주자는 공동수급체구성원 중 파산 또는 해산, 부도 기타 정당한 사유없이 계약을 이행하지 아니하는 구성원에 대하여는 중도탈퇴를 요청할 수 있으며 이 경우 중도탈퇴의 요청을 받은 공동수급체의 구성원은 특별한 사유가 없는 한 이에 응하여야 한다고 규정하고 있습니다. 또한 공동수급체의 대표자는 공동수급체 구성원 중 위 규정의 사유에 해당하는 자가 있는 경우에는 즉시 발주자에게 통보하여야 한다고 규정하면서 공동수급체는 건설공사를 도급받은 후 이행방식이나 구성원의 출자비율 · 분담내용을 변경하거나 공동수급체 구성원을 추가하여서는 아니되나 다만, 다음 어느 하나에 해당하는 경우에는 그러하지 아니하다고 규정하고 있습니다.

계약내용이 변경됨에 따라 공동수급체 구성원이 연명으로 출자비율 또는 분담내용의 변경을 발주자에게 요청하여 동의를 얻은 경우

공동수급체 구성원 중 일부가 파산, 해산, 부도 등의 사유로 당초 공동 수급협정서의 내용대로 계약을 이행할 수 없게 되어 당해 구성원을 제외한 공동수급체 구성원이 연명으로 출자비율 또는 분담내용의 변경을 발주자에게 요청하여 동의를 얻은 경우

공동수급체 구성원이 제1항에 따라 중도 탈퇴한 경우 나머지 구성원(연대보증인 포함) 만으로 면허 · 허가 · 등록 · 신고 등의 자격요건을 갖추지 못하여 공동 수급체 구성원이 연명으로 구성원의 추가를 발주자에게 요청하여 동의를 얻은 경우

상기 규정에 따라 질의하신 사항과 관련하여 상기 조항 2호에 따라 등록말소 등으로 당초 공동 수급협정서의 내용대로 계약을 이행할 수 없게 된 경우 공동수급협의체에서 퇴출시킬 수 있을 것으로 보이나 구체적인 사항은 사실관계를 토대로 처분청에서 판단할 사항임을 알려드립니다.

06 부지조성 공사를 공동 도급시 건설업에 등록되지 않는 자와 공동 도급이 가능한지

질의요지

부지조성 공사를 공동 도급시 건설업에 등록되지 않는 자와 공동 도급이 가능한지

회신내용

건설산업기본법 제9조에서는 건설업을 하려는 자는 해당 업종별로 등록하도록 규정하고 있고, 같은 법 시행령 제8조 및 별표1에 5종의 종합공사를 시공하는 업종과 29종의 전문공사를 시공하는 업종의 구체적인 업무내용과 건설공사 예시 등을 규정하고 있으며, 같은 법 제25조 발주자는 공사내용에 상응하는 업종을 등록한 건설업자에게 도급하여야 한다라고 규정하고 있습니다.

또한, 같은 법 제48조에 국토교통부장관은 건설업의 균형 있는 발전과 건설공사의 효율적인 수행을 위하여 종합공사를 시공하는 업종을 등록한 건설업자와 전문공사를 시공하는 업종을

등록한 건설업자 간의 상생협력 관계 및 대기업인 건설업자와 중소기업인 건설업자 간의 상생협력 관계를 유지·발전하도록 하도급, 공동도급 등에 관한 지도를 할 수 있도록 규정하고 있습니다.

건설공사 공동도급운영규정에서 "공동도급계약"이란 건설공사의 도급계약에 있어서 발주자와 공동수급체가 체결하는 계약을 의미하며 건설산업기본법상 도급이란 원도급, 하도급, 위탁 등 명칭에 관계없이 건설공사를 완성할 것을 약정하고 상대방이 그 공사의 결과에 대하여 대가를 지급할 것을 약정하는 계약을 말합니다.

따라서, 건설공사의 공동도급을 하기 위해서는 해당 건설공사의 업무내용에 해당하는 건설업에 등록된 자이어야 하므로 건설업에 등록되지 아니한 자와 건설공사의 공동 도급은 불가함을 알려 드립니다.

07 2개 이상 전문공사로 구성된 소규모 공사를 분담이행방식의 공동계약이 가능한지

질의요지

2개 이상 전문공사로 구성된 소규모 공사를 분담이행방식의 공동계약이 가능한지

회신내용

건설산업기본법 제16조제1항에 따라 종합공사를 도급받으려는 자는 해당 종합공사를 시공하는 업종을 등록하여야 하여야 하나, 전문공사를 시공하는 업종을 등록한 건설업자가 2개 이상의 전문공사로 구성되나 종합적인 계획, 관리 및 조정 역할이 필요하지 아니한 소규모 공사로서 국토교통부령으로 정하는 공사를 도급받는 경우에는 전문공사를 시공하는 업종을 등록한 건설업자가 도급받을 수 있다고 규정하고 있으며,

같은 법 시행규칙 제13조의2에서 "소규모 공사의 범위"를 해당 전문공사를 시공하는 업종을 모두 등록한 건설업자가 도급받은 공사예정금액이 4억원 미만의 공사(시설물유지관리업의 업무내용에 해당하는 공사는 제외)로서 공종간의 연계 정도가 낮고 안전·교통·환경에 미치는 영향이 적은 공사로 규정하고 있습니다.

따라서 질의하신 소규모 복합공사의 경우는 해당 전문공사를 시공하는 업종을 모두 등록한 전문건설업자에게 시공자격을 부여하는 것이므로 해당 전문공사 업종을 모두 등록하지 않고 각각의 업종에 등록된 자에게 분담이행방식으로 도급하는 경우는 이에 해당되지 않음을 알려드립니다.

08 건축공사업과 토목공사업을 모두 보유한 업체에서 토목건축공사업으로 발주된 건설공사를 도급받을 수 있는지

질의요지

건축공사업과 토목공사업을 모두 보유한 업체에서 토목건축공사업으로 발주된 건설공사를 도급받을 수 있는지

회신내용

건설산업기본법 제9조에서는 건설업을 하려는 자는 해당 업종별로 등록하도록 규정하고 있고, 같은 법 시행령 제8조 및 별표1에 5종의 종합공사를 시공하는 업종과 29종의 전문공사를 시공하는 업종의 구체적인 업무내용과 건설공사 예시 등을 규정하고 있으며, 같은 법 제25조 발주자는 공사내용에 상응하는 업종을 등록한 건설업자에게 도급하여야 한다라고 규정하고 있습니다.

따라서, 토목공사업과 건축공사업에 모두 등록하거나 토목건축공사업에 등록한 건설업자는 토목공사업과 건축공사업의 업무내용으로 구성된 토목건축공사를 도급받을 수 있습니다. 다만 입찰참가자격을 정함에 있어 토목건축공사업에 등록한 자로 제한할지 토목공사업과 건축공사업을 모두 등록한 건설업자로 설정할지는 계약관계 법령에 따라 정하여 질 것이므로 이는 발주자 또는 계약관계법령 소관 부처(기획재정부, 행정자치부, 조달청 등)에 문의하시기 바랍니다.

09 발주자와 일건으로 계약하였으나, 연면적 661㎡ 초과 단독주택 건축시 부지조성공사를 건축주가 별도 발주할 수 있는지

질의요지

발주자와 일건으로 계약하였으나, 연면적 661㎡ 초과 단독주택 건축시 부지조성공사를 건축주가 별도 발주할 수 있는지

회신내용

건설산업기본법 제9조 및 제25조에 따라 건설공사를 다른 사람에게 도급을 주어 시행하려는 경우 해당 업종을 등록한 건설업자에게 도급을 주어 시행하여야 합니다.

또한, 건설산업기본법 제41조 규정에 따라 건축물의 건축 또는 대수선에 관한 건설공사는 건설업자가 하도록 하고 있으며, 연면적이 661㎡ 이하인 주거용의 건축물과 연면적 495㎡ 이하의 주거용외의 건축물에 대해서는 예외를 적용하고 있습니다.

따라서, 질의하신 건축물이 건설산업기본법 제41조에서 규정하고 있는 연면적이 661㎡를 초과하는 건축물의 건축공사는 해당 건설업에 등록한 건설업자가 시공하여야 할 것이나, 이 중 부지조성 공사와 건축물 건축공사를 분리하여 도급할 것인지는 발주자가 판단하여 결정할 수 있는 사항으로 사료되나, 당초 계약조건을 이행하지 않고 일방적으로 계약사항을 변경한 것에 대한 책임문제 등은 사실관계를 바탕으로 민사 관련 법령 등에 따라 판단할 사항임을 알려 드립니다.

제2장 건설공사 하도급계약

01 아파트 지하주차장 증축공사를 시설물유지관리업자가 시공 가능한지

질의요지

아파트 지하주차장 증축공사를 시설물유지관리업자가 시공 가능한지

회신내용

건설산업기본법 제9조에서는 건설업을 하려는 자는 해당 업종별로 등록하도록 규정하고 있고, 같은 법 시행령 제8조 및 별표1에 5종의 종합공사를 시공하는 업종과 29종의 전문공사를 시공하는 업종의 구체적인 업무내용과 건설공사 예시 등을 규정하고 있으며, 같은 법 제25조 발주자는 공사내용에 상응하는 업종을 등록한 건설업자에게 도급하여야 한다라고 규정하고 있습니다.

또한, 시설물유지관리업은 시설물의 완공 이후 그 기능을 보전하고 이용자의 편의와 안전을 높이기 위하여 시설물에 대하여 일상적으로 점검 · 정비하고 개량 · 보수 · 보강하는 공사(건축물을 제외한 그 밖의 시설물의 경우 증설 · 확장공사 및 주요구조부를 해체한 후 보수 · 보강 및 변경하는 공사 등은 제외)를 업무내용으로 정하고 있습니다.

따라서, 질의하신 건설공사가 건축물의 경우 증축 · 개축 · 재축 및 대수선 공사에 해당하는 경우라면 시설물유지관리업의 업무내용에 해당되지 않을 것으로 보이나, 구체적인 사항은 건설산업기본법 시행령 별표1의 건설업의 업종과 업종별 업무내용을 기준으로 같은 법 제25조 규정에 따라 발주자가 종합적인 계획 · 관리 · 조정의 필요성, 시공기술상의 특성 및 현지 여건 등을 종합적으로 검토하여 판단할 사항임을 알려 드립니다.

제1절 하도급

02 종합공사로 도급받은 건설공사의 전문공종(마감재, 슬라브 철거, 슬라브보수보강, 철골설치 등)을 시설물유지관리업자에게 하도급 할 수 있는지와 시행령 별표1. 29.의 주요구조부의 의미는

질의요지

종합공사로 도급받은 건설공사의 전문공종(마감재, 슬라브 철거, 슬라브보수보강, 철골설치 등)을 시설물유지관리업자에게 하도급 할 수 있는지와 시행령 별표1. 29.의 주요구조부의 의미는

회신내용

건설산업기본법 제2조에 "종합공사"란 종합적인 계획, 관리 및 조정을 하면서 시설물을 시공하는 건설공사로, "전문공사"란 시설물의 일부 또는 전문 분야에 관한 건설공사로 규정하고 있고, 같은 법 시행령 별표1에 5종의 종합공사를 시공하는 업종과 29종의 전문공사를 시공하는 업종의 구체적인 업무내용과 건설공사 예시 등을 규정하고 있으며, 같은 법 제25조제2항에 수급인은 공사내용에 상응하는 업종을 등록한 건설업자에게 하도급하여야 한다고 규정하고 있습니다.

또한, 시설물유지관리업은 시설물의 완공 이후 그 기능을 보전하고 이용자의 편의와 안전을 높이기 위하여 시설물에 대하여 일상적으로 점검 · 정비하고 개량 · 보수 · 보강하는 공사(건축물을 제외한 그 밖의 시설물의 경우 증설 · 확장공사 및 주요구조부를 해체한 후 보수 · 보강 및 변경하는 공사 등은 제외)를 업무내용으로 정하고 있습니다.

따라서 도급받은 공사가 2개 이상의 전문공사로 구성되고 이를 종합적인 계획 · 관리 및 조정에 따라 시설물을 건설하는 토목건축공사업으로 도급받은 경우라면 법 제25조제2항에 따라 공사내용에 상응하는 업종을 등록한 건설업자에게 각각 하도급하여야 할 것이며, 또한 건축물을 제외한 그 밖의 시설물의 경우 증설 · 확장공사 및 주요구조부를 해체한 후 보수 · 보강 및 변경하는 공사는 시설물유지관리업의 업무내용에 해당되지 않으므로 건설산업기본법 시행령 별표1에 규정하고 있는 전문공사를 시공하는 업종에 등록된 건설업자에게 각각 하도급하여야 할 것으로 판단되나, 구체적으로 어느 업종의 업무내용에 해당되는지 여부는 해당

공사의 설계내용, 시공특성 등을 종합적으로 검토하여 발주자가 판단할 사항임을 알려드립니다.

건설산업기본법 시행령 별표1. 29.에서 규정하고 있는 "주요구조부"는 건설산업기본법에 명시적으로 규정하고 있지는 않으나, 사전적 의미로 건축물의 내력벽, 기둥, 바닥, 보, 지붕 및 주 계단을 뜻하고, 건설기술진흥법 제46조에는 건설공사의 주요 구조부는 철근콘크리트구조부 또는 철골구조부, 「건축법」 제2조제7호에 따른 주요구조부, 교량의 교좌(橋座) 장치, 터널의 복공(覆工) 부위, 댐의 본체 및 여수로(餘水路), 상수도 관로(管路) 이음부, 항만 계류시설의 구조체, 그 밖에 발주청이 필요하다고 인정하여 용역계약에서 정한 구조부로 규정하고 있음을 알려드립니다.

03 발주자가 수급자로 하여금 하수급인에게 해당 건설공사를 위탁하도록 지시하였을 경우 발주자의 서면승낙이 있었다고 볼 수 있는지

질의요지

발주자가 수급자로 하여금 하수급인에게 해당 건설공사를 위탁하도록 지시하였을 경우 발주자의 서면승낙이 있었다고 볼 수 있는지

회신내용

건설산업기본법 제29조에 건설업자는 도급받은 건설공사의 전부 또는 주요부분의 대부분을 다른 건설업자에게 하도급할 수 없고, 수급인은 그가 도급받은 건설공사의 일부를 동일한 업종에 해당하는 건설업자에게 하도급할 수 없다고 규정하면서 다만 발주자가 공사의 품질이나 시공상 능률을 높이기 위하여 필요하다고 인정하여 서면으로 승낙한 경우에는 예외로 한다고 규정하고 있습니다.

따라서, 발주자의 서면승낙은 수급인의 신청에 따라 발주자가 공사의 품질이나 시공상 능률을 높이기 위하여 동일업종에 해당하는 건설업자에게 하도급이 필요한지 등을 검토하여 서면으로 승낙한 경우를 의미하므로 단순히 발주자가 수급인에게 해당 건설공사를 위탁하도록 지시하였다는 것만으로 서면승낙이 완료되었다고 보기는 어려울 것으로 판단됩니다.

04 전문공사인 ○○하수관 정비공사 중 부대공사(10%)를 제외한 신기술공법이 적용된 공사부분(90%) 신기술개발업체에게 하도급 할 수 있는지

질의요지

전문공사인 ○○하수관 정비공사 중 부대공사(10%)를 제외한 신기술공법이 적용된 공사부분(90%) 신기술개발업체에게 하도급 할 수 있는지

회신내용

건설업자는 도급받은 건설공사의 전부 또는 주요 부분의 대부분(도급받은 공사를 제21조제1항의 규정에 의한 부대공사에 해당하는 부분을 제외한 주된 공사의 전부를 하도급하는 경우)을 다른 건설업자에게 하도급할 수 없다고 규정하고 있습니다.

따라서 질의하신 전문공사로 도급받은 경우 건설공사의 전부 또는 주요 부분의 대부분을 하도급 할 수 없을 것으로 판단됩니다

05 1. 하도급 계약없이 동일한 업종에 해당하는 건설업자 시공한 경우 하도급 서면승낙의 책임있는 자는 누구인지(발주자, 수급인, 하수급인) 2. 발주자가 동일한 업종간 하도급의 서면승낙을 공사 준공 후에 가능한지 3. 발주자, 수급인과 하수급인의 공정 관련회의를 통해 하도급대상 특허기술공법 도입 여부를 결정하였다면 발주자의 서면승낙으로 볼 수 있는지

질의요지

하도급 계약없이 동일한 업종에 해당하는 건설업자 시공한 경우 하도급 서면승낙의 책임있는 자는 누구인지(발주자, 수급인, 하수급인)

발주자가 동일한 업종간 하도급의 서면승낙을 공사 준공 후에 가능한지

발주자, 수급인과 하수급인의 공정 관련회의를 통해 하도급대상 특허기술공법 도입 여부를 결정하였다면 발주자의 서면승낙으로 볼 수 있는지

회신내용

건설산업기본법 제29조에 건설업자는 도급받은 건설공사의 전부 또는 주요부분의 대부분을 다른 건설업자에게 하도급할 수 없고, 수급인은 그가 도급받은 건설공사의 일부를 동일한 업종에 해당하는 건설업자에게 하도급할 수 없다고 규정하면서 다만, 발주자가 공사의 품질이나 시공상 능률을 높이기 위하여 필요하다고 인정하여 서면으로 승낙한 경우에는 예외로 한다고 규정하고 있습니다.

따라서, 하도급 계약없이 동일한 업종에 해당하는 건설업자에게 하도급 할 수 없으며, 하도급서면 승낙은 수급인의 신청에 따라 발주자가 승낙하게 되는 것입니다. 또한, 하도급 서면승낙은 하도급할 것을 승낙하는 요건이므로 반드시 하도급공사를 시행하기 이전에 발주자에게 하도급 서면승낙을 받아야 할 것으로 판단되며, 또한, 발주자 · 수급인 · 하수급인간 공정관련 회의를 통한 특허기술공법 도입은 해당 공사에 특허기술공법 도입여부를 결정하기 위한 것이므로 이를 하도급승낙으로 보기 어려울 것으로 판단됩니다.

06 종합공사를 시공하는 업종인 건축공사업으로 도급받은 학교 급식실 보수 및 증축공사를 시공함에 있어 증축부분을 제외한 공사전반의 70%를 차지하는 전문공종(방수, 금속, 철물, 설비 등)을 시설물유지관리업자에게 하도급 할 수 있는지

질의요지

종합공사를 시공하는 업종인 건축공사업으로 도급받은 학교 급식실 보수 및 증축공사를 시공함에 있어 증축부분을 제외한 공사전반의 70%를 차지하는 전문공종(방수, 금속, 철물, 설비 등)을 시설물유지관리업자에게 하도급 할 수 있는지

회신내용

건설산업기본법 제2조에 "종합공사"란 종합적인 계획, 관리 및 조정을 하면서 시설물을 시공하는 건설공사로, "전문공사"란 시설물의 일부 또는 전문 분야에 관한 건설공사로 규정하고 있고, 같은 법 시행령 별표1에 5종의 종합공사를 시공하는 업종과 29종의 전문공사를 시공

하는 업종의 구체적인 업무내용과 건설공사 예시 등을 규정하고 있으며, 같은 법 제25조제2항에 수급인은 공사내용에 상응하는 업종을 등록한 건설업자에게 하도급하여야 한다고 규정하고 있습니다.

따라서 도급받은 공사가 2개 이상의 전문공사로 구성되고 이를 종합적인 계획·관리 및 조정에 따라 시설물을 건설하는 건축공사업으로 도급받은 경우라면 법 제25조제2항에 따라 공사내용에 상응하는 업종을 등록한 건설업자에게 각각 하도급하여야 할 것이므로 건설산업기본법 시행령 별표1에 규정하고 있는 전문공사를 시공하는 업종에 등록된 건설업자에게 각각 하도급하여야 할 것으로 판단되나, 구체적으로 어느 업종의 업무내용에 해당되는지 여부는 해당 공사의 설계내용, 시공특성 등을 종합적으로 검토하여 발주자가 판단할 사항임을 알려드립니다.

07 공사착공시 직접시공 계획을 100%시공으로 제출하였으나, 공사 진행 중 일부공종에 대해 하도급계약을 체결할 수 있는지

질의요지

공사착공시 직접시공 계획을 100%시공으로 제출하였으나, 공사 진행 중 일부공종에 대해 하도급계약을 체결할 수 있는지

회신내용

건설산업기본법 제28조의2 및 같은 법 시행령 제30조의2에서 건설업자는 1건 공사의 도급금액이 50억원 미만인 건설공사에 대해서 일정비율에 따른 금액이상의 공사를 직접시공하도록 하고 건설공사를 직접 시공하는 자는 도급계약을 체결한 날부터 30일 이내에 직접시공계획을 발주자에게 통보하여야 한다고 규정하고 있습니다.

또한 같은 법 제3항에 따라 발주자는 건설업자가 직접시공계획을 통보하지 아니한 경우나 직접시공계획에 따라 공사를 시공하지 아니한 경우에는 그 건설공사의 도급계약을 해지할 수 있다고 규정하고 있습니다.

따라서 질의하신 공사가 건설산업기본법에서 규정하고 있는 종합공사를 도급받은 경우로 일부 공종의 하도급 계약으로 직접시공 계획의 변경이 필요한 경우라면 변경된 직접시공계획을 발주자에게 통보하고 건설산업기본법 제28조의2 및 같은 법 시행령 제30조의2에서 규정하고 있는 일정비율 이상을 직접시공하면 될 것으로 판단됩니다.

08 발주자이면서 동시에 하수급인이 될 수 있는지 여부

질의요지

전문건설업체(A)가 건물을 신축하기 위해 종합건설업체(B)와 도급계약을 체결한 후 종합건설업체(B)가 도급받은 건설공사 중 일부를 해당 업종을 등록한 전문건설업체(A)에게 하도급을 할 수 있는지 여부

회신내용

건설산업기본법 제2조(정의)제11호 및 제12호에 따르면, "도급"이란 원도급, 하도급, 위탁 등 명칭에 관계없이 건설공사를 완성할 것을 약정하고, 상대방이 그 공사의 결과에 대하여 대가를 지급할 것을 약정하는 계약을 말하고, "하도급"이란 도급받은 건설공사의 전부 또는 일부를 다시 도급하기 위하여 수급인이 제3자와 체결하는 계약을 말한다고 되어 있습니다.

여기서 말하는 제3자에는 도급계약의 당사자인 발주자는 제외되므로 수급인이 발주자로부터 도급받은 건설공사 중 일부를 다시 발주자에게 하도급하는 것은 곤란한 것으로 판단됩니다.

09 건설업자가 도급받은 건설공사를 자기의 등기이사로 근무하는 자에게 시공하도록 하고 준공정산 후 일정 요율에 따라 성과급을 지급하기로 한 경우 불법하도급인지 여부

질의요지

건설업자가 도급받은 건설공사를 자기의 등기이사로 근무하는 자에게 시공하도록 하고 준공정산 후 일정 요율에 따라 성과급을 지급하기로 한 경우 불법하도급인지 여부(노임, 자재대금은 회사에서 직접 지급)

회신내용

건설산업기본법 제2조(정의)제12호에 따르면, "하도급"이란 도급받은 건설공사의 전부 또는 일부를 다시 도급하기 위하여 수급인이 제3자와 체결하는 계약을 말한다고 되어 있습니다.

한편, 같은 법 제25조(수급인 등의 자격제한)제2항에 따르면, 수급인은 공사내용에 상응하는 업종을 등록한 건설업자에게 하도급하여야 하며, 이를 위반한 경우 같은 법 제82조제2항제3호의 규정에 의거 행정처분(1년 이내의 영업정지 또는 하도급금액의 30% 이하의 과징금)과 같은 법 제96조제4호에 의거 형사처벌(3년 이하의 징역 또는 3천만원 이하의 벌금)을 받을 수 있습니다.

일반적으로 건설업자가 근로계약에 따라 자기의 소속 근로자에게 도급받은 건설공사를 시공하게 하고 그 근로의 대가로 임금을 지급하는 것은 직접시공에 해당하여 건설공사를 하도급한 것으로 보기는 어려울 것으로 판단됩니다.

다만, 구체적으로 불법 하도급인지 여부는 근로계약 등 당사자간 계약내용 등 객관적인 사실관계를 토대로 위 규정, 근로기준법 등을 종합적으로 고려하여 건설업 등록관청 또는 수사기관에서 판단할 사항임을 알려드립니다.

10 1. 입찰참가 자격을 금속구조물창호공사업을 등록한 업체로 제한한 후, 전문공사로 분류되어 있는 승강장스크린도어설치공사를 물품구매로 발주 · 계약한 경우 법 적용대상인지
2. 수급인이 도급받은 건설공사의 일부 또는 전부를 발주자의 서면 승낙 없이 동일한 업종(금속구조물창호공사업)에 해당하는 건설업자와 하도급계약을 체결한 사실 그 자체로 실제 하도급공사의 실행여부, 하도급계약의 통보 및 하도급계약의 적정성 심사여부와 관계 없이 법 제29조(건설공사의 하도급제한)에 위반되는 것인지

질의요지

입찰참가 자격을 금속구조물창호공사업을 등록한 업체로 제한한 후, 전문공사로 분류되어 있는 승강장스크린도어설치공사를 물품구매로 발주 · 계약한 경우 법 적용대상인지

수급인이 도급받은 건설공사의 일부 또는 전부를 발주자의 서면 승낙 없이 동일한 업종(금속구조물창호공사업)에 해당하는 건설업자와 하도급계약을 체결한 사실 그 자체로 실제 하도급공사의 실행여부, 하도급계약의 통보 및 하도급계약의 적정성 심사여부와 관계 없이 법 제29조(건설공사의 하도급제한)에 위반되는 것인지

회신내용

법 제2조(정의)제4호 및 제11호에 따르면, "건설공사"란 토목공사, 건축공사, 산업설비공사, 조경공사, 환경시설공사, 그 밖에 명칭에 관계없이 시설물을 설치 · 유지 · 보수하는공사(시설물을 설치하기 위한 부지조성공사를 포함한다) 및 기계설비나 그 밖의 구조물의 설치 및 해체공사 등을 말하고 "도급"이란 원도급, 하도급, 위탁 등 명칭에 관계없이 건설공사를 완성할 것을 약정하고, 상대방이 그 공사의 결과에 대하여 대가를 지급할 것을 약정하는 계약을 말한다고 되어 있습니다.

또한, 같은 법 시행령 제7조 관련 별표1「건설업의 업종과 업종별 업무내용」에 따르면, 금속구조물 · 창호공사업의 업무내용으로 각종 금속재 · 합성수지 · 유리 등으로 된 창 또는 문을 건축물 등에 설치하는 공사 등으로 규정하고 승강장스크린도어설치공사 등을 해당 업종의 건설공사로 예시하고 있습니다.

따라서 비록 물품구매 계약으로 발주되었다고 하더라도 그 실질이 금속구조물 · 창호공사업의 업무내용에 해당하는 건설공사를 완성하고 그 대가를 지급할 것을 약정하는 계약은 건설

공사 도급에 해당하여 법상 하도급제한 등의 규정이 적용됨을 알려드립니다.

법 제2조(정의)제12호에 따르면, "하도급"이란 도급받은 건설공사의 전부 또는 일부를 다시 도급하기 위하여 수급인이 제3자와 체결하는 계약을 말한다고 되어 있습니다.

또한, 법 제29조(건설공사의 하도급 제한)제2항에 따르면, 수급인은 그가 도급받은 건설공사의 일부를 동일한 업종에 해당하는 건설업자에게 하도급할 수 없으나, 발주자가 공사품질이나 시공상 능률을 높이기 위하여 필요하다고 인정하여 서면으로 승낙한 경우에는 예외로 한다고 되어 있으며, 이를 위반하는 경우 같은 법 제82조제2항제3호 및 제96조제4호의 규정에 의거 행정처분(1년 이내의 영업정지 또는 하도급금액의 30% 이내의 과징금)과 형사처벌(3년 이하의 징역 또는 3천만원 이하의 벌금)을 받을 수 있습니다.

따라서 수급인이 발주자의 서면 승낙을 받지 아니하고 도급받은 건설공사의 일부를 동일한 업종에 해당하는 건설업자에게 하도급하는 계약을 체결하였다면 원칙적으로 실제 하도급공사의 실행여부, 하도급계약의 통보 및 하도급계약의 적정성 심사여부와 관계없이 법 제29조제2항에 위반된 행위로서 제재대상에 해당할 것입니다.

다만, 수급인이 승강장스크린도어의 제작 및 납품만 제3자에게 위탁하고 자신이 직접 승강장스크린도어를 설치하는 경우라면 승강장스크린도어의 제작 및 납품은 건설공사용 부품의 제작을 위탁하는 것으로서 시설물, 기타 구조물의 설치하는 공사 즉, 법상 건설공사에 대한 하도급이 아니어서 하도급제한 등의 규정이 적용되지 아니할 것입니다.

결론적으로 수급인과 제3자간의 계약이 법 제29조에 위반되는지 여부는 계약내용, 설계내용, 시공특성 등 객관적인 사실관계를 토대로 동 계약내용이 건설공사에 해당되는 여부 등을 종합적으로 고려하여 해당 건설업자의 건설업 등록관청(처분권자) 또는 수사기관에서 판단할 사항임을 알려드립니다.

11 직접시공의무규정과 일괄하도급 금지 규정의 적용 관계

질의요지

수급인이 도급받은 건설공사 중 특허 또는 신기술이 사용되는 부분을 그 특허 또는 신기술을 사용할 수 있는 건설업자에게 하도급하는 경우 직접시공 의무의 예외가 인정되는데, 부대공사를 제외한 주된 공사인 특허공정을 특허를 사용할 수 있는 건설업자에게 하도급할 경우 건설산업기본법 제29조제1항에 위반되는지 여부

회신내용

건설산업기본법 제28조의2(건설공사의 직접 시공)제1항 및 제2항 및 같은 법 시행령 제30조의2에 따르면, 건설업자는 1건 공사의 금액이 50억원 미만인 건설공사를 도급받은 경우에는 그 공사금액 중 대통령령으로 정하는 비율에 따른 금액 이상에 해당하는 공사를 직접 시공하여야 한다. 다만, 그 건설공사를 직접 시공하기 곤란한 경우로서 수급인이 도급받은 건설공사 중 특허 또는 신기술이 사용되는 부분을 그 특허 또는 신기술을 사용할 수 있는 건설업자에게 하도급하는 경우 등에는 직접 시공하지 아니할 수 있다 라고 되어 있습니다.

같은 법 제29조(건설공사의 하도급 제한)제1항 및 같은 법 시행령 제31조에 따르면, 건설업자는 도급받은 건설공사의 전부 또는 부대공사에 해당하는 부분을 제외한 주된 공사의 전부를 다른 건설업자에게 하도급할 수 없으나, 건설업자가 도급받은 공사를 계획, 관리 및 조정하는 경우로서 2인 이상에게 분할하여 하도급하는 경우에는 예외로 한다고 되어 있습니다.

따라서 건설업자가 도급받은 건설공사 중 특허 또는 신기술이 사용되는 부분을 그 특허 또는 신기술을 사용할 수 있는 건설업자에게 하도급하는 경우로서 직접시공 의무 비율의 예외가 인정된다고 하더라도 이와 같은 사실이 일괄하도급이 허용된다는 의미는 아니며, 특허공법이 적용되는 전문공사를 도급받은 건설업자가 부대공사를 제외한 주된 공사의 전부를 다른 건설업자에게 하도급한 경우라면, 건설산업기본법 제29조제1항에 위반됨을 알려드립니다.

12 전문공사를 세분화하여 하도급할 때 해당 적정 업종은

질의요지

전문공사를 세분화하여 하도급할 때 해당 적정 업종은

회신내용

종합공사란 종합적인 계획, 관리 및 조정을 하면서 시설물을 시공하는 건설공사를 말하고, 전문공사란 시설물의 일부 또는 전문 분야에 관한 건설공사를 말하므로 전문공사를 세분화하여 업종을 정할 수 없음

건설산업기본법 제2조제5호에 따라 "종합공사"란 종합적인 계획, 관리 및 조정을 하면서 시설물을 시공하는 건설공사를 말하며, 제6호에 따라 "전문공사"란 시설물의 일부 또는 전문 분야에 관한 건설공사를 말한다 라고 규정하고 있습니다.

같은 법 시행령 별표1 업종별 업무내용 중 승강기설치공사업은 전문공사를 시공하는 업종으로서 건축물 및 공작물에 부착되어 사람이나 화물을 운반하는데 사용되는 승강설비를 설치, 해체, 표체 및 성능개선공사를 업무내용으로 규정하고 건설공사의 예시로 엘리베이터 및 에스컬레이터설치공사로 하고 있습니다.

따라서, 질의하신 사항은 엘리베이터 및 에스컬레이터를 설치하는 공사로 위 규정에 따른 전문공사에 해당하여 그 공사를 추가로 세분하여 업종을 정할 수 없을 것으로 판단됩니다.

다만, 설계내용에 따라 여러 전문공사가 포함되어 종합공사업 등록한 건설업자가 도급 받아 그 일부를 하도급하는 경우로서 그 공사내용이 철재 프레임 등을 설치하는 공사라면 금속구조물창호공사업에 해당할 수 있을 것으로 사료되나 구체적인 사항은 발주자가 종합공사인지 전문공사 또한 어느 업종에 해당하는 지를 설계내용, 시공특성 등을 종합적으로 고려하여 판단할 사항임을 알려드립니다.

제2절 재하도급

13 1. 공동이행방식으로 건설공사를 도급받은 수급인(종합건설업체)이 자신이 수행하는 공사 중 일부 공종은 직접시공하고, 발주자의 서면 승낙을 받아 동일한 업종에 해당하는 종합건설업체에 공구별로 하도급하는 경우 일괄하도급에 해당되는지
2. 발주자의 서면 승낙을 받아 건설공사를 하도급받은 종합건설업체가 전문 공종별로 재하도급이 가능한지

질의요지

공동이행방식으로 건설공사를 도급받은 수급인(종합건설업체)이 자신이 수행하는 공사 중 일부 공종은 직접시공하고, 발주자의 서면 승낙을 받아 동일한 업종에 해당하는 종합건설업체에 공구별로 하도급하는 경우 일괄하도급에 해당되는지

발주자의 서면 승낙을 받아 건설공사를 하도급받은 종합건설업체가 전문 공종별로 재하도급이 가능한지

회신내용

건설산업기본법 제29조(건설공사의 하도급제한)제1항 및 같은 법 시행령 제31조제1항에 따르면, 건설업자가 도급받은 공사의 전부 또는 부대공사를 제외한 주된 공사의 전부를 다른 건설업자에게 하도급할 수 없으나, 건설업자가 도급받은 공사를 계획, 관리 및 조정하는 경우로서 도급받은 공사를 전문공사를 시공하는 업종별로 분할하여 각각 해당 전문공사를 시공하는 업종을 등록한 2인 이상의 건설업자에게 하도급하는 경우 등에는 예외로 한다고 되어 있습니다.

한편, 같은 조 제2항에 따르면 수급인은 그가 도급받은 건설공사의 일부를 동일한 업종에 해당하는 건설업자에게 하도급할 수 없으나, 발주자가 공사품질이나 시공상 능률을 높이기 위하여 필요하다고 인정하여 서면으로 승낙한 경우에는 예외로 한다고 되어 있습니다.

따라서 질의하신 사안에서 수급인이 도급받은 주된 공사의 일부를 직접 시공하면서 발주자의 서면 승낙을 받아 동일한 업종을 등록한 건설업자에게 나머지 부분을 하도급하는 경우라

면 일괄하도급에 해당되지 않을 것으로 생각됩니다.

다만, 하도급하려는 공사 중 주된 공사와 부대공사가 무엇인지 여부는 발주자가 같은 법 시행령 제7조 관련 별표1 「건설업의 업종과 업종별 업무내용」, '건설공사의 발주요령' 등을 토대로 공종간의 종속성과 연계성, 시공기술상의 특성과 작업방법, 기타 현지여건을 감안하여 판단할 사항임을 알려드립니다.

건설산업기본법 제29조(건설공사의 하도급제한)제3항제1호에 따르면, 하수급인은 하도급받은 건설공사를 다른 사람에게 다시 하도급할 수 없으나, 제2항 단서에 따라 종합공사를 시공하는 업종을 등록한 건설업자가 하도급받은 경우로서 그가 하도급받은 건설공사 중 전문공사에 해당하는 건설공사를 그 전문공사를 시공하는 업종을 등록한 건설업자에게 다시 하도급하는 경우 등에는 하도급할 수 있다고 되어 있습니다.

따라서 발주자의 서면 승낙을 받아 동일 업종간 건설공사를 하도급을 받은 종합 건설업자는 전문공사에 해당하는 건설공사를 그 전문공사를 시공하는 업종을 등록한 건설업자에게 다시 하도급할 수 있음을 알려드립니다.

14 하도급 받은 공사의 일부를 재하도급 할 수 있는지 여부 및 건설산업기본법 제25조6제1항 사목에서 규정하고 있는 발주자 및 수급인의 인정하는 경우의 구체적인 범위가 무엇인지

질의요지

하도급 받은 공사의 일부를 재하도급 할 수 있는지 여부 및 건설산업기본법 제25조6제1항 사목에서 규정하고 있는 발주자 및 수급인의 인정하는 경우의 구체적인 범위가 무엇인지

회신내용

전문공사를 시공하는 업종으로 등록한 건설업자가 전문공사의 일부를 하도급받은 경우 하도급 받은 공사의 100분의 20 이내에서 건설산업기본법(이하 법)제29제3항에 따른 수급인의 서면승낙과 같은 법 시행규칙 제25조6의 각 호의 요건을 모두 만족하는 경우에는 재하도급이 가능할 것으로 판단되나, 상기규정을 충족하지 못한 경우에는 불법 하도급에 해당됨을 알려드립니다.

"발주자 및 수급인이 인정하는 경우(법 시행규칙 제25조6)"에 대한 구체적인 범위까지는 별도로 법령에서 규정하고 있지는 아니하나, 그 공사에 대한 전문기술 보유 및 관련공사 수행실적 등 객관적인 자료 등을 기초로 발주가가 판단할 사항임을 알려드립니다.

15 일괄하도급 해당여부

질의요지

수급인이 발주자의 서면 승낙을 얻어 일부 공종을 동일한 업종(건축공사업)을 등록한 종합 건설업자에게 하도급할 수 있는지, 이 경우 부대공사를 제외한 주된 공사의 전부를 하도급하는 것이 아니라면 일괄 하도급에 해당하지 아니한지

회신내용

건설산업기본법 제29조(건설공사의 하도급제한)제2항에 의하면, 수급인은 그가 도급받은 건설공사의 일부를 동일한 업종에 해당하는 건설업자에게 하도급할 수 없으나 발주자가 공사품질이나 시공상 능률을 높이기 위하여 필요하다고 인정하여 서면으로 승낙한 경우에는 예외로 한다고 규정되어 있습니다.
즉, 발주자가 공사품질이나 시공상 능률을 높이기 위하여 필요하다고 인정하여 서면으로 승낙한 경우, 종합 건설업자(수급인)는 도급받은 건설공사의 일부를 동일한 업종을 등록한 종합 건설업자에게 하도급할 수 있습니다. 즉, 종합 건설업자가 주된 공사의 일부를 직접 시공하면서 도급받은 건설공사의 일부를 동일한 업종을 등록한 종합 건설업자에게 하도급하는 것은 허용됩니다.
다만, 부대공사에 해당하는 부분을 제외한 주된 공사의 전부를 하도급하는 것은 일괄하도급에 해당하여 같은 법 제29조제1항에서 금지하고 있습니다.

제3절 전문업자 및 전문업자간 하도급

16 전문건설공사의 직접시공 원칙 및 하도급 가부

질의요지

전문공사를 시공하는 업종의 건설업자가 민간건설공사를 도급받아 하도급 경우와 하수급인이 하도급받은 일부를 다시 하도급(재하도급)을 할 수 있는지, 질의자는 기계설비 공사업, 난방시공업(제3종) 보유중

종합공사를 도급받으려면 해당 종합공사를 시공하는 업종을 등록하여야 하지만 단서의 어느 하나에 해당하는 경우에는 해당 종합공사 면허가 없어도 도급받을 수 있다고 법 제16조제1항에 명시되어 있습니다. 동 법 제1항제3호, 4호에 내용에 충족하면 전문공사를 시공하는 업종의 건설업자가 종합공사를 도급받을 수 있다고 이해됩니다. 질의자는 보유중인 전문건설업종 (기계설비 공사업, 난방시공업(제3종))중 해당하는 기계설비 공사업으로 민간건설공사를 도급받을 수 있는지

법 제16조제1항제3호, 4호에 의거하여 전문공사를 시공하는 업종의 건설업자가 민간건설공사를 도급받아 동 법 제2항제2호 단서에 의해 전문공사 면허 없는 업체에 전문공사의 부대공사 (예). 설비 보온공사를 하도급 하여도 되는지

수급인(전문공사) → [하수급인]부대공사(설비 보온공사 4억 미만)를 면허없는 업체에 하도급 하였을 경우

법 제16조제1항제3호, 4호에 의거하여 전문공사를 시공하는 업종의 건설업자가 민간건설공사를 도급받아 제29조제1항, 2항 및 시행규칙 제25조의6에 준하여 하수급인이 하도급 받은 그 건설공사에 해당된 전문공사를 다시 하도급 하였을 때. 이와 같은 상황에서 재하수급인이 부대공사(설비 보온공사)부분을 재하도급 받았을 때 면허가 있어야 하는지

(법 제16조제2항제2호 단서에 해당될 수 있는지.)

수급인(전문공사) → 하수급인(전문공사) → 재하수급인(부대공사)(설비 보온공사 4억 미만)를 면허없는 업체에 하도급 하였을 경우

기계설비 공사업으로 해당 민간건설공사를 도급받아 하도급을 해야 하는 경우 동일한 건설업종의 업무내용 범위 안에 하도급 해야 하는지

다만 참조와 같이 난방시공업(제1종, 2종)에 해당된 공사를 하도급 하여도 가능한건지

[별표1] 건설업의 업종과 업종별 업무내용 비고 5호에는 기계설비공사업을 등록한자는 난방시공업(제1, 2종) 해당된 공사가 가능하다고 되어있습니다.
수급인이 50억의 민간건설공사를 도급받아 직접시공비율인 10%를 준수한 후 하도급을 50%와 40% 비율로 하도급을 줄 수 있나요?
질의5에서 하수급인이 다시 하도급(재하수급인)하였을 경우 받은 하도급 전체 공사금액을 A,B,C 건설업자에게 각각 20%씩 총 60%를 재하도급을 할 수 있는지

회신내용

건설산업기본법 제9조에는 건설업을 영위하고자 하는 자는 업종별로 등록하도록 규정하고 있고, 동 법제16조제1항제2호에 따라 전문공사를 시공하는 업종을 등록한 건설업자가 2개 이상의 전문공사로 구성되나 종합적인 계획, 관리 및 조정 역할이 필요하지 아니한 소규모 공사(해당 전문공사를 시공하는 업종을 모두 등록한 건설업자가 도급받은 공사예정금액 3억원 미만)로서 공종간의 연계정도가 낮고 안전, 교통, 환경에 미치는 영향이 적은 공사는 종합공사를 시공하는 업종을 등록하지 않아도 도급 받을 수 있습니다. 또한 같은 법 제1항제3호에 따라 전문건설업자는 전문공사와 그 부대공사를 함께 도급받을 수 있으며 부대공사는 같은 법 시행령 제21조에 따라 주된 공사를 시공하기 위하여 또는 시공함으로 인하여 필요하게 되는 종된 공사 또는 2종 이상의 전문공사가 복합된 공사로서 공사예정금액이 3억원 미만이고, 주된 전문공사의 공사예정금액이 전체 공사예정금액의 2분의 1 이상인 경우, 그 나머지 부분의 공사 등을 규정하고 있습니다.
다만, 보유중인 전문건설업종(기계설비공사업, 난방시공업)으로 건설산업기본법 제2조제5호에 따른 종합적인 계획, 관리 및 조정을 하면서 시설물을 시공하는 건설공사인 종합공사를 도급받아 시행하는 것은 어려울 것으로 보이나 구체적인 사항은 설계내용, 시공기술상의 특수 및 작업방법, 현장여건 등을 종합적으로 고려하여 발주자가 판단하여야 할 사항임을 알려드립니다.

전문공사로 발주된 공사는 종합공사와 달리 종합적인 계획・관리 및 조정 하에 해당 전문공사를 시공하는 업종별로 분할하여 하도급 할 수 있는 공사가 아니므로 도급받은 전문공사를 직접 시공하는 것이 원칙이며, 건설산업기본법 제29조제2항에 따라 예외적으로 발주자가 공사품질이나 시공상 능률을 높이기 위하여 필요하다고 인정하여 서면으로 승낙한 경우 동일업종간만 가능하고 다른 업종을 등록한 전문건설업자에게 하도급할 수 없음을 알려드립니다. 또한 건설업을 등록하지 아니한 자에게 하도급하는 경우 건설산업기본법 제25조제2항에 위반됩니다.

도급받을 공사가 기계설비공사와 가스시설공사가 복합된 공사라면 기계설비공사업 및 가스시설공사업에 속한 공사간의 복합된 공사를 그 중 주된 공사에 관한 업종의 건설업자가 도급받는 경우 나머지 업종에 속한 공사를 부대공사로 규정하고 있으므로 기계설비공사가 주된 공사인 경우 기계설비공사업 업종을 등록한 건설업자가 그 부대공사로 가스시설공사를 도급받아 시공할 수 있을 것입니다. 다만, 전문공사로 발주된 공사이므로 다른 업종(가스시설공사업)을 등록한 건설업자에게 하도급할 수 없습니다.

한편, 발주자의 서면 승낙을 받아 동일 업종간 하도급을 하는 경우에도 직접시공의무 비율을 준수하여야 하며, 도급받은 건설공사의 전부 또는 주된 공사의 전부를 하도급하는 경우 일괄하도급에 해당하여 법위반에 해당됨을 알려드립니다.

17 포장공사업자가 미장 · 방수 · 조적공사업자에게 하도급이 가능한지

질의요지

포장공사와 방수공사로 구성된 교면재포장공사를 포장공사업자에게 도급이 가능한지와 포장공사업자에게 도급한 경우 미장 · 방수 · 조적공사업자에게 하도급이 가능한지

회신내용

건설산업기본법 제9조에서는 건설업을 하려는 자는 해당 업종별로 등록하도록 규정하고 있고, 같은 법 시행령 제8조 및 별표1에 5종의 종합공사를 시공하는 업종과 29종의 전문공사를 시공하는 업종의 구체적인 업무내용과 건설공사 예시 등을 규정하고 있으며, 같은 법 제25조 발주자는 공사내용에 상응하는 업종을 등록한 건설업자에게 도급하여야 한다라고 규정하고 있습니다.

또한, 같은 법 제16조에 전문공사를 시공하는 업종을 등록한 건설업자가 전문공사와 그 부대공사를 함께 도급받는 경우 가능하도록 규정하고 있고, 시행령 별표1에 역청재 또는 특수콘크리트 등으로 도로 등을 포장하는 공사를 포장공사업의 업무내용으로 규정하고 있습니다.

따라서, 동 공사를 포장공사업에 등록한 건설업자가 도급받은 경우 해당 공사 전체는 포장공

사의 업무내용으로 도급받은 포장공사업자가 시공하여야 할 것으로 도급받은 공사의 일부를 미장·방수·조적공사업자에게 하도급 할 수 없음을 알려드립니다.

18 전문공사(준설공사업)으로 발주된 준설공사의 일부를 동일한 업종에 해당하는 건설업자에게 하도급이 가능한지

질의요지

전문공사(준설공사업)으로 발주된 준설공사의 일부를 동일한 업종에 해당하는 건설업자에게 하도급이 가능한지

회신내용

건설산업기본법 제29조에 따르면 건설업자는 도급받은 건설공사의 전부 또는 주요부분의 대부분을 다른 건설업자에게 하도급할 수 없고, 수급인은 그가 도급받은 건설공사의 일부를 동일한 업종에 해당하는 건설업자에게 하도급할 수 없다고 규정하면서 다만 발주자가 공사의 품질이나 시공상 능률을 높이기 위하여 필요하다고 인정하여 서면으로 승낙한 경우에는 예외로 한다고 규정하고 있습니다.

따라서, 전문공사로 도급받은 공사의 일부를 동일한 업종에 해당하는 건설업자에게 하도급하기 위해서는 발주자가 공사품질이나 시공상의 능률을 높이기 위하여 필요하다고 인정하여 서면으로 승낙한 경우에 한하여 도급받은 건설공사의 일부를 하도급할 수 있을 것이므로, 구체적인 사항은 발주자와 협의하시기 바랍니다.

19 시설물유지관리업 면허로 공동주택 복합공정(도장, 석공사 등)의 하자보수 공사를 도급받은 경우 도장공사업 등을 등록한 전문건설업체에게 일부 공종을 하도급할 수 있는지 여부

질의요지

시설물유지관리업 면허로 공동주택 복합공정(도장, 석공사 등)의 하자보수 공사를 도급받은 경우 도장공사업 등을 등록한 전문건설업체에게 일부 공종을 하도급할 수 있는지 여부

회신내용

건설산업기본법 제2조(정의)제5호 및 제6호에 따르면, "종합공사"란 종합적인 계획, 관리 및 조정을 하면서 시설물을 시공하는 건설공사를 말하고, "전문공사"란 시설물의 일부 또는 전문 분야에 관한 건설공사를 말한다고 되어 있습니다.

한편, 같은 법 제25조제2항 및 제29조제2항에 따르면, 수급인은 공사내용에 상응하는 업종을 등록한 건설업자에게 하도급 하여야 하고, 그가 도급받은 건설공사의 일부를 동일한 업종에 해당하는 건설업자에게 하도급할 수 없으나 발주자가 공사품질이나 시공상 능률을 높이기 위하여 필요하다고 인정하여 서면으로 승낙한 경우에는 예외로 한다고 되어 있습니다.

따라서 전문공사로 발주된 공사는 종합공사와 달리 종합적인 계획 · 관리 및 조정 하에 해당 전문공사를 시공하는 업종별로 분할하여 하도급 할 수 있는 공사가 아니므로 도급받은 전문공사를 직접 시공하는 것이 원칙입니다.

다만, 발주자가 공사품질이나 시공상 능률을 높이기 위하여 필요하다고 인정하여 서면으로 승낙한 경우에는 예외적으로 도급받은 건설공사의 일부를 동일한 업종에 해당하는 건설업자에게 하도급할 수는 있으나, 업종이 다른 건설업자에게는 하도급할 수 없음을 알려드립니다.

제4절 하도급대금 적정성 심사

20 실용신안권이 설정된 자재를 설치하는 공종에 관한 하도급계약금액이 공사 도급금액의 100분의 82에 미달하는 경우 하도급계약이 가능한지

질의요지

실용신안권이 설정된 자재를 설치하는 공종에 관한 하도급계약금액이 공사 도급금액의 100분의 82에 미달하는 경우 하도급계약이 가능한지

회신내용

건설산업기본법 제29조에 따르면 건설업자는 도급받은 건설공사의 전부 또는 주요부분의 대부분을 다른 건설업자에게 하도급할 수 없고, 수급인은 그가 도급받은 건설공사의 일부를 동일한 업종에 해당하는 건설업자에게 하도급할 수 없다고 규정하면서 다만 발주자가 공사의 품질이나 시공상 능률을 높이기 위하여 필요하다고 인정하여 서면으로 승낙한 경우에는 예외로 한다고 규정하고 있습니다.

또한, 건설산업기본법 제31조에 발주자는 하수급인이 건설공사를 시공하기에 현저하게 부적당하다고 인정되거나 하도급계약금액이 도급금액 중 하도급부분에 상당하는 금액이 100분의 82에 미달하거나 하도급계약금액이 하도급부분에 대한 발주자의 예정가격의 100분의 60에 미달하는 경우 하도급계약의 적정성을 심사할 수 있다고 규정하고 있습니다.

따라서, 질의하신 내용이 공사도급금액에 100분의 82에 미달할 경우 발주자가 하수급인의 시공능력, 하도급계약내용의 적정성 등을 심사하고 그 심사결과 하도급계약에 대한 별도의 의견이 없는 경우라면 하도급계약이 가능할 것으로 판단되나, 구체적인 사항은 발주자와 협의하시기 바랍니다.

다만, 질의하신 내용이 정부입찰 · 계약 집행기준에서 규정하고 있는 신기술(특허공법) 사용협약서에 명시된 신기술 등의 하도급에 관한 사항이라면 이는 해당 부처인 기획재정부나 발주기관에 문의하여 주시기 바랍니다.

21 하도급계약 부분 각각의 내역의 하도급금액을 합산시 공사도급금액 중 하도급부분에 상당하는 금액이 100분의 82를 초과할 경우 하도급계약에 문제가 없는지

질의요지

하도급계약 부분 각각의 내역의 하도급금액을 합산시 공사도급금액 중 하도급부분에 상당하는 금액이 100분의 82를 초과할 경우 하도급계약에 문제가 없는지

회신내용

건설산업기본법 제29조에 따르면 건설업자는 도급받은 건설공사의 전부 또는 주요부분의 대부분을 다른 건설업자에게 하도급할 수 없고, 수급인은 그가 도급받은 건설공사의 일부를 동일한 업종에 해당하는 건설업자에게 하도급할 수 없다고 규정하면서 다만 발주자가 공사의 품질이나 시공상 능률을 높이기 위하여 필요하다고 인정하여 서면으로 승낙한 경우에는 예외로 한다고 규정하고 있습니다.

또한, 건설산업기본법 제31조에 발주자는 하수급인이 건설공사를 시공하기에 현저하게 부적당하다고 인정되거나 하도급계약금액이 도급금액 중 하도급부분에 상당하는 금액이 100분의 82에 미달하거나 하도급계약금액이 하도급부분에 대한 발주자의 예정가격의 100분의 60에 미달하는 경우 하도급계약의 적정성을 심사할 수 있다고 규정하고 있습니다.

따라서, 하도급적정성 심사 대상 여부는 하도급계약 부분 각각의 내역을 기준으로 판단하는 것이 아닌 하도급 전체의 하도급부분에 상당하는 금액이 공사도급금액에 100분의 82를 초과한 경우 등을 기준으로 판단하는 것이며, 구체적인 사항은 발주자와 협의하여주시기 바랍니다.

제5절 하도급대금 지급

22 노무비 구분관리 및 지급확인제(이하 노무비 구분관리제)의 지급대상, 시공참여자의 건설근로자들도 노무비 구분관리제의 보호대상인지 여부 등

질의요지

노두비 구분관리 및 지급확인제(이하 노무비 구분관리제)의 지급대상, 시공참여자의 건설근로자들도 노두비 구분관리제의 보호대상인지 여부 등

회신내용

노두비 구분관리제의 지급대상은 원·하도급자에 고용된 건설근로자뿐만 아니라 근로계약서를 작성하지 않은 일용직 건설근로자도 동 제도의 지급대상이나, 시공참여자는 건설산업기본법상 불법하도급이므로 노무비 구분관리제의 보호대상이 아님을 알려드립니다.

또한, 선급금과 노무비는 별도 운영하므로 선급금을 지급하는 경우 노무비(직접)는 제외되며, 하도급대금 직불현장은 수급인을 거치지 않고 발주자가 직접 하도급대금을 하수급인에게 지급하므로 하수급인의 통장사본 등을 발주자에게 직접 제출함을 알려드립니다.

노므비 구분관리제는 '12.1월부터 공사계약일반조건 제43조의3(기획재정부 회계예규)에 따라 시행 중에 있습니다.

23 건설업자가 선급금을 받은 경우 선급의 용도에 따라 건설기계 대여업자에게 지급할 의무가 있는지

질의요지

건설업자가 선급금을 받은 경우 선급의 용도에 따라 건설기계 대여업자에게 지급할 의무가 있는지

회신내용

건설산업기본법 제34조제4항에 수급인이 발주자로부터 선급금을 받은 때에는 하수급인이 자재를 구입하거나 현장노동자를 고용하는 등 하도급공사를 시작할 수 있도록 수급인이 받은 선급금의 내용과 비율에 따라 하수급인에게 선급금을 지급하여야 한다고 규정하고 있습니다.

또한, 정부 입찰·계약 집행기준에 따르면 선급금은 계약목적 달성을 위한 용도, 수급인의 하수급인에 대한 선금배분이외의 다른 목적에 사용하게 할 수 없으며 선급금 지급을 요청하는 경우 하수급인에 대한 선급금 지급 계획을 제출하도록 하고 있습니다.

따라서 당초 선급금 사용 계획에 선급금을 건설기계 대여업자에게 지급할 내용이 포함된 경우라면 선금 사용 목적에 따라 건설기계 대여업자에게 지급하여야 할 것이나, 구체적인 선급금의 사용 여부는 선금사용 계획과 당사자간의 계약조건에서 정하는 바에 따라야 할 것으로 판단됩니다.

24 지자체가 보조금을 지급하는 민간투자사업(BTO)이 건설산업기본법 제31조제2항의 의무적 하도급계약 적정성 심사대상에 해당하는지 여부 등

질의요지

지자체가 보조금을 지급하는 민간투자사업(BTO)이 건설산업기본법 제31조제2항의 의무적 하도급계약 적정성 심사대상에 해당하는지 여부 등

회신내용

법 제31조제2항 및 시행령 제34조제2항에는 국가, 지방자치단체, 국가 또는 지방자치단체가 출자 또는 출연한 법인이 발주한 공사의 경우 의무적으로 하도급 심사를 하도록 규정하고 있으므로, 지자체가 보조금을 지급하는 민간투자사업(BTO)은 의무적 하도급심사 대상이 아닌 것으로 판단됩니다.

제4편

시공 및 기술관리

제1장 건축물 시공자 제한

01 증축공사의 시공자 제한 적용 여부

질의요지

증축공사의 시공자 제한 적용여부

회신내용

주거용 외의 건축물로서 시행령 제36조제2항에 해당하지 않는 건축물이라면 증축하고자 하는 면적이 495㎡ 이하라면 건축주 직접시공이 가능할 것으로 사료됨

일반적으로 건설산업기본법에 따라 건설공사를 도급으로 시행하고자 할 경우에는 반드시 해당 건설업종을 등록한 건설업자가 시공하여야 하나, 건설산업기본법 제41조에 해당하는 시설물 외의 시설은 건축주가 건설근로자와 근로계약을 하고, 건설기계대여업자와 임대계약을 하는 등 건축주 주관으로 직접시공은 가능할 것입니다.

건설산업기본법 제41조제1항제3호에 따라 연면적이 495㎡ 이하인 주거용 외의 건축물로서 많은 사람이 이용하는 건축물 중 학교, 병원 등 같은 법 시행령 제36조제2항에 따른 건축물의 건축 또는 대수선에 관한 건설공사는 건설업자가 하여야 한다라고 규정하고 있습니다.

건축물의 시공자 제한 적용을 받는 건축물의 연면적 산정은 "건축물의 시공자 제한 업무처리요령(국토교통부 예규 제244호)"에 제2조 따라 '기존 건축물을 증축 또는 대수선하는 경우는 증축 또는 대수선하는 부분의 바닥면적의 합계로 한다'라고 규정하고 있습니다.

따라서, 질의하신 사항은 위 규정에 따른 건축물에 해당하지 않은 경우라면 기존 건축물을 증축 또는 대수선하는 부분의 바닥면적이 합계가 495㎡를 초과하지 않은 경우에는 건축주 직접시공이 가능할 것으로 사료되나 구체적인 사항은 인허가 기관에서 동 규정과 제반 여건 등을 종합적으로 검토하여 판단할 사항임을 알려드립니다.

02 495㎡를 초과하는 산림사업에 포함된 건축공사의 건설업자 시행 여부

질의요지

495㎡를 초과하는 산림사업에 포함된 건축공사의 건설업자 시행 여부

회신내용

건설공사의 범위와 건설업 등록에 관한 사항에 대하여는 이 법을 우선 적용하므로 해당 건설업을 등록한 자가 수행하여야 함

건설산업기본법 제4조 단서에 따르면 건설공사의 범위와 건설업 등록에 관한 사항에 대하여는 다른 법률의 규정에도 불구하고 건설산업기본법을 우선 적용하도록 규정(2011년 개정)하고 있고, 같은 법 제41조제1항제3호 및 제2조제7호에 따르면 연면적이 495㎡를 초과하는 주거용 외의 건축물의 건축 또는 대수선에 관한 건설공사는 같은 법 또는 다른 법률에 따라 등록 등을 한 건설업자가 하도록 규정하고 있습니다.

같은 법 제9조 및 같은 법 시행령 별표1에 따르면 건축공사업을 하려는 자는 건축공사업 등록을 하여야 할 것이므로, 산림자원법에 따른 수목원 조성사업인 산림사업의 일부라고 하더라도 해당 산림사업에 포함된 건축공사가 연면적이 495㎡를 초과하는 주거용 외의 건축물의 건축공사라면 건설산업기본법에 따라 건축공사업 등록을 한 건설업자가 하여야 할 것입니다.

03 필로티 면적이 연면적에 포함되는지

질의요지

필로티 면적이 연면적에 포함되는지

회신내용

건축법 시행령 제119조제1항제3호다목에 해당하는 경우에는 연면적에서 제외됨

건설산업기본법 제41조제1항의 건설공사 시공자 제한 관련 규정은 건축물의 연면적을 기준으르 대상 건축물을 구분하고 있으며 건축물의 연면적은 건축법 시행령 제119조제1항제4호에 하나의 건축물 각 층의 바닥면적의 합계로 한다고 규정하고 있습니다.

또한, 건축법 시행령 제119조제1항제3호다목에 따라 필로티나 그 밖에 이와 비슷한 구조(벽면적의 2분의 1 이상이 그 층의 바닥면에서 위층 바닥 아래면까지 공간으로 된 것만 해당한다)의 부분은 그 부분이 공중의 통행이나 차량의 통행 또는 주차에 전용되는 경우와 공동주택의 경우에는 바닥면적에 산입하지 아니한다 라고 규정하고 있습니다.

따라서, 질의하신 사항은 위 건축법령에 따라 연면적을 산정하고 그 결과를 토대로 시공자제한 적용 여부를 판단할 사항임을 알려드립니다.

04 시공중에 설계변경으로 면적이 추가되어 일정 규모 이상이 될 때 시공자 제한 적용여부

질의요지

시공중에 설계변경으로 면적이 추가되어 일정 규모 이상이 될 때 시공자 제한 적용여부

회신내용

법 제41조에 해당하는 면적 이상으로 변경된 경우에는 시공자 제한 적용을 받음

일반적으로 건설산업기본법에 따라 건설공사를 도급으로 시행하고자 할 경우에는 반드시 해당 건설업종을 등록한 건설업자가 시공하여야 하나, 건설산업기본법 제41조에 해당하는 시설물 외의 시설은 건축주가 건설근로자와 근로계약을 하고, 건설기계대여업자와 임대계약을 하는 등 건축주 주관으로 직접시공은 가능할 것입니다.

건설산업기본법 제41조에 의하여 주거용 건축물로서 연면적 661㎡를 초과하거나 주거용 이외의 건축물로서 연면적이 495㎡를 초과하는 건축물과 동 법 시행령 제36조에 해당하는 건

축물의 건축 또는 대수선에 관한 건설공사는 건설업자가 시공하여야 합니다.

귀 질의와 같이 최초에는 기준 연면적 이내였으나 설계변경 등으로 기준을 초과하였을 경우에도 동 규정이 적용되므로 건설업자가 시공하여야 함을 알려드립니다.

05 버섯재배사가 시공자 제한 적용을 받는지

질의요지

버섯재배사가 시공자 제한 적용을 받는지

회신내용

구체적인 사항은 인허가 관청에서 설계내용 등을 토대로 판단할 사항

건설산업기본법 제41조제1항 각 호에 해당하는 건축물의 건축 또는 대수선에 관한 건설공사는 건설업자가 하여야 한다라고 규정하면서 농업용, 축산업용 건축물 등 같은 법 시행령 제37조에 해당하는 건축물은 건설업자가 아닌 건축주도 직접 시공할 수 있다라고 규정하고 있습니다.

따라서, 질의하신 건축물이 농어촌정비법 시행규칙 제58조에 따른 간이공작물 형태의 버섯재배사라면 건설산업기본법 제37조제1호에 해당될 것으로 사료되나 구체적인 사항은 인허가 관청에서 건축물의 설계내용 등 관계법령을 종합적으로 검토하여 판단할 사항임을 알려드립니다.

06 외벽공사 등의 연면적 산정 방법

질의요지

외벽공사 등의 연면적 산정

회신내용

건설산업기본법 제41조 적용과 관련하여 연면적의 산정 방법은 "건축물의 시공자제한 업무처리 요령"(국토교통부 예규) 제2조제2호에 따라 기존 건축물을 증축 또는 대수선하는 경우 그 증축 또는 대수선하는 부분의 바닥면적의 합계로 함을 알려드리며, 외장공사의 대수선 연면적은 대수선 허가시 수수료 산출에 사용된 외장공사 계산면적을 합하여 산출해야 할 것으로 사료됩니다.

07 건설공사 시공자 제한 적용 건축물의 건축 시행 중 계약파기하고 잔여공사에 대해 건축주 직접시공이 가능한지

질의요지

건설공사 시공자 제한 적용 건축물의 건축 시행 중 계약파기하고 잔여공사에 대해 건축주 직접시공이 가능한지

회신내용

건설공사 시공자 제한 적용 건축물의 잔여공사는 잔여공사 내용에 맞는 건설업자가 시공하여야 하나 대법원 판례(98도3240, 시공상의 어려움과 안전사고의 위험이 뒤따르는 공사 부분 등 대부분의 공사가 완공된 이후에 건축주가 미장공사 등 시공상의 어려움이나 안전사고의 위험이 그다지 크지 않는 잔여공사에 대하여 직접시공한 것은 법 위반이 아님) 등 종합적으로 검토하여 사법기관에서 판단할 사항입니다.

건설산업기본법 제41조제1항에 따라 연면적이 661㎡를 초과하는 주거용 건축물 등 각 호에 해당하는 건축물의 건축 또는 대수선에 관한 건설공사는 건설업자가 하여야 한다라고 규정하고 있습니다.

따라서, 위 규정에 따라 발주자가 직접 시공할 수 없는 건축물의 건축 과정에서 특별한 사유로 잔여공사가 남은 경우에는 원칙적으로 잔여공사의 내용에 해당하는 공사를 시공할 수 있는 업종을 등록한 건설업자가 시공하여야 함을 알려드립니다.

다만, 대법원 판례(98도3240)에 따라 시공상의 어려움과 안전사고의 위험이 뒤따르는 공사부분 등 대부분의 공사가 완공된 이후에 건축주가 미장공사 등 시공상의 어려움이나 안전사고의 위험이 그다지 크지 않는 잔여공사에 대하여 직접시공한 것은 법 위반이 아니라고 판시하고 있으므로 질의하신 사항이 이에 해당하는 경우에는 법 위반으로 처분하기가 어려울 것으로 사료되나 구체적인 벌칙 부과 여부는 사법기관에서 위 규정과 판례 및 설계내용, 시공상황 등을 종합적으로 검토하여 판단할 사항임을 알려드립니다.

08 주거용과 비주거용이 혼재한 건축물의 시공자 제한 적용

질의요지

주거용과 비주거용이 혼재한 건축물의 시공자 제한 적용

회신내용

주거용 외의 건축물 적용

건설산업기본법 제41조제1항제3호에 따라 연면적이 495㎡를 초과하는 주거용 외의 건축물의 건축에 관한 건설공사는 건설업자가 시공하여야 하며, 건축법 제84조 및 건축법 시행령 제119조제1항제4호와 건축물의 시공자제한 업무처리요령(국토해양부 예규 제240호)에 따르면 건축물의 연면적은 하나의 건축물의 각 층의 바닥면적의 합계로 한다고 되어 있습니다.

질의와 같이 하나의 건축물이 주거용과 비주거용이 복합된 건축물인 경우에도 시공자 제한 여부의 판단은 하나의 건축물의 연면적으로 하여야 할 것이며 또한 건설공사의 시공자 제한 제드의 취지 등을 고려할 때 주거용과 비주거용이 복합된 경우에는 이를 일괄하여 비주거용 건축물로 보는 것이 타당할 것이므로, 질의요지의 건축물의 건축에 관한 건설공사는 건축주가 이를 직접 시공하여서는 아니되며 반드시 건설업자가 시공하여야 할 것으로 판단됩니다.

09 노유자 시설의 시공자 제한 적용 여부

질의요지

노유자 시설의 시공자 제한 적용 여부

회신내용

건축법 상 단독주택의 형태를 갖추지 않은 노인복지시설로써 노유자시설로 분류되는 건축물의 시공자 제한은 제1항제3호를 기준으로 판단

건설산업기본법 제41조제1항 및 같은 법 시행령 제36조제1항의 의거 연면적이 661㎡ 이하인 주거용 건축물로서 건축법에 따른 공동주택과 건축법 시행령 별표1 제1호 가목, 나목 및 다목의 단독주택의 형태를 갖춘 어린이집, 공동생활가정, 지역아동센터, 노인복지시설(노인복지주택은 제외) 및 같은 호 라목에 따른 공관의 건축 또는 대수선에 관한 건설공사는 건설업자가 하도록 규정하고 있습니다.

다만 질의와 같이 건축법 시행령 별표1에서 정한 단독주택, 다중주택, 다가구주택의 형태를 갖추지 않은 노유자시설로 분류되는 건축물의 시공자제한 해당여부는 같은 법 제41조제1항 제3호를 기준으로 판단하여야 할 것이므로, 질의의 건축물이 연면적이 495㎡를 초과하지 않는 주거용 외의 건축물이라면 건축주가 직접 시공할 수 있을 것으로 사료됩니다. 다만, 건축주가 직접시공하지 아니하고 다른 사람에게 도급하는 경우 건설산업기본법 제25조제1항에 의거 해당 건설업(건축공사업 또는 토목건축공사업)을 등록한 자에게 하여야 함을 알려드립니다.

10 시공자 제한 완화 가부

질의요지

시공자제한 완화 가부

회신내용

안전이 강조되는 사항에서 완화는 곤란

건설산업기본법 제9조 및 제25조에 따라 건설공사를 다른 사람에게 도급을 주어 시행하려는 경우 경미한 건설공사(종합건설공사는 공사예정금액 5천만원, 전문건설공사는 공사예정금액 1천5백만원)를 제외하고는 해당 업종을 등록한 건설업자에게 도급을 주어 시행하여야 합니다.

그러나, 건축주가 직접 자기 건축물을 시공하는 경우에는 건설업자와 같은 제한을 하지 않으나 건설산업기본법 제41조에 따라 연면적이 495㎡를 초과하는 주거용외 건축물 등 대규모 건축물 또는 용도가 안전이 담보되어야 하는 건축물의 건축 또는 대수선에 관한 건설공사는 반드시 건설업자가 시공하도록 제한하고 있습니다.

이는 많은 사람이 이용하는 대규모 건축물과 사용 용도가 안전이 담보되어야 할 이유가 있는 건축물 등을 기술능력 등 등록기준을 갖추지 못한 건축주가 직접 시공할 경우 부실공사나 품질관리 미흡으로 안전을 담보하기 어려워 특별히 법률로 제한하고 있는 실정이오며, 최근 안전이 더욱 더 강조되는 사항에서 이를 완화하는 것은 곤란하오니 양해하여 주시면 감사하겠습니다.

11 건설공사 시공자 제한 적용 건축물의 건축 시행 중 부도로 잔여공사에 대해 건설업자가 시행해야 하는지

질의요지

건설공사 시공자 제한 적용 건축물의 건축 시행 중 부도로 잔여공사에 대해 건설업자가 시행해야 하는지

회신내용

건설공사 시공자 제한 적용 건축물의 잔여공사는 잔여공사 내용에 맞는 건설업자가 시공하여야 함

건설산업기본법 제41조제1항에 따라 연면적이 661㎡를 초과하는 주건용 건축물 등 각 호에 해당하는 건축물의 건축 또는 대수선에 관한 건설공사는 건설업자가 하여야 한다라고 규정하고 있습니다.

따라서, 위 규정에 따라 발주자가 직접 시공할 수 없는 건축물의 건축 과정에서 특별한 사유로 잔여공사가 남은 경우에는 잔여공사의 내용에 해당하는 공사를 시공할 수 있는 업종을 등록한 건설업자가 시공하여야 함을 알려드립니다.

참고로, 건설업을 하려고 하는 자는 같은 법 제9조에 따라 시행령 별표1에 따른 업종별로 등록하도록 규정하고 있음을 알려드립니다.

12 가설건축물도 일정 규모 이상일 경우 시공자 제한 적용을 받는지

질의요지

가설건축물도 일정 규모 이상일 경우 시공자제한 적용을 받는지

회신내용

시행령에서 정한 시설물이 아닌 경우에는 적용을 받음

건설산업기본법 제41조제1항 단서에 따라 농업용, 축산업용 건축물 등 대통령령으로 정하는 건축물은 건설업자가 아닌 건축주도 직접 시공할 수 있다라고 규정하고 있으며, 같은 법 시행령 제37조에 시공자 제한을 받지 아니하는 건축물을 규정하면서 농업, 임업, 축산업 또는 어업용으로 설치하는 창고, 저장고, 작업장, 퇴비사, 축사, 양어장 기타 이와 유사한 용도의 건축물로 규정하고 있습니다.

따라서, 질의하신 건축물은 위 규정에 해당 되지 않은 용도의 건축물로 연면적이 495㎡를 초과하는 주거용 외의 건축물이 대수선 공사는 반드시 건설업자가 시공하도록 규정하고 있음을 알려드립니다.

13 축사시설은 연면적 및 공사금액에 상관없이 건설업 등록하지 않은 자가 시공할 수 있는지

질의요지

축사시설은 연면적 및 공사금액에 상관없이 건설업 등록하지 않은 자가 시공할 수 있는지

회신내용

건설산업기본법 제9조에 따라 건설업을 하려는 자는 업종별로 건설업을 등록하여야 하며, 같은 법 시행령 제8조에 따라 종합공사의 경우 공사예정금액이 5천만원 미만인 건설공사와

전문공사로서 공사예정금액이 1천5백만원 미만 건설공사, 조립 · 해체하여 이동이 용이한 기계설비 등의 설치공사(당해 기계설비 등을 제작하거나 공급하는 자가 직접 설치하는 경우에 한한다)는 경미한 건설공사로 건설업에 등록하지 아니하고 건설업을 할 수 있습니다.

또한, 건설산업기본법 제41조 규정에 따라 건축물의 건축 또는 대수선에 관한 건설공사는 건설업자가 하도록 하고 있으며, 다만, 농업 · 임업 · 축산업 또는 어업용으로 설치하는 창고 · 저장고 · 작업장 · 퇴비사 · 축사 · 양어장 기타 이와 유사한 용도의 건축물은 건축주도 직접 시공할 수 있도록 규정하고 있습니다.

따라서, 질의의 건축물이 축산업용으로 설치하는 축사로서 축사를 건축하는 건축주가 직접 시공하지 않은 경우에는 경미한 건설공사(5천만원 미만)에 해당되지 않은 경우 건설업에 등록하지 않는자는 시공할 수 없음을 알려 드립니다. 참고로 축사의 건축주가 직접시공하지 아니하고 다른 사람에게 도급하는 경우에는 건설산업기본법 제25조제1항에 의거 해당 건설업을 등록한 자에게 도급하여야 함을 알려드립니다.

14 연면적 200㎡인 노유자시설 중 노인복지시설 건축시 시공자 제한대상인지

질의요지

연면적 200㎡인 노유자시설 중 노인복지시설 건축시 시공자 제한대상인지

회신내용

건설산업기본법 제9조 및 제25조에 따라 건설공사를 다른 사람에게 도급을 주어 시행하려는 경우 경미한 건설공사(종합건설공사는 공사예정금액 5천만원, 전문건설공사는 공사예정금액 1천5백만원)를 제외하고는 해당 업종을 등록한 건설업자에게 도급을 주어 시행하여야 합니다.

또한, 건설산업기본법 제41조 규정에 따라 건축물의 건축 또는 대수선에 관한 건설공사는 건설업자가 하도록 하고 있으며, 연면적이 661㎡ 이하인 주거용의 건축물과 연면적 495㎡ 이하의 주거용외의 건축물에 대해서는 예외를 적용하고 있습니다.

다만, 건설산업기본법 제41조제1항제2호에 따라 연면적이 661㎡ 이하인 주거용의 건축물로

서 건축법 시행령 별표1 제1호가목, 나목 및 다목의 단독주택 형태를 갖춘 가정어린이집 · 공동생활가정 · 지역아동센터 · 노인복지시설 및 같은 호 라목에 따른 공관과 연면적이 495㎡ 이하인 주거용 외의 건축물로서 많은 사람이 이용하는 건축물 중 학교, 병원 등은 같은 법 시행령 제36조제1항 및 제2항에 따라 건축물의 건축 또는 대수선에 관한 건설공사를 건설업자가 하여야 한다라고 규정하고 있습니다.

따라서, 질의의 건축물이 연면적이 495㎡를 초과하지 않는 주거용 외의 건축물이라면 건축주가 직접 시공(기술 · 인력 · 장비 등을 확보하여 직접 자기 건축물 등을 시공)할 수 있을 것으로 사료되나, 건축주가 직접시공하지 아니하고 다른 사람에게 도급하는 경우에는 건설산업기본법 제25조제1항에 의거 해당 건설업을 등록한 자에게 도급하여야 함을 알려드립니다.

15 다가구주택 2동의 동별 연면적이 661㎡를 초과하지 않은 경우 시공자 제한을 받는지

질의요지

다가구주택 2동의 동별 연면적이 661㎡를 초과하지 않은 경우 시공자 제한을 받는지

회신내용

건설산업기본법 제41조 규정에 따른 건설공사 시공자의 제한 규정에 있어 연면적 적용기준의 경우 동을 달리하는 건축물의 경우에는 동별 연면적을 기준(각 동 연면적을 합하는 것은 아님)으로 적용함을 알려 드립니다.

16 숙박시설(1,396.42㎡)을 대수선 하는 경우 시공자 제한 대상인지

질의요지

숙박시설(1,396.42㎡)을 대수선 하는 경우 시공자 제한 대상인지

회신내용

건설산업기본법 제41조 규정에 따라 건축물의 건축 또는 대수선에 관한 건설공사는 건설업자가 하도록 하고 있으며, 연면적이 495㎡ 이하인 주거용외의 건축물에 대해서는 예외를 적용하고 있습니다.

다만, 건설산업기본법 제41조제1항제3호에 따라 연면적이 495㎡ 이하인 주거용외의 건축물로서 많은 사람이 이용하는 건축물 중 학교, 병원 등 같은 법 시행령 제36조제2항에 따른 건축물의 건축 또는 대수선에 관한 건설공사는 건설업자가 하여야 한다라고 규정하고 있습니다.

따라서, 질의하신 건축물의 전부 또는 일부가 건설산업기본법 시행령 제36조 제2항에서 규정하고 있는 공중위생관리법에 의한 숙박시설에 해당하는 경우라면 건설업자가 시공하여야 할 것으로 판단되나, 구체적인 사항은 인허가 기관에서 동 규정과 제반 여건 등을 종합적으로 검토하여 판단할 사항임을 알려드립니다.

제2장 건설기술자 배치

01 건설공사 완공시 표기해야 하는 건설기술자란

질의요지

건설공사 완공시 표기해야 하는 건설기술자란

회신내용

건설산업기본법 제40조에 따라 시공관리 기타 기술상의 관리를 위하여 배치한 건설기술자를 말함

건설산업기본법 제42조제2항에 따라 건설업자는 건설공사를 완공하면 그 공사의 발주자, 설계자, 감리자와 시공한 건설업자의 상호 및 대표자의 성명 등 같은 법 시행규칙 제32조제3항 각 호의 사항을 표기하여야 합니다.

위 시행규칙 제32조제3항제7호의 '현장에 배치된 건설기술자의 성명 · 기술자격 종목 및 등급'과 관련한 건설기술자는 같은 법 제40조에 따라 시공관리, 그 밖의 기술상의 관리를 위하여 현장에 배치한 건설기술자임을 알려드립니다.

02 잔여금액으로 건설기술자 등급 조정 가능 여부

질의요지

잔여금액으로 건설기술자 등급 조정 가능 여부

회신내용

공사예정금액 기준으로 배치

건설산업기본법 제40조제1항 및 같은 법 시행령 제35조에 따른 건설기술자 배치에 관한 사항이라면 동 조항에서 건설기술자는 해당 공사의 공종에 상응하고 공사예정금액 규모에 적합한 건설기술자를 같은 법 시행령 별표5의 기준에 따라 건설공사현장에 1인 이상 배치하여야 합니다. 다만, 건설공사의 시공기술상 특성을 감안하여 도급계약 당사자간의 합의에 의하여 공사현장에 배치하여야 할 건설기술자의 자격종목 · 등급 또는 인원수를 따로 정한 때에는 그에 의할 수 있습니다.

따라서, 건설기술자 배치는 잔여 공사비를 기준으로 배치하는 것이 아니라 발주자의 공사예정금액을 기준으로 배치하는 것이 원칙이나, 주요 공사가 완료되는 등 시공기술상 특성을 감안하여 도급계약당사자 간의 합의에 의하여 건설기술자의 자격종목 · 등급 등을 조정할 수 있도록 규정하고 있으므로 구체적인 사항은 설계내용, 공사 진행현황 및 시공특성 등을 토대로 발주자와 협의하여 주시면 감사하겠습니다.

03 해당 공사와 같은 종류의 공사현장이란

질의요지

해당 공사와 같은 종류의 공사현장이란

회신내용

일률적인 사항은 아니므로 설계내용을 토대로 발주자가 판단할 사항임

건설산업기본법 시행령 별표5 비고2에 "해당 공사와 같은 종류의 공사현장"이란 건설기술자를 배치하려는 해당 건설공사의 목적물과 종류가 같거나 비슷하고 시공기술상의 특성이 비슷한 공사를 말한다 라고 규정하고 있으며, 건설공사의 목적물과 종류가 같거나 비슷하고 시공기술상의 특성이 비슷한 공사는 일률적으로 정해진 것이 아닌 당해 건설공사의 설계내용을 기준으로 판단할 사항이므로 구체적인 범위는 해당 발주처와 협의하여 주시기 바라며, 일

반적으로 건설기술자 경력증명서란의 공사종류로 확인이 가능할 것으로 건설기술자는 해당 공사의 시공관리 기타 기술상의 관리를 위해 배치하는 것이므로 시공기술이 유사한 경우라면 같은 종류의 공사현장으로 볼 수 있을 것으로 판단됩니다.

04 여러 공종이 복합된 공사를 하도급 받은 경우 건설기술자 배치

질의요지

여러 공종이 복합된 공사를 하도급 받은 경우 건설기술자 배치

회신내용

업종별로 시공관리 및 기술상의 관리가 같다고 할 수 없으므로 각각 배치

현장대리인의 선임 및 배치여부는 계약조건에 정하는 것으로 하도급공사에 있어 현장대리인 선임조건 등은 원하도급간 당사자의 합의에 정할 사항으로 판단됩니다.(국가 등이 발주자인 공사의 경우 공사계약 일반조건에서 현장대리인에 대하여 규정)

다만, 건설산업기본법상 건설기술자는 건설산업기본법 제40조 및 같은 법 시행령 제35조 규정에 따라 해당 공사의 시공관리 기타 기술상의 관리를 위해 해당 공사의 공종에 상응하는 건설기술자를 배치하는 것이므로 토공사, 철근콘크리트공사, 상하수도공사, 비계구조물해체공사, 보링그라우팅공사는 이를 관리하기 위한 시공관리 기타 기술상의 관리가 같다고 할 수 없을 것이므로 건설기술자는 해당 공종에 따라 각각 1명 이상을 배치하여야 할 것입니다.

따라서 일반적으로 하도급공사에 있어 현장대리인은 1명이면 될 것이나 건설기술자는 해당 공종에 따라 각각 1명 이상 배치하여야 할 것으로 판단됩니다.

05 건설공사와 소방공사의 건설기술자를 1인으로 배치가 가능한지

질의요지

건설공사와 소방공사의 건설기술자를 1인으로 배치가 가능한지

회신내용

건설공사와 소방공사는 시공관리 등이 상이하므로 각각 배치하는 것이 타당

현장대리인의 선임 및 배치여부는 계약조건에서 정하는 것으로 계약조건에 따라 발주자와 협의하여 배치하면 될 것으로 사료됩니다.(국가 등이 발주자인 공사의 경우 공사계약 일반조건에서 현장대리인에 대하여 규정)

다만, 질의하신 사항이 건설산업기본법상 건설기술자라면 건설산업기본법 제40조 및 제35조에 따라 해당 공사의 시공관리 기타 기술상의 관리를 위해 해당 공사의 공종에 상응하는 건설기술자를 배치하는 것이므로 건설공사와 소방공사를 관리하기 위한 시공관리 기타 기술상의 관리가 같다고 할 수 없을 것이므로 건설기술자는 해당 공사에 따라 각각 1명 이상을 배치하여야 할 것으로 사료됩니다.

06 하도급공사의 현장대리인 배치

질의요지

하도급공사의 현장대리인 배치

회신내용

하도급공사의 현장대리인은 당사자간의 계약조건에 따라 배치하는 것이나 건설산업기본법에 따른 건설기술자는 해당 공종에 상응하는 건설기술자를 각각 배치하여야 할 것으로 사료됨

현장대리인의 선임 및 배치여부는 계약조건에 정하는 것으로 하도급공사에 있어 현장대리인 선임조건 등은 원하도급간 당사자의 계약조건에 따라 정할 사항으로 판단됩니다.(국가 등이 발주자인 공사의 경우 공사계약 일반조건에서 현장대리인에 대하여 규정)

다만, 건설산업기본법상 건설기술자는 건설산업기본법 제40조 및 제35조에 따라 해당 공사의 시공관리 기타 기술상의 관리를 위해 해당 공사의 공종에 상응하는 건설기술자를 배치하는 것이므로 조경식재공사업과 조경시설물설치공사업은 이를 관리하기 위한 시공관리 기타 기술상의 관리가 같다고 할 수 없을 것이므로 건설기술자는 해당 공종에 따라 각각 1명 이상을 배치하여야 할 것입니다.

따라서 일반적으로 하도급공사에 있어 현장대리인은 1명이면 될 것이나 건설기술자는 해당 공종에 따라 각각 1명 이상 배치하여야 할 것이며, 건설산업기본법 시행규칙 제31조제1항에 따라 건설업자는 건설기술자를 공사현장에 배치한 때에는 배치일로부터 7일 이내에 당해 건설술자로 하여금 별지 제25호 서식의 현장배치확인표에 발주자의 확인을 받도록 하여야 함을 알려드립니다.

07 회사 대표이사가 타사 직원일 경우 현장대리인으로 배치가 가능한지

질의요지

회사 대표이사가 타사 직원일 경우 현장대리인으로 배치가 가능한지

회신내용

건설업자는 현장에 상주하면서 시공관리 기타 기술상의 관리를 위하여 건설기술자를 배치하여야 합니다.

질의하신 사항이 건설산업기본법에 따른 건설기술자 배치에 관한 사항이라면, 건설산업기본법 제40조에 따라 건설업자는 건설공사의 시공관리, 그 밖에 기술상의 관리를 위하여 같은 법 시행령 별표5에 따른 건설기술자를 1명 이상 배치하여야 합니다.

건설공사의 현장에 배치하여야 하는 건설기술자는 당해 공사의 공종에 상응하는 건설기술자

이어야 하며, 제2항에 따라 발주자의 승낙을 받지 아니하고는 정당한 사유 없이 그 건설공사 현장을 이탈하여서는 아니된다라고 규정하고 있습니다.

따라서, 시공관리 기타 기술상 관리를 하는 건설기술자는 도급 받은 건설회사 소속 직원으로서 현장에 상주할 수 있는 기술자여야 할 것이므로 다른 회사 소속 직원은 건설기술자로 적합하지 않으며, 건설기술자는 목적물의 시공관리 기타 기술상 관리를 위하여 건설기술자를 배치하는 만큼 구체적인 사항은 발주자와 협의하여 주시기 바랍니다.

08 건축공사에서 기계분야 건설기술자를 추가로 배치해야 하는지

질의요지

건축공사에서 기계분야 건설기술자를 추가로 배치해야 하는지

회신내용

시행령 별표5에 따른 기술자를 배치하였다면 법 위반사항은 아닐것이나 추가 배치여부는 발주자와 상호 협의하여 결정할 사항

건설산업기본법 제40조에 따라 건설업자는 건설공사의 시공관리, 그 밖에 기술상의 관리를 위하여 같은 법 시행령 별표5에 따른 건설기술자를 1명 이상 배치하여야 합니다. 건설공사의 현장에 배치하여야 하는 건설기술자는 당해 공사의 공종에 상응하는 건설기술자이어야 하며, 다만 건설공사의 시공기술상 특성을 감안하여 도급계약 당사자간의 합의에 의하여 공사현장에 배치하여야 할 건설기술자의 자격종목·등급 또는 인원수를 따로 정한 때에는 그에 의할수 있습니다.

건설산업기본법 시행령 제35조제1항에 규정된 당해 공사의 공종에 상응한 건설기술자의 범위와 관련하여 "공종"에 대한 정의 규정을 별도로 두고 있지 아니하나, 건설업 등록기준에 기술능력을 업종별로 구분하고 있고 시행규칙 별지 제22호의6 서식 등에서 공종을 토목, 건축, 조경 등으로 분류하고 있으므로 당해 공사의 공종에 상응하는 건설기술자는 해당 업종의 등록기준에서 정하고 있는 건설기술자로 볼 수 있을 것이므로 시행령 별표5에 따른 건설기술자를 1인 이상 배치하였다면 법 위반사항은 아닐 것이나

건설공사의 시공기술상 특성을 감안하여 도급계약 당사자간의 합의에 의하여 공사현장에 배치하여야 할 건설기술자의 자격종목·등급 또는 인원수를 따로 정한 때에는 그에 의할 수 있도록 규정하고 있고, 건설기술자가 당해 공사의 시공관리 기타 기술상의 관리를 하기 위해 배치하는 만큼 해당 공사의 시공기술상의 특성을 고려하여 기계분야 기술자를 추가로 배치할 지 여부는 상호 협의하에 따로 정할 수 있을 것이므로 구체적인 사항은 발주자와 협의하여 결정할 사항임을 알려드립니다.

09 퇴직에 따른 배치 건설기술자 변경 시점

질의요지

퇴직에 따른 배치 건설기술자 변경 시점

회신내용

건설기술자는 공사가 진행되는 기간 내내 상주하여야 하므로 퇴사로 건설기술자가 배치되지 않은 경우에는 시공관리에 문제가 없도록 적정 기술자를 바로 배치하여야 할 것이나 구체적인 사항은 발주자와 협의하여 결정할 사항임

질의의 경우 원칙적으로 건설기술자는 건설공사의 착수와 동시에 배치되어 공사가 진행되는 기간 내내 상주하여 시공관리 등 업무를 수행하여야 할 것입니다. 다만, 같은 법 제40조제2항에 건설공사 현장에 배치된 건설기술자는 발주자의 승낙을 받지 아니하고는 정당한 사유 없이 그 건설공사 현장을 이탈하여서는 아니 된다고 규정하고 있으므로 건설기술자의 퇴사 등 불가피한 경우에는 시공관리에 문제가 없도록 적정 건설기술자 바로 배치하여야 할 것으로 사료되나 구체적인 사항은 당해 도급계약내용, 건설현장의 건설기술자 배치 현황 등을 종합적으로 고려하여 발주자와 협의하여 판단할 사항임을 알려드립니다.

10 휴일에 현장 이탈

질의요지

휴일에 현장 이탈

회신내용

발주자의 승낙을 받지 아니하고는 정당한 사유 없이 그 건설공사 현장을 이탈하여서는 아니 된다고 규정하고 있으므로 구체적인 사항은 발주자와 협의하여 판단할 사항임

질의의 경우 원칙적으로 건설기술자는 건설공사의 착수와 동시에 배치되어 공사가 진행되는 기간 내내 상주하여 시공관리 등 업무를 수행하여야 할 것입니다. 다만, 같은 법 제40조제2항에 건설공사 현장에 배치된 건설기술자는 발주자의 승낙을 받지 아니하고는 정당한 사유 없이 그 건설공사 현장을 이탈하여서는 아니 된다고 규정하고 있으므로 건설기술자의 휴가, 휴일, 작업 없는 날 등과 관련하여서는 당해 도급계약내용, 당사의 복무규정 및 현장여건 등을 종합적으로 고려하여 발주자와 협의하여 판단할 사항임을 알려드립니다.

11 공사중지 중에 건설기술자 배치 의무

질의요지

공사중지 중에 건설기술자 배치 의무

회신내용

발주자 서면 승낙을 받아 건설기술자를 배치하지 않을 수 있음

현장대리인은 공사계약일반조건(소관 안전행정부 또는 기획재정부)에 따라 배치하는 것이며, 이 행정규칙에서 건설산업기본법 시행령 제35조 별표5 등 공사관련 법령에 따른 기술자 배

치기준에 적합한 자를 말한다라고 규정하고 있으며, 원하도급간의 현장대리인의 배치는 당사자간에 계약조건에 따라 배치하여야 할 것으로 사료됩니다.

질의하신 사항이 건설산업기본법 제40조에 따른 건설기술자라면 제40조제1항 및 같은 법 시행령 제35조제2항에 건설업자는 건설공사의 시공관리 기타 기술상의 관리를 위하여 별표5의 기준에 따라 공사예정금액의 규모에 따라 적합한 건설기술자를 건설공사현장에 1인 이상 배치하도록 규정하면서, 다만 시공관리, 품질 및 안전에 지장이 없는 경우로서 일정 기간 해당 공종의 공사가 중단되는 등 국토교통부령으로 정하는 요건에 해당하여 발주자가 서면으로 승낙하는 경우에는 배치하지 아니할 수 있도록 규정하고 있습니다.

건설기술자 배치는 시공관리 기타 기술상의 관리를 위하여 배치하는 것으로 건설산업기본법 시행규칙 제30조의2에 해당하는 경우에는 발주자가 서면으로 승낙하는 경우에는 배치하지 아니할 수 있음을 알려드리며, 건설기술자는 시공기술상의 특성을 감안하여 배치하는 만큼 구체적인 사항은 발주자와 협의하여 주시기 바랍니다.

12 분담이행 방식의 현장대리인 배치

질의요지

분담이행 방식의 현장대리인 배치

회신내용

각각 자기 시공분에 대한 시공관리를 위해 배치하는 것이 원칙

현장대리인은 공사계약일반조건(소관 안전행정부 또는 기획재정부)에 따라 배치하는 것이며, 이 행정규칙에서 건설산업기본법 시행령 제35조 별표5 등 공사관련 법령에 따른 기술자 배치기준에 적합한 자를 말한다라고 규정하고 있습니다.

건설산업기본법 제40조제1항 및 같은 법 시행령 제35조제2항의 규정에 의거 당해 공사의 공종에 상응하고 공사예정금액 규모에 적합한 건설기술자를 같은 법 시행령 별표5의 기준에 따라 건설공사현장에 1인 이상 배치하여야 합니다. 다만, 건설공사의 시공기술상 특성을 감

안하여 도급계약 당사자간의 합의에 의하여 공사현장에 배치하여야 할 건설기술자의 자격종목 · 등급 또는 인원수를 따로 정한 때에는 그에 의할 수 있습니다.

건설공사 공동도급 운영규정(국토교통부 고시) 제10조제2항에 따라 분담이행방식에 있어서 각 구성원은 분담시공하는 공사에 대하여 각각 건설산업기본법에 따른 건설기술자의 배치를 하여야 한다.

따라서, 위 규정에 따라 각각 도급받은 건설공사의 공사예정금액을 기준으로 배치하여야 할 것이며, 건설기술자 배치는 해당 공사의 공사예정금액 기준으로 배치하므로 설계변경으로 공사예정금액이 변경된 경우라면 변경된 공사예정금액을 기준으로 배치하여야 할 것으로 판단되나 건설기술자는 시공관리 기타 기술상관리를 위하여 배치하는 만큼 구체적인 사항은 발주자와 협의하여 주시기 바랍니다.

13 소교량이 포함된 700억원 이상 현장의 건설기술자 배치기준

질의요지

소교량이 포함된 700억원 이상 현장의 건설기술자 배치기준

회신내용

원칙적으로 기술사를 배치

건설산업기본법 제40조 및 같은 법 시행령 제35조에 따라 건설업자는 건설공사의 시공관리, 그 밖에 기술상의 관리를 위하여 같은 법 시행령 별표5에 따른 건설기술자를 1명 이상 배치하여야 합니다. 다만, 건설공사의 시공기술상 특성을 감안하여 도급계약 당사자간의 합의에 의하여 공사현장에 배치하여야 할 건설기술자의 자격종목 · 등급 또는 인원수를 따로 정한 때에는 그에 의할 수 있습니다. 같은 법 시행령 별표5에 따라 공사예정금액이 700억원 이상으로 법 제93조제1항에 따른 교량, 터널, 철도 및 같은 법 시행령 제88조에 따른 시설물이 포함된 공사는 기술사를 배치하도록 규정하고 있습니다.

따라서, 질의하신 공사는 교량(교량 규모나 종류에 따라 위 규정 적용을 제외하는 것은 아

님)을 포함하는 공사로 위 규정에 따라 해당 공종에 상응하는 기술사 자격이 있는 건설기술자 1인 이상을 배치하는 것이 타당할 것으로 사료됩니다. 다만, 위 단서 규정에 따라 객관적인 시공기술상의 특성을 감안하여 계약 당사자간에 합의에 의하여 등급 등을 조정할 수 있으므로 건설기술자는 시공관리, 그 밖에 기술상의 관리를 위하여 배치하는 만큼 구체적인 사항은 발주자와 협의하여 주시기 바랍니다.

14 현장소장과 현장대리인의 차이

질의요지

현장소장과 현장대리인의 차이

회신내용

개별법령에서 정한 바에 따름

현장대리인은 공사계약일반조건(소관 안전행정부 또는 기획재정부)에 따라 배치하는 것이며, 이 예규에서 건설산업기본법 시행령 제35조 별표5 등 공사관련 법령에 따른 기술자 배치기준에 적합한 자를 말한다라고 규정하고 있으며, 민간건설공사의 경우에는 계약당사자간의 계약조건에서 정하는 바에 따라 배치하는 것 입니다.

건설산업기본법 제40조제1항 및 같은 법 시행령 제35조제2항에 당해 공사의 공종에 상응한 건설기술자(건설공사의 시공관리, 그 밖의 기술상의 관리)를 같은 법 시행령 별표5의 기준에 따라 건설공사현장에 1인 이상 배치하도록 규정하고 있으며, 건설기술자란 현장대리인 또는 현장소장 등 명칭 여하에 관계없이 해당 건설공사의 시공관리 기타 기술상의 관리를 위해 같은 법 시행령 제35조제5항 및 시행규칙 제31조제1항의 규정에 의거 같은 법 시행규칙 별지 제25호 서식의 현장배치확인표에 발주자의 확인을 받은 자를 말하는 것입니다. 아울러, 건설공사 현장에 배치되는 건설기술자는 발주자의 승낙을 받지 아니하고는 정당한 사유 없이 그 건설공사 현장을 이탈하여서는 아니됩니다.

건축법 제21조에 따르면 허가를 받거나 신고를 한 건축물의 공사를 착수하려는 건축주는 허가권자에게 공사계획을 신고하여야 하며 이 때, 같은 법 시행규칙 제14조에 따라 착공신고서(공사현황, 설계자, 공사시공자, 공사감리자, 관계전문기술자 현황 등 기재), 건축관계자 상호간의 계약서 사본, 일부 설계도서(시방서, 실내마감도, 건축설비도 등)를 제출하여야 합니다.

건축법령에서는 현장소장, 현장대리인 등에 대하여 별도로 정의하고 있지 아니하나, 상기 착공신고 때 신고한 공사시공자를 변경한 때에는 같은 법 시행규칙 제11조제2항에 따라 그 변경한 날부터 7일 이내에 건축관계자변경신고서를 허가권자에게 제출하여야 하는 것임을 알려드립니다.

15 한필에 두건으로 허가를 득하였으나 한 건으로 도급 계약을 체결한 경우 건설기술자 배치는

질의요지

한필에 두건으로 허가를 득하였으나 한 건으로 도급 계약을 체결한 경우 건설기술자 배치는

회신내용

도급계약을 기준으로 건설기술자를 배치

건설산업기본법 제40조제1항 및 같은 법 시행령 제35조제2항의 규정에 의거 당해 공사의 공종에 상응하고 공사예정금액 규모에 적합한 건설기술자를 같은 법 시행령 별표5의 기준에 따라 건설공사 현장에 1인 이상 배치하여야 합니다. 이 경우 공사예정금액이란 같은 법 시행령 제8조제1항제1호 본문에 따라 발주자가 재료를 제공하는 경우 이 금액을 포함한 발주자 설계금액이 기준이며 다만, 건설공사의 시공기술상 특성을 감안하여 도급계약 당사자간의 합의에 의하여 공사현장에 배치하여야 할 건설기술자의 자격종목 · 등급 또는 인원수를 따로 정한 때에는 그에 의할 수 있다고 규정하고 있습니다.

따라서, 원칙적으로 건설기술자의 배치는 공사예정금액을 기준으로 배치하나, 1건의 도급계약으로 이루어진 건설공사에 대해 독립적으로 진행되는 각각의 건설현장에는 현장별로 위 규정에 따라 건설기술자를 배치하여야 할 것이나 구체적인 사항은 발주자가 당해 계약내용을 토대로 시공기술상의 특성과 현장여건을 감안하여 판단하여야 할 것으로 사료됩니다.

또한, 법 제93조제1항이 적용되는 시설물이 포함된 공사인 경우 공사예정금액이 700억원 이상인 경우에는 기술사를 배치하도록 규정하고 있으나 공동주택의 경우에는 법 제93조제1항이 적용되는 시설물에서 제외됨을 알려드립니다.

16 현장대리인, 품질관리자, 안전관리자 배치 기준 금액의 정의

질의요지

현장대리인, 품질관리자, 안전관리자 배치 기준 금액의 정의

회신내용

각각의 법률에 따른 금액에 맞는 기술자 배치 필요

건설산업기본법 제40조제1항 및 같은 법 시행령 제35조제2항의 규정에 의거 당해 공사의 공종에 상응하고 공사예정금액 규모에 적합한 건설기술자를 같은 법 시행령 별표5의 기준에 따라 건설공사현장에 1인 이상 배치하여야 합니다. 이 경우 공사예정금액이란 같은 법 시행령 제8조제1항제1호 본문에 따라 발주자가 재료를 제공하는 경우 이 금액을 포함한 발주자 설계금액이 기준입니다.

품질관리자는 건설기술관리법에 따라 배치하며 이 경우 배치기준 금액은 총 공사비로 관급자재비를 포함하며, 안전관리자는 고용노동부 소관사항으로 산업안전보건법에 따라 배치하며 담당부서에 확인한 결과 도급금액을 기준으로 배치하는데 관급자재비를 포함하는 금액이였으며 안전관리자와 관련하여 보다 세부적인 질문이 있는 경우 고용노동부 담당자에게 문의하여 주시기 바랍니다.

17 공동도급의 공동이행방식인 경우 건설기술자 배치

질의요지

공동도급의 공동이행방식인 경우 건설기술자 배치

회신내용

각자 지분을 이행할 수 있도록 기술자 배치 필요

건설산업기본법 제40조제1항 및 같은 법 시행령 제35조제2항의 규정에 의거 당해 공사의 공종에 상응하고 공사예정금액 규모에 적합한 건설기술자를 같은 법 시행령 별표5의 기준에 따라 건설공사현장에 1인 이상 배치하여야 합니다. 다만, 건설공사의 시공기술상 특성을 감안하여 도급계약 당사자간의 합의에 의하여 공사현장에 배치하여야 할 건설기술자의 자격종목·등급 또는 인원수를 따로 정한 때에는 그에 의할 수 있습니다.

건설공사 공동도급 운영규정(국토교통부 고시) 제10조제1항에 따라 공동이행방식에 있어서 공동수급체와 주계약자관리방식에 있어서 주계약자는 전체 건설공사에 대하여 건설산업기본법에 따른 건설공사대장의 작성 및 건설기술자의 배치를 하여야 한다라고 규정하고 있습니다.

따라서, 공동도급 공사에 있어 건설기술자 배치는 당해 공동수급협정서 등 계약사항을 고려할 때 각자 회사의 지분에 해당하는 공사를 수행을 위해서는 각자의 지분에 따른 시공에 책임을 져야 할 것이므로 시공관리 기타 기술상의 관리를 하는 건설기술자는 각사 별로 1명 이상 배치하여야 할 것으로 판단되며, 건설기술자는 시공관리 기타 기술상 관리를 위하여 배치하는 만큼 구체적인 사항은 발주자와 협의하여 주시기 바랍니다.

18 현장대리인 변경시 동등 이상으로 해야 하는지

질의요지

현장대리인 변경시 동등 이상으로 해야 하는지

회신내용

현장대리인 변경에 대하여는 계약조건에 따라 배치하고, 건설기술자는 시행령 별표 기준에 적합한 자면 가능

현장대리인은 당사자간의 계약조건에 따라 배치하는 것으로 계약조건에서 정한바에 따라 배치하면 될 것이므로 계약조건에서 동등이상으로 규정하였다면 그에 따라 배치하여야 할 것으로 사료되나, 구체적인 사항은 계약예규(공사계약일반조건 등)를 담당하는 기획재정부(발주기관이 국가인 경우) 또는 행정안전부(발주기관이 지자체인 경우)에 문의하여 주시기 바랍니다.

아울러, 질의하신 사항이 건설산업기본법 제40조제1항 및 같은 법 시행령 제35조에 따라 배치하는 건설기술자에 관한 사항이라면 해당 공사의 공종에 상응하고 공사예정금액 규모에 적합한 건설기술자를 같은 법 시행령 별표5의 기준에 따라 배치하는 것으로 건설기술자 변경시 기존에 배치되었던 기술자의 자격보다 동등 이상으로 규정하고 있지는 않음을 알려드립니다.

다만, 동 법 시행령 제35조제2항에 따라 건설공사의 시공기술상 특성을 감안하여 도급계약 당사자간의 합의에 의하여 공사현장에 배치하여야 할 건설기술자의 자격종목 · 등급 인원수를 따로 정할 수 있도록 규정하고 있고, 건설기술자는 시공관리 기타 기술상의 관리를 위하여 배치하는 만큼 세부적인 사항은 발주자와 협의하여 주시기 바랍니다.

19 발주자와 합의만 하면 낮은 등급의 기술자 배치가 가능한지

질의요지

발주자와 합의만 하면 낮은 등급의 기술자 배치가 가능한지

회신내용

시공기술상의 객관적 특성이 있어야만 가능

건설공사 시행 과정에서 시공관리 기타 기술상의 관리를 위하여 배치기준에 맞는 기술자를 1인 이상 배치하여야 하는 것은 최소기준으로 원칙적으로 이를 준수하여야 하며 다만, 건설산업기본법 시행령 제35조제2항 단서에 따라 도급계약 당사자간의 합의에 의하여 공사현장에 배치하여야 할 건설기술자의 자격종목 · 등급 또는 인원수를 따로 정할 수 있다고 하는 규정은 동 규정이 시공기술상 특성을 감안하도록 하고 있으므로 건설공사의 시공관리 기타 기술상의 관리에 지장이 없는 객관적인 근거(예 : 주요부분의 대부분이 완료되고 일부 부대공사만 남은 경우) 등이 바탕되어야 할 것으로 판단됩니다.

20 자재납품으로 계약한 건에 대한 건설기술자 배치

질의요지

자재납품으로 계약한 건에 대한 건설기술자 배치

회신내용

건설공사를 도급 받은 경우에는 건설기술자를 배치하여야 함

건설산업기본법 제2조제4호에 "건설공사"란 토목공사, 건축공사, 산업설비공사, 조경공사, 환경시설공사, 그 밖에 명칭에 관계없이 시설물을 설치 · 유지 · 보수하는 공사(시설물을 설

치하기 위한 부지조성공사를 포함한다) 및 기계설비나 그 밖의 구조물 설치 및 해체공사 등을 말한다라고 규정하고 있으며, 제11호에 "도급"이란 원도급, 하도급, 위탁 등 명칭에 관계없이 건설공사를 완성할 것을 약정하고, 상대방이 그 공사의 결과에 대하여 대가를 지급할 것을 약정하는 계약을 말한다라고 규정하고 있습니다.

또한, 같은 법 제40조에 건설업자는 건설공사의 시공관리, 그 밖에 기술상의 관리를 위하여 시행령 제35조에 따라 건설기술자를 배치하도록 규정하고 있습니다.

따라서, 질의하신 사항의 내용이 위 내용과 같이 건설공사를 도급 받은 경우에는 건설기술자를 배치하여야 하며, 건설기술관리법에 따른 품질관리자 관련 업무 담당자에게 문의한 결과 품질관리자 또한 배치하여야 한다는 입장을 확인하여 알려드리오니 품질관리자와 관련하여 보다 구체적으로 궁금하신 사항이 있으시면 해당 과에 문의하여 주시기 바랍니다.

21 품질관리자와 배치기술자의 겸직 가부

질의요지

품질관리자와 겸직이 가능한지

회신내용

각각 배치하는 것이 원칙임
건설기술자, 품질관리자는 건설공사의 규모에 따라 개별 법령에서 별도로 규정하고 있는 사항이므로(품질관리자는 품질관리 업무를 전담 하는 등 각각의 업무 역할이 다름)원칙적으로 겸직할 수 있는 사항이 아닌 각각 배치하여야 하는 것입니다.

22 설계변경 후 잔여공사의 공사예정금액으로 배치하는 것인지

질의요지

설계변경 후 잔여공사의 공사예정금액으로 배치하는 것인지

회신내용

전체 공사의 공사예정금액을 기준으로 배치

현장대리인은 공사계약일반조건(소관 안전행정부 또는 기획재정부)에 따라 배치하는 것이며, 이 행정규칙에서 건설산업기본법 시행령 제35조 별표5 등 공사관련 법령에 따른 기술자 배치기준에 적합한 자를 말한다라고 규정하고 있습니다.

건설기술자는 건설산업기본법 제40조 및 같은 법 시행령 제35조에 따라 해당 공사의 공종에 상응하고 공사예정금액 규모에 적합한 사람을 같은 법 시행령 별표5의 기준에 따라 배치하여야 하며, 장기계속공사와 같이 차수분이 준공될 경우 잔여 공사비를 기준으로 배치하는 것이 아니라 발주 당시의 공사예정금액을 기준으로 건설기술자를 배치하며, 설계변경으로 공사예정금액이 변경된 경우라면 변경된 공사예정금액을 기준으로 배치하여야 할 것입니다.

따라서, 질의하신 사항은 변경된 공사예정금액이 700억원 이상이고 교량 등이 포함되어 있어 기술사가 배치되어야 할 것으로 사료됩니다. 다만, 전체 공사 중 주요 부분이 완료되는 등 시공관리 및 기술상관리의 특성을 감안하여 시행령 제35조제2항 단서에 따라 도급계약당사자간의 합의에 의하여 공사현장에 배치하여야 할 건설기술자의 자격종목 · 등급 또는 인원수를 따로 정한 때에는 그에 의할 수 있으므로 구체적인 사항은 발주자와 협의하여 주시기 바랍니다.

23 5억 미만공사의 건설기술자 배치

질의요지

5억 미만 금속구조물창호공사업의 현장대리인 자격

회신내용

5억원 미만의 기술자 배치

질의하신 사항이 건설산업기본법 제40조제1항 및 같은 법 시행령 제35조에 따라 배치하는 건설기술자에 관한 사항이라면 해당 공사의 공종에 상응하고 공사예정금액 규모에 적합한 건설기술자를 같은 법 시행령 별표5의 기준에 따라 배치하도록 규정하고 있습니다.

시행령 별표5 비고5에 따라 전문공사를 시공하는 업종을 등록한 건설업자가 시공하는 1건 공사의 공사예정금액이 5억원 미만인 경우에는 해당 업종에 관한 별표2에 따른 등록기준 중 기술능력에 해당하는 자로서 해당 직무분야에서 3년 이상 종사한 자를 배치할 수 있다고 규정하고 있습니다.

따라서, 질의하신 기술자가 해당 업종의 기술능력에 해당하는 자로서 직무분야에 3년 이상 종사한 사람인 경우에는 건설기술자로 배치가 가능할 것으로 사료되나 다만, 동 법 시행령 제35조제2항에 따라 건설공사의 시공기술상 특성을 감안하여 도급계약당사자간의 합의에 의하여 공사현장에 배치하여야 할 건설기술자의 자격종목 · 등급 인원수를 따로 정할 수 있도록 규정하고 있고, 건설기술자는 시공관리 기타 기술상의 관리를 위하여 배치하는 만큼 세부적인 사항은 발주자와 협의하여 주시기 바랍니다.

24 하도급공사 건설기술자 배치

질의요지

하도급공사 건설기술자 배치

회신내용

하도급 공사에도 적용되며, 시공기술상의 특성이 있는 경우에 한하여 조정 가능

건설산업기본법 제40조제1항 및 동 법 시행령 제35조제2항의 규정에 따라 건설업자는 건설공사의 시공관리 기타 기술상의 관리를 하게 하기 위하여 동 법 시행령 별표5의 기준에 따라 공사예정금액의 규모에 따라 적합한 건설기술자를 건설공사현장에 1인 이상 배치하여야 합니다. 다만, 건설공사의 시공기술상 특성을 감안하여 도급계약 당사자간의 합의에 의하여 공사현장에 배치하여야 할 건설기술자의 자격종목·등급 또는 인원수를 따로 정한 때에는 그에 의할 수 있습니다.

따라서, 건설기술자는 그 공사의 시공관리 기타 기술상의 관리를 위해 배치하는 것이므로 원도급 및 하도급 건설업자 모두 적용되며 원칙적으로 그 공사의 공사예정금액에 맞는 건설기술자를 배치하여야 할 것이며 다만, 시행령 제35조제2항에서 규정하고 있는 단서 조항에 따라 배치기준을 조정하여 배치하기 위해서는 시공관리, 그 밖의 기술상의 관리에 지장이 없는 해당 공사만의 특성이 있는 경우 당사자간의 합의에 의해 자격종목·등급 또는 인원수를 따로 정할 수 있을 것입니다.

아울러, 민간건설공사의 경우 건설기술자는 시공관리 등을 위하여 배치하는 만큼 구체적인 사항은 인허가 부서에서 위 규정과 제반 관계법령 등에 합당하는지를 판단하며 또한, 하도급자의 건설기술자 배치시 7일 이내에 발주자 확인을 받아야 함을 알려드립니다.

25 건설기술자 중복배치 가능 유무

질의요지

중복배치 가능 유무

회신내용

동일사업자가 시공하는 인접현장의 기술자 중복배치

건설기술자의 중복 배치는 건설산업기본법 시행령 제35조제3항에 따라 건설업자는 다음 각 호의 어느 하나에 해당하는 공사에 대하여 공사품질 및 안전에 지장이 없는 범위에서 발주자의 승낙을 받아 1인의 건설기술자를 3개의 건설공사현장에 배치할 수 있다고 규정하고 있으며, 각 호를 1.공사예정금액이 5억원 미만의 동일한 종류의 공사로서 동일 시ㆍ군과 제도의 지역에서 행하여지는 공사나 시ㆍ군을 달리하는 인접한 지역에서 행하여지는 공사로서 발주자가 시공관리 기타 기술상의 관리에 지장이 없다고 인정하는 공사 2.이미 시공중에 있는 공사의 현장에서 새로이 행하여지는 동일한 종류의 공사로 규정하고 있습니다.

따라서, 질의하신 공사가 별도 인허가 및 도급계약을 체결한 건설공사의 경우에는 인접현장에 해당되어 공사예정금액이 5억원 이상일 경우에는 원칙적으로 건설공사의 시공관리, 그 밖에 기술상의 관리를 위하여 적합한 건설기술자를 각각 배치하여야 함을 알려드립니다.

26 공동도급공사시 발주자와 협의가 되지 않은 사항에서 인원수를 조정할 때 제40조 위반인지

질의요지

공동도급공사시 발주자와 협의가 되지 않은 사항에서 인원수를 조정할 때 제40조 위반인지

회신내용

협의한 대로 배치되지 않은 경우에는 건설산업기본법 위반에 해당됨

건설산업기본법 제40조제1항 및 같은 법 시행령 제35조에 따라 해당 공사의 공종에 상응하고 공사예정금액 규모에 적합한 건설기술자를 같은 법 시행령 별표5의 기준에 따라 건설공사현장에 1인 이상 배치하여야 합니다. 다만, 건설공사의 시공기술상 특성을 감안하여 도급계약 당사자간의 합의에 의하여 공사현장에 배치하여야 할 건설기술자의 자격종목·등급 또는 인원수를 따로 정한 때에는 그에 의할 수 있다고 규정하고 있습니다.

따라서, 도급계약 당사자간의 합의에 의하여 공사현장에 배치하는 기술자의 인원수 등을 따로 정한 경우에는 그에 따라 건설기술자를 배치하여야 할 것이며 이를 이행하지 않은 경우에는 이 법에 따른 건설기술자를 배치하지 않은 것으로 사료되며, 건설기술자의 배치는 건설공사의 시공관리 등을 위하여 배치하는 만큼 구체적인 사항은 발주자와 협의하여 주시기 바랍니다.

27 공사 잔여금액으로 배치 가능 여부

질의요지

공사 잔여금액으로 배치 가능 여부

회신내용

공사예정금액 기준으로 배치

현장대리인은 당사자간의 계약조건에 따라 배치하는 것으로 계약조건에 정한바에 따라 배치하면 될 것이나 질의하신 사항이 건설산업기본법 제40조제1항 및 같은 법 시행령 제35조에 따른 건설기술자 배치에 관한 사항이라면 동 조항에서 건설기술자는 해당 공사의 공종에 상응하고 공사예정금액 규모에 적합한 건설기술자를 같은 법 시행령 별표5의 기준에 따라 건설공사현장에 1인 이상 배치하여야 합니다.

따라서, 질의하신 하도급 건설업체의 건설기술자 배치는 잔여 공사비를 기준으로 배치하는 것이 아니라 발주자의 공사예정금액을 기준으로 배치하는 것이 원칙임을 알려드립니다.

28 하도급사 건설기술자 미배치시 처분

질의요지

하도급사 건설기술자 미배치시 처분

회신내용

등록관청의 행정처분 및 사법기관의 벌칙 처분

건설산업기본법 제40조제1항 및 같은 법 시행령 제35조규정에 따라 건설기술자는 해당 공사의 공종에 상응하고 공사예정금액 규모에 적합한 건설기술자를 같은 법 시행령 별표5의 기준에 따라 건설공사현장에 1인 이상 배치하도록 규정하고 있습니다.

이를 위반한 경우에는 같은 법 제81조제7호에 따라 등록관청(종합건설회사 : 광역시도, 전문건설회사 : 시 · 군 · 구)에서 시정명령을 하고 이를 위행하지 않을 경우에는 제82조제1항제5호에 따라 영업정지 처분을 할 수 있으며, 이와 함께 제97조에 따라 사법기관에서 1천만원 이하의 벌금에 처할 수 있음을 알려드립니다.

29 건설공사현장에 배치할 건설기술자를 도급계약 당사자간의 합의에 따라 하향 배치할 수 있는지

질의요지

건설공사현장에 배치할 건설기술자를 도급계약 당사자간의 합의에 따라 하향 배치할 수 있는지

회신내용

건설산업기본법 제40조제1항 및 같은 법 시행령 제35조제2항에 따라 건설업자는 건설공사의 시공관리 기타 기술상의 관리를 위하여 시행령 별표5의 기준에 따라 공사예정금액의 규모에 적합한 건설기술자를 건설공사현장에 1인 이상 배치하도록 규정하고 있으며, 다만, 시공기술상의 특성을 감안하여 도급계약당사자간의 합의에 의하여 공사현장에 배치하여야 할 건설기술자의 자격종목·등급 또는 인원수를 따로 정한 때에는 그에 의하도록 규정하고 있습니다.

또한, 같은 법 시행령 별표5에 따라 공사예정금액 30억원 미만인 경우 산업기사 이상 자격취득자로서 해당 직무분야에 3년 이상 실무에 종사한 자, 건설기술진흥법에 따른 건설기술자 중 해당 직무분야의 중급기술자 이상인자, 해당직무분야 초급기술자로서 해당 공사와 같은 종류의 공사현장에 배치되어 시공관리업무에 3년 이상 종사한 자를 건설기술자의 배치기준으로 정하고 있습니다.

따라서, 질의하신 건설공사는 30억 미만의 건설공사현장에 배치할 건설기술자는 위 규정에 따른 배치기준에 적합한자를 배치하여야 할 것으로 판단되나, 시공기술상 특성상 초급기술자로서 시공관리업무 3년 이상인자를 배치할 만한 객관적인 근거가 없다면 건설기술자의 하향 배치는 어려울 것으로 판단됩니다. 건설기술자는 시공관리 기타 기술상의 관리를 위하여 배치하는 만큼 구체적인 사항은 발주자와 협의하여 주시기 바랍니다.

30 700억원 이상의 하수처리수 재이용시설공사의 경우 500억원 이상에 해당하는 건설기술자를 배치할 수 있는지

질의요지

700억원 이상의 하수처리수 재이용시설공사의 경우 500억원 이상에 해당하는 건설기술자를 배치할 수 있는지

회신내용

건설산업기본법 제40조제1항 및 같은 법 시행령 제35조제2항에 따라 건설업자는 건설공사의 시공관리 기타 기술상의 관리를 위하여 시행령 별표5의 기준에 따라 공사예정금액의 규모에 적합한 건설기술자를 건설공사현장에 1인 이상 배치하도록 규정하고 있으며, 다만, 시공기술상의 특성을 감안하여 도급계약 당사자간의 합의에 의하여 공사현장에 배치하여야 할 건설기술자의 자격종목·등급 또는 인원수를 따로 정한 때에는 그에 의하도록 규정하고 있습니다.

따라서, 같은 법 시행령 별표5에 따라 공사예정금액 700억원 이상으로서 제88조의 주요시설물이 포함된 건설공사의 경우로서 교량, 터널, 철도, 고가도로, 지하도, 활주로 등 건설산업기본법 시행령 88조에 해당되지 않는다면 공사예정금액 500억원 이상에 적합한 건설기술자를 배치하는 것이 가능할 것으로 판단됩니다. 아울러 건설기술자는 시공관리 기타 기술상의 관리를 위하여 배치하는 만큼 구체적인 사항은 발주자와 협의하여 주시기 바랍니다.

31 도시개발사업 공사로서 300억이상 건설공사 현장에 배치할 현장대리인의 경우 해당공사와 같은 종류의 시공관리업무 3년 미만이나, 해당 직무분야 10년 이상인 자를 건설기술자로 배치 가능한지

질의요지

도시개발사업 공사로서 300억 이상 건설공사 현장에 배치할 현장대리인의 경우 해당공사와 같은 종류의 시공관리업무 3년 미만이나, 해당 직무분야 10년 이상인 자를 건설기술자로 배치 가능한지

회신내용

건설산업기본법 제40조제1항 및 같은 법 시행령 제35조에 건설기술자의 배치는 별표5의 공사예정금액의 규모별 건설기술자 배치기준에 의하여야 한다고 규정하면서, 건설공사의 시공기술상 특성을 감안하여 도급계약 당사자간의 합의에 의하여 공사현장에 배치하여야 할 건설기술자의 자격종목·등급 또는 인원수를 따로 정한 때에는 그에 의한다고 규정하고 있습니다.

건설산업기본법 시행령 별표5에 규정에 따라 공사예정금액이 300억원 이상의 건설공사에 배치하여야 하는 건설기술자는 기술사 또는 기능장, 기사 자격 취득 후 해당직무분야에 10년 이상 종사한 자, 건설기술진흥법에 따른 건설기술자 중 해당 직무분야의 특급기술자로서 해당공사와 같은 종류의 공사현장에 배치되어 시공관리업무에 3년 이상 종사한 자 중 어느 하나에 해당되면 적합하다 할 것입니다.

따라서, 질의대상 건설기술자가 기사 자격취득 후 해당 직무분야에 10년 이상 종사한자에 해당되면 같은 법 시행령 별표5의 공사예정금액 규모별 건설기술자 배치기준에 적합한 것으로 판단되나, 구체적인 사항은 위 규정과 당해 계약내용을 토대로 시공기술상의 특성과 현장 여건을 감안하여 발주자와 협의하여 주시기 바랍니다.

아울러 질의하신 내용이 현장대리인과 관련된 사항이라면 이는 공사일반계약조건(기획재정부 계약예규 등) 등에서 정하고 있는 사항이므로 당사자간 계약조건, 관련 규정 등을 감안하여 현장대리인 선임 등을 조치하여야 할 것임을 알려 드립니다.

32 도급계약 1건으로 발주한 서로 인접한 공동주택 3개 블록의 공사를 별도로 승인 받아 시공하는 경우 건설기술자 중복배치가 가능한지

질의요지

도급계약 1건으로 발주한 서로 인접한 공동주택 3개 블록의 공사를 별도로 승인 받아 시공하는 경우 건설기술자 중복배치가 가능한지

회신내용

건설산업기본법 제40조제1항 및 같은 법 시행령 제35조에 따라 건설업자는 건설공사의 시공관리, 그 밖에 기술상의 관리를 위하여 같은 법 시행령 별표5에 따른 건설기술자를 1명 이상 배치하여야 합니다.

또한, 건설산업기본법 시행령 제35조제3항에 '공사예정금액이 5억원 미만의 동일한 종류의 공사로서 동일 시 · 군과 제주도의 지역에서 행하여지는 공사나 시 · 군을 달리하는 인접한 지역에서 행하여지는 공사로서 발주자가 시공관리 기타 기술상의 관리에 지장이 없다고 인

정하는 공사'와 '이미 시공중에 있는 공사의 현장에서 새로이 행하여지는 동일한 종류의 공사'에 해당하는 경우 공사품질 및 안전에 지장이 없는 범위에서 발주자의 승낙을 받아 1인의 건설기술자를 3개의 건설공사현장에 배치할 수 있다고 규정하고 있습니다.

따라서, 건설공사의 경우 착공신고와 사업승인을 별도로 받은 별개의 건설 공사에 해당되는 경우라면 블록별 공사현장에 각각 건설기술자를 배치하여야 할 것으로 판단되나, 구체적인 사항은 위 규정과 당해 계약내용을 토대로 시공기술상의 특성과 현장여건을 감안하여 발주자와 협의하여 주시기 바랍니다.

33 턴키공사의 현장대리인 배치시 공사예정금액을 적용함에 있어 발주자의 입찰공고시 예산액(1,010억원)과 계약예정금액(650억원) 중 어느 것을 적용해야 하는지

질의요지

턴키공사의 현장대리인 배치시 공사예정금액을 적용함에 있어 발주자의 입찰공고시 예산액(1,010억원)과 계약예정금액(650억원) 중 어느 것을 적용해야 하는지

회신내용

건설산업기본법 제40조제1항 및 같은 법 시행령 제35조제2항에 따라 건설기술자의 배치는 별표5의 공사예정금액의 규모별 건설기술자 배치기준에 의하여야 한다고 규정하고 있고, 이 경우 공사예정금액은 같은 법 시행령 제8조 규정의 본문에 따라 '동일한 공사를 2이상의 계약으로 분할하여 발주하는 경우에는 각각의 공사예정금액을 합산한 금액으로 하고 발주자(하도급의 경우에는 수급인 포함)가 재료를 제공하는 경우에는 그 재료의 시장가격 및 운임을 포함한 금액'으로 규정하고 있습니다.

건설기술자의 배치와 관련하여서는 건설산업기본법 제40조제1항 및 같은 법 시행령 제35조에서 건설업자는 건설공사의 시공관리, 그 밖의 기술상의 관리를 위해 해당 공사의 공종에 상응하고 공사예정금액 규모에 적합한 건설기술자를 같은 법 시행령 별표5의 기준에 따라 건설공사현장에 1인 이상 배치하여야 합니다.

따라서 공사예정금액이란 일반적으로 발주자의 설계금액을 의미하므로 턴키공사의 경우 계

약금액이 아닌 발주자가 설계한 설계금액에 적합한 건설기술자를 배치하여야 함을 알려 드립니다.

아울러 질의하신 내용이 현장대리인과 관련된 사항이라면 이는 공사일반계약조건(기획재정부 계약예규 등) 등에서 정하고 있는 사항이므로 당사자간 계약조건, 관련 규정 등을 감안하여 현장대리인 선임 등을 조치하여야 할 것임을 알려 드립니다.

34 건축공사업과 토목공사업이 혼합된 10억원 미만의 건설공사의 현장대리인을 건축공종이 완료되고 토목공종만 남은 경우 토목분야 건설기술자로 변경 가능한지

질의요지

건축공사업과 토목공사업이 혼합된 10억원 미만의 건설공사의 현장대리인을 건축공종이 완료되고 토목공종만 남은 경우 토목분야 건설기술자로 변경 가능한지

회신내용

건설산업기본법 제40조제1항 및 같은 법 시행령 제35조에 따른 건설기술자 배치에 관한 사항이라면 해당 공사의 공종에 상응하고 공사예정금액 규모에 적합한 건설기술자를 같은 법 시행령 별표5의 기준에 따라 건설공사현장에 1인 이상 배치하여야 합니다. 다만, 건설공사의 시공기술상 특성을 감안하여 도급계약 당사자간의 합의에 의하여 공사현장에 배치하여야 할 건설기술자의 자격종목·등급 또는 인원수를 따로 정한 때에는 그에 의한다고 규정하고 있습니다.

이 경우 별표5의 공사예정금액의 규모별 건설기술자 배치기준에 공사예정금액의 규모가 30억원 미만인 경우 해당직무분야의 중급기술자 이상인 자 등을 배치하도록 하고 있습니다.

따라서 질의하신 건설공사가 공사예정금액이 30억원 미만으로서 해당 분야가 토목과 건축에 해당되어 건축공종이 완료된 경우라면 토목분야의 건설기술자의 건설공사현장 배치가 가능할 것으로 판단됩니다. 다만, 시공기술상의 특성을 감안하여 계약당사자간의 합의에 의하여 공사현장에 배치하여야 할 건설기술자의 자격종목·등급 또는 인원수를 따로 정한 때에는 그에 의할 수 있다고 규정하고 있으므로 질의의 경우 구체적인 사항은 발주자와 협의하여

주시기 바랍니다.

아울러 현장대리인은 공사일반계약조건(기획재정부 계약예규 등) 등에서 정하고 있는 사항이므로 당사자간 계약조건, 관련 규정 등을 감안하여 조치하실 내용임을 알려 드리며, 건설산업기본법 40조에서 규정하고 있는 건설기술자 배치는 해당 건설업자가 도급받은 공사예정금액을 기준으로 하는 것임을 알려드립니다.

35 건설기술자의 경우 공휴일 없이 작업할 경우 발주자의 승인을 받아 건설공사의 현장을 이탈할 수 있는지

질의요지

건설기술자의 경우 공휴일 없이 작업할 경우 발주자의 승인을 받아 건설공사의 현장을 이탈할 수 있는지

회신내용

건설산업기본법 제40조제1항 및 같은 법 시행령 제35조에 따른 건설기술자 배치에 관한 사항이라면 해당 공사의 공종에 상응하고 공사예정금액 규모에 적합한 건설기술자를 같은 법 시행령 별표5의 기준에 따라 건설공사의 착수와 동시에 배치하도록 규정하고 있습니다.

건설공사 현장에 배치된 건설기술자는 발주자의 승낙을 받지 아니하고는 정당한 사유없이 그 건설공사 현장을 이탈하여서는 아니된다고 규정하고 있습니다.

다만, 부득이하게 공휴일에 공사를 시행하여야 하는 경우라면 원칙적으로 건설기술자를 배치하여 시공관리 기타 기술상의 관리를 하여야 할 것으로 판단되나, 공휴일에 근무 여부는 근로기준법 등에서 정하는 근로자의 권익도 보장되어야 할 것이므로 구체적인 사항은 해당 계약내용, 건설사업관리 업무지침에 따른 건설기술자 준수사항, 공사 현황 등을 토대로 발주자와 협의하여 정할 사항으로 판단됩니다.

36 턴키공사의 현장대리인 배치시 우선시공(30억원) 공사예정금액과 전체 공사예정금액(500억원 이상) 중 어느것을 적용해야 하는지

질의요지

턴키공사의 현장대리인 배치시 우선시공(30억원) 공사예정금액과 전체 공사예정금액(500억원 이상) 중 어느것을 적용해야 하는지

회신내용

건설산업기본법 제40조제1항 및 같은 법 시행령 제35조제2항에 따라 건설기술자의 배치는 별표5의 공사예정금액의 규모별 건설기술자 배치기준에 의하여야 한다고 규정하고 있고, 이 경우 공사예정금액은 같은 법 시행령 제8조 규정 본문에 따라 '동일한 공사를 2이상의 계약으로 분할하여 발주하는 경우에는 각각의 공사예정금액을 합산한 금액으로 하고 발주자(하도급의 경우에는 수급인 포함)가 재료를 제공하는 경우에는 그 재료의 시장가격 및 운임을 포함한 금액'으로 규정하고 있습니다.

건설기술자의 배치와 관련하여서는 건설산업기본법 제40조제1항 및 같은 법 시행령 제35조에서 건설업자는 건설공사의 시공관리, 그 밖의 기술상의 관리를 위해 해당 공사의 공종에 상응하고 공사예정금액 규모에 적합한 건설기술자를 같은 법 시행령 별표5의 기준에 따라 건설공사현장에 1인 이상 배치하여야 합니다.

따라서 건설기술자 배치는 해당 공사의 공사예정금액 기준으로 배치하므로 해당 공사의 전체 공사예정금액을 기준으로 건설기술자를 배치하여야 할 것으로 판단됩니다.

아울러 질의하신 내용이 현장대리인과 관련된 사항이라면 이는 공사일반계약조건(기획재정부 계약예규 등) 등에서 정하고 있는 사항이므로 당사자간 계약조건, 관련 규정 등을 감안하여 현장대리인 선임 등을 조치하여야 할 것임을 알려 드립니다.

37 1억원 이상 5억원 미만의 방수공사의 건설기술자 배치시 미장 · 방수 · 조적공사업 기술 능력에 해당하는 토목분야 특급기술자를 배치 가능한지

질의요지

1억원 이상 5억원 미만의 방수공사의 건설기술자 배치시 미장 · 방수 · 조적공사업 기술 능력에 해당하는 토목분야 특급기술자를 배치 가능한지

회신내용

건설산업기본법 제40조제1항 및 같은 법 시행령 제35조에 따른 건설기술자 배치에 관한 사항이라면 해당 공사의 공종에 상응하고 공사예정금액 규모에 적합한 건설기술자를 같은 법 시행령 별표5의 기준에 따라 건설공사현장에 1인 이상 배치하여야 합니다.

이 경우 별표5의 공사예정금액의 규모별 건설기술자 배치기준에 공사예정금액의 규모가 30억원 미만인 경우 산업기사 이상 자격취득자로서 해당 직무분야에 3년 이상 실무에 종사한 자, 해당직무분야 중급기술자 이상인 자, 해당직무분야의 초급기술자로서 해당 공사와 같은 종류의 공사현장에 배치되어 시공관리업무에 3년 이상 종사한 자를 배치하도록 하고 있습니다. 다만, 5억원 미만의 전문공사의 경우 시행령 별표2에 따른 등록기준 중 기술능력에 해당하는 자로서 해당 직무분야에서 3년 이상 종사한 자를 배치할 수 있다고 규정하고 있습니다.

또한, "해당 직무분야"란 건설기술관리법 시행령 별표1에 따른 직무분야(건축, 토목, 기계 등)라고 규정하고 있습니다.

따라서 미장방수조적공사업의 등록기준 중 건설인력은 토목 · 건축분야 건설기술자 또는 국가기술자격법에 의한 관련종목의 기술자격취득자로서 토목분야 특급기술자인 경우 해당 직무분야에서 3년 이상 종사한자에 해당되는 경우라면 건설기술자 배치기준에 적합할 것으로 판단되나, 구체적으로 이에 해당되는지 여부는 경력증명서 등을 토대로 당해 공사의 설계내용, 시공특성 등을 종합적으로 고려하여 발주자가 판단하여 결정한 사항임을 알려 드립니다.

38 2,100억원 규모의 건축공사 공정율이 99%이며 기시공 완료한 부분에 대한 임시사용 승인을 득하여 건물을 사용하고 있는 상태로 잔여공사금액이 43억원인 경우 공사예정금액 30억원 이상에 적합한 건설기술자를 배치할 수 있는지

질의요지

2,100억원 규모의 건축공사 공정율이 99%이며 기시공 완료한 부분에 대한 임시사용 승인을 득하여 건물을 사용하고 있는 상태로 잔여공사금액이 43억원인 경우 공사예정금액 30억원 이상에 적합한 건설기술자를 배치할 수 있는지

회신내용

건설산업기본법 제40조제1항 및 같은 법 시행령 제35조에 따른 건설기술자 배치에 관한 사항이라면 해당 공사의 공종에 상응하고 공사예정금액 규모에 적합한 건설기술자를 같은 법 시행령 별표5의 기준에 따라 건설공사현장에 1인 이상 배치하여야 합니다. 다만, 건설공사의 시공기술상 특성을 감안하여 도급계약 당사자간의 합의에 의하여 공사현장에 배치하여야 할 건설기술자의 자격종목 · 등급 또는 인원수를 따로 정한 때에는 그에 의한다고 규정하고 있습니다.

이 경우 별표5의 공사예정금액의 규모별 건설기술자 배치기준에 공사예정금액의 규모가 700억원 이상으로 법 제93조제1항 및 같은 법 시행령 제88조에서 정한 시설물이 포함된 건설공사 현장인 경우에는 기술사를 배치하도록 하고 있습니다.

따라서 건설기술자의 배치는 잔여 공사비를 기준으로 배치하는 것이 아니라 발주자의 공사예정금액을 기준으로 배치하는 것이 원칙이나, 다만 주공정을 포함하여 99% 공정율과 함께 기 시공부분의 임시사용이 되고 있는 상황에서 건설기술자의 배치 목적에 해당하는 시공관리 및 그 밖에 기술상 관리가 거의 필요 없는 시공기술상 특성이 있는 경우라면 계약당사자간의 합의에 의하여 공사현장에 배치하여야 할 건설기술자의 자격종목 · 등급 또는 인원수를 따로 정한 때에는 그에 의할 수 있다고 규정하고 있으므로 질의의 경우 구체적인 사항은 발주자와 협의하여 주시기 바랍니다.

39 공사예정금액이 당초 700억원에서 700억원 이하로 변경된 경우 건설기술자를 특급기술사로 배치할 수 있는지

질의요지

공사예정금액이 당초 700억원에서 700억원 이하로 변경된 경우 건설기술자를 특급기술사로 배치할 수 있는지

회신내용

건설산업기본법 제40조제1항 및 같은 법 시행령 제35조제2항에 따라 건설업자는 건설공사의 시공관리 기타 기술상의 관리를 위하여 별표5의 기준에 따라 공사예정금액의 규모에 적합한 건설기술자를 건설공사현장에 1인 이상 배치하도록 규정하고 있습니다.

건설기술자 배치는 해당 공사의 공사예정금액 기준으로 배치하므로 설계변경으로 공사예정금액이 변경된 경우라면 설계변경이 반영된 발주자의 설계금액을 기준으로 배치하여야 할 것으로 판단되나 건설기술자는 시공관리 기타 기술상관리를 위하여 배치하는 만큼 구체적인 사항은 발주자와 협의하여 주시기 바랍니다.

40 현장배치 건설기술자가 당해 회사를 퇴사한 경우 다른 건설기술자 재배치시까지 공백이 발생해도 되는지

질의요지

현장배치 건설기술자가 당해 회사를 퇴사한 경우 다른 건설기술자 재배치시까지 공백이 발생해도 되는지

회신내용

건설산업기본법 제40조제1항 및 같은 법 시행령 제35조제2항에 따라 건설업자는 건설공사의 시공관리 기타 기술상의 관리를 위하여 별표5의 기준에 따라 공사예정금액의 규모에 적

합한 건설기술자를 건설공사현장에 1인 이상 배치하도록 규정하고 있습니다.

따라서 동 규정에 의한 건설기술자는 현장에 상주하여 도급받은 공사의 시공관리 기타 기술상의 관리를 담당토록 한 취지를 고려할 때, 해당 건설기술자가 퇴사한 경우 즉시 다른 건설기술자를 배치하여야 할 것입니다.

41 건축주의 사정에 의해 공사가 무기한 중단된 경우 건축공사현장에 배치한 건설기술자를 다른 건설공사의 현장대리인으로 배치 가능한지

질의요지

건축주의 사정에 의해 공사가 무기한 중단된 경우 건축공사현장에 배치한 건설기술자를 다른 건설공사의 현장대리인으로 배치 가능한지

회신내용

현장대리인은 공사계약일반조건(소관 안전행정부 또는 기획재정부)에 따라 배치하는 것이며, 이 예규에서 건설산업기본법 시행령 제35조 별표5 등 공사관련 법령에 따른 기술자 배치기준에 적합한 자를 말한다라고 규정하고 있으며, 원하도급간의 현장대리인의 배치는 당사자간에 계약조건에 따라 배치하여야 할 것으로 사료됩니다.

다만, 질의하신 사항이 건설산업기본법 제40조에 따른 건설기술자라면 제40조제1항 및 같은 법 시행령 제35조제2항에 건설업자는 건설공사의 시공관리 기타 기술상의 관리를 위하여 별표5의 기준에 따라 공사예정금액의 규모에 따라 적합한 건설기술자를 건설공사의 착수와 동시에 1인 이상 배치하도록 규정하면서, 다만 시공관리, 품질 및 안전에 지장이 없는 경우로서 일정 기간 해당 공종의 공사가 중단되는 경우, 예산의 부족, 용지의 미보상 등 발주자의 책임있는 사유 또는 천재지변 등 불가항력으로 공사가 일정기간 중단된 경우 등 국토교통부령으로 정하는 요건에 해당하여 발주자가 서면으로 승낙하는 경우에는 배치하지 아니할 수 있도록 규정하고 있습니다.

따라서, 건설기술자 배치는 시공관리 기타 기술상의 관리를 위하여 배치하는 것으로서 건설공사 착수 후 건설산업기본법 시행규칙 제30조의2에 해당하여 해당 공사가 중지되는 경우

발주자의 서면승낙을 받아 해당 건설공사 현장에 건설기술자를 배치하지 아니할 수 있음을 알려 드립니다.

42 건설기술자, 현장소장이 현장대리인인지와 한사람이 건설기술자와 현장소장, 현장대리인에 선임가능한지, 현장사망사고 발생시 처벌과 책임 비율은

질의요지

건설기술자, 현장소장이 현장대리인인지와 한사람이 건설기술자와 현장소장, 현장대리인에 선임가능한지, 현장사망사고 발생시 처벌과 책임 비율은

회신내용

건설산업기본법 제40조제1항 및 같은 법 시행령 제35조제2항에 당해 공사의 공종에 상응한 건설기술자(건설공사의 시공관리, 그 밖의 기술상의 관리)를 같은 법 시행령 별표5의 기준에 따라 건설공사현장에 1인 이상 배치하도록 규정하고 있으며, 동 법령에 따른 건설기술자란 해당 건설공사의 시공관리 기타 기술상의 관리를 위해 같은 법 시행령 제35조제5항 및 시행규칙 제31조제1항의 규정에 의거 같은 법 시행규칙 별지 제25호 서식의 현장배치확인표에 발주자의 확인을 받은 자를 말하는 것입니다.

아울러 예규 공사계약일반조건 제14조에서는 계약상대자는 계약된 공사에 적격한 공사현장대리인(건설산업기본법 시행령 제35조 별표5 등 공사 관련 법령에 따른 기술자 배치기준에 적합한 자를 말한다)을 지명하여 계약담당공무원에게 통지하여야 하고 공사현장대리인은 공사현장에 상주하여 계약문서와 공사감독관의 지시에 따라 공사현장의 관리 및 공사에 관한 모든 사항을 처리하여야 한다고 규정하고 있습니다. 또한 민간건설공사 표준도급계약서에 계약상대자는 착공전에 건설산업기본법령에서 정한 바에 따라 당해 공사의 주된 공종에 상응하는 건설기술자를 현장에 배치하고 그 중 1인을 현장대리인으로 선임 후 발주자에 통지하도록 하고 있습니다.

따라서 상기 규정에 따라 건설산업기본법에서 규정하고 있는 건설공사현장에 배치하는 건설기술자(시공관리 기타 기술상의 관리를 위해 배치되는 자)와 계약관계 법령에서 정하고 있는 현장대리인(공사현장의 관리 및 공사에 관한 모든 사항을 처리하기 위해 해당 현장에 업체

를 대표해서 대리자로 배치되는 자)은 그 역할과 관계 법령이 다릅니다. 다만 현장대리인은 건설현장에 배치되는 건설기술자와 겸직이 가능하다 할 것입니다.

아울러 건설산업기본법 제93조에 따라 같은 법 제40조제1항에 따라 건설 현장에 배치된 건설기술자로서 건설공사의 안전에 관한 법령을 위반하여 건설공사를 시공함으로써 공중의 위험을 발생하게 하거나 사람을 죽거나 다치게 한는 10년 이하의 징역에 처하여 질수 있으며, 이에 대한 처벌과 책임비율은 사법기관에서 사실관계를 바탕으로 판단할 사항임을 알려 드립니다.

43 축구장 및 야구장 부지조성공사 현장에서 배치할 현장대리인의 시공관리경력이 '해당공사와 같은 종류의 공사현장'의 시공경력으로서 단지조성(부지조성)도 해당되는지

질의요지

축구장 및 야구장 부지조성공사 현장에서 배치할 현장대리인의 시공관리경력이 '해당공사와 같은 종류의 공사현장'의 시공경력으로서 단지조성(부지조성)도 해당되는지

회신내용

건설산업기본법 제40조제1항 및 같은 법 시행령 제35조에 따라 해당 공사의 공종에 상응하고 공사예정금액 규모에 적합한 건설기술자를 같은 법 시행령 별표5의 기준에 따라 건설공사현장에 1인 이상 배치하여야 하며, 공사예정금액이 30억원 이상인 공사의 건설기술자 배치기준에서는 건설기술진흥법에 따른 건설기술자 중 해당 직무분야의 초급기술자로서 해당공사와 같은 종류의 공사현장에 배치되어 시공관리업무에 3년 이상 종사한 자 등으로 규정하고 있습니다.

별표5 비고1에 "해당 직무분야"란 건설기술관리법 시행령 별표1에 따른 직무분야(건축, 토목, 기계 등)라고 규정하고 있으며, 비고2에서 "해당공사와 같은 종류의 공사현장이란" 건설기술자를 배치하려는 해당 건설공사의 목적물과 종류가 같거나 비슷하고 시공기술상의 특성이 비슷한 공사로 규정하고 있습니다.

따라서, 질의하신 건축공사 현장에 배치할 건설기술자에 대한 배치에 대한 판단은 일반적으

로 건설기술자 경력증명서란의 공사종류 등으로 확인하고 있으며, 단지조성이 축구장 및 야구장 등 운동장 조성공사가 아니라면 건설기술자 배치기준에 적합하지 않을 것으로 보이나, 구체적으로 이에 해당되는지 여부는 경력증명서 등을 토대로 당해 공사의 설계내용, 시공특성 등을 종합적으로 고려하여 발주자가 판단하여 결정한 사항임을 알려 드립니다.

아울러 현장대리인은 공사일반계약조건(기획재정부 계약예규 등) 등에서 정하고 있는 사항이므로 당사자간 계약조건, 관련 규정 등을 감안하여 조치하실 내용임을 알려 드리며, 건설산업기본법 제40조에서 규정하고 있는 건설기술자 배치는 해당 건설업자가 도급받은 공사예정금액을 기준으로 하는 것임을 알려드립니다.

44 장기계속공사의 경우 발주처가 공사 중지한 기간에 건설기술자를 배치하지 않은 경우 행정처분 여부

질의요지

장기계속공사의 경우 발주처가 공사 중지한 기간에 건설기술자를 배치하지 않은 경우 행정처분 여부

회신내용

현장대리인은 공사계약일반조건(소관 안전행정부 또는 기획재정부)에 따라 배치하는 것이며, 이 예규에서 건설산업기본법 시행령 제35조 별표5 등 공사관련 법령에 따른 기술자 배치기준에 적합한 자를 말한다라고 규정하고 있으며, 원하도급간의 현장대리인의 배치는 당사자간에 계약조건에 따라 배치하여야 할 것으로 사료됩니다.

다만, 질의하신 사항이 건설산업기본법 제40조에 따른 건설기술자라면 제40조제1항 및 같은 법 시행령 제35조제2항에 건설업자는 건설공사의 시공관리 기타 기술상의 관리를 위하여 별표5의 기준에 따라 공사예정금액의 규모에 따라 적합한 건설기술자를 건설공사의 착수와 동시에 1인 이상 배치하도록 규정하면서, 다만 시공관리, 품질 및 안전에 지장이 없는 경우로서 일정 기간 해당 공종의 공사가 중단되는 경우, 예산의 부족, 용지의 미보상 등 발주자의 책임있는 사유 또는 천재지변 등 불가항력으로 공사가 일정기간 중단된 경우 등 국토교통부령으로 정하는 요건에 해당하여 발주자가 서면으로 승낙하는 경우에는 배치하지 아니할 수 있도록 규정하고 있습니다.

따라서, 건설기술자 배치는 시공관리 기타 기술상의 관리를 위하여 배치하는 것으로 건설공사 착수 후 건설산업기본법 시행규칙 제30조의2에 해당하여 해당 공사가 중지되는 경우로서 발주자의 서면승낙 없이 건설기술자를 배치하지 않는 것에 대한 행정처분여부에 대하여는 발주자의 서면승낙 거부사유가 정당한지 등 사실관계를 바탕으로 처분청에서 판단할 사항임을 알려 드립니다.

45 미장 · 방수 · 조적공사업에 등록된 건설업자가 동일한 건설공사 현장에 조적공사와 타일공사를 각각 하도급 받은 경우 현장대리인을 중복배치 할 수 있는지

질의요지

미장 · 방수 · 조적공사업에 등록된 건설업자가 동일한 건설공사 현장에 조적공사와 타일공사를 각각 하도급 받은 경우 현장대리인을 중복배치 할 수 있는지

회신내용

건설산업기본법 제40조제1항 및 같은 법 시행령 제35조에 따라 건설업자는 건설공사의 시공관리, 그 밖에 기술상의 관리를 위하여 같은 법 시행령 별표5에 따른 건설기술자를 1명 이상 배치하여야 합니다.

또한, 건설산업기본법 시행령 제35조제3항에 이미 시공중에 있는 공사의 현장에서 새로이 행하여지는 동일한 종류의 공사에 해당하는 경우 공사품질 및 안전에 지장이 없는 범위에서 발주자의 승낙을 받아 1인의 건설기술자를 3개의 건설공사현장에 배치할 수 있다고 규정하고 있습니다.

따라서, 질의하신 공사의 경우 동일한 건설업종에 해당하는 건설업자가 동일한 건설공사현장에서 동일한 업종의 업무내용에 해당하는 2개 공사를 하도급 받은 경우로서 이미 시공중에 있는 공사의 현장에서 새로이 행하여 지는 동일한 종류의 공사에 해당하는 경우에는 공사품질 및 안전에 지장이 없는 범위에서 발주자의 승낙을 받아 1인의 건설기술자를 배치할 수 있다고 판단되나, 구체적인 사항은 위 규정과 당해 계약내용을 토대로 시공기술상의 특성과 현장여건을 감안하여 발주자와 협의하여 주시기 바랍니다.

46 공사예정금액이 700억원 이상인 공동주택의 건설기술자 배치시 기술사를 배치해야 하는지와 공사예정금액이 950억원 규모의 주상복합 4개동(오피스텔, 공동주택)의 건설기술자 배치 기준은

질의요지

공사예정금액이 700억원 이상인 공동주택의 건설기술자 배치시 기술사를 배치해야 하는지와 공사예정금액이 950억원 규모의 주상복합 4개동(오피스텔, 공동주택)의 건설기술자 배치 기준은

회신내용

건설산업기본법 제40조제1항 및 같은 법 시행령 제35조제2항에 따라 건설업자는 건설공사의 시공관리 기타 기술상의 관리를 위하여 시행령 별표5의 기준에 따라 공사예정금액의 규모에 적합한 건설기술자를 건설공사현장에 1인 이상 배치하도록 규정하고 있으며, 다만, 시공기술상의 특성을 감안하여 도급계약 당사자간의 합의에 의하여 공사현장에 배치하여야 할 건설기술자의 자격종목·등급 또는 인원수를 따로 정한 때에는 그에 의하도록 규정하고 있습니다.

또한, 같은 법 시행령 별표5에 따라 공사예정금액 700억원 이상으로서 제88조의 주요시설물이 포함된 건설공사의 경우에는 건설기술자의 배치기준을 기술사로 규정하고 있으며, 연면적 5천m^2 이상의 판매시설이나 16층 이상 건축물(주택법 제2조제2호의 규정에 의한 공동주택은 제외) 등의 시설물을 주요시설물로 규정하고 있습니다.

따라서, 700억원 이상의 공동주택의 경우에는 시행령 별표5의 공사예정금액의 규모별 건설기술자 배치기준에 따라 500억원 이상에 해당되는 건설기술자 배치기준에 따르면 되고, 공사예정금액이 950억원 규모로 오피스텔이 포함된 주상복합 건물이 16층 이상인 시설물에 해당된다면 건설기술자 배치기준에 따라 기술사를 배치하여야 함을 알려 드립니다.

47 건설공사 현장에 배치할 현장대리인은 수급인과 하수급인 중 누가 배치해야하는지

질의요지

건설공사 현장에 배치할 현장대리인은 수급인과 하수급인 중 누가 배치해야하는지

회신내용

건설산업기본법 제40조제1항 및 같은 법 시행령 제35조제2항에 따라 건설기술자의 배치는 별표5의 공사예정금액의 규모별 건설기술자 배치기준에 의하여야 한다고 규정하고 있습니다. 다만, 건설공사의 시공기술상 특성을 감안하여 도급계약 당사자간의 합의에 의하여 공사현장에 배치하여야 할 건설기술자의 자격종목 · 등급 또는 인원수를 따로 정한 때에는 그에 의한다고 규정하고 있습니다.

건설산업기본법에서 규정하고 있는 건설기술자는 그 공사의 시공관리 기타 기술상의 관리를 위해 배치하는 것이므로 수급인은 수급인이 받은 공사예정금액에 맞는 건설기술자를 하수급인은 하수급인이 받은 공사예정금액에 맞는 건설기술자를 각각 배치하여야 함을 알려드립니다.

아울러 질의하신 내용이 현장대리인과 관련된 사항이라면 이는 공사일반계약조건(기획재정부 계약예규 등) 등에서 정하고 있는 사항이므로 당사자간 계약조건, 관련 규정 등을 감안하여 현장대리인 선임 등을 조치하여야 할 것임을 알려 드립니다.

48 건설산업기본법 시행령 제35조 별표5의 건설기술자 배치와 관련하여 공사예정금액의 의미는

질의요지

건설산업기본법 시행령 제35조 별표5의 건설기술자 배치와 관련하여 공사예정금액의 의미는

회신내용

건설산업기본법 제40조제1항 및 같은 법 시행령 제35조제2항에 따라 건설기술자의 배치는 별표5의 공사예정금액의 규모별 건설기술자 배치기준에 의하여야 한다고 규정하고 있고, 이 경우 공사예정금액은 같은 법 시행령 제8조 규정의 본문에 따라 동일한 공사를 2개 이상의 계약으로 분할하여 발주하는 경우에는 각각의 공사예정금액을 합산한 금액으로 하고 발주자(하도급의 경우에는 수급인 포함)가 재료를 제공하는 경우에는 그 재료의 시장가격 및 운임을 포함한 금액으로 규정하고 있습니다.

건설기술자의 배치와 관련하여서는 건설산업기본법 제40조제1항 및 같은 법 시행령 제35조에서 건설업자는 건설공사의 시공관리, 그 밖의 기술상의 관리를 위해 해당 공사의 공종에 상응하고 공사예정금액 규모에 적합한 건설기술자를 같은 법 시행령 별표5의 기준에 따라 건설공사현장에 1인 이상 배치하여야 합니다.

따라서 공사예정금액이란 일반적으로 발주자의 설계금액을 의미하며, 발주자가 재료를 제공하는 경우 그 재료의 시장가격 및 운임을 포함한 금액이므로 발주자가 제공하는 관급자재의 경우도 공사예정금액에 포함됨을 알려 드립니다.

49 5천㎡ 이상의 판매시설로서 공사예정금액이 700억원 이상인 경우 건설공사현장에 배치할 건설기술자인 기술사를 도급계약 당사자간의 합의에 따라 그 외 건설기술자로 배치할 수 있는지와 공동도급의 경우 공동도급 비율에 해당하는 공사예정금액에 맞추어 건설기술자를 배치해야 하는지

질의요지

5천㎡ 이상의 판매시설로서 공사예정금액이 700억원 이상인 경우 건설공사현장에 배치할 건설기술자인 기술사를 도급계약 당사자간의 합의에 따라 그 외 건설기술자로 배치할 수 있는지와 공동도급의 경우 공동도급 비율에 해당하는 공사예정금액에 맞추어 건설기술자를 배치해야 하는지

회신내용

건설산업기본법 제40조제1항 및 같은 법 시행령 제35조제2항에 따라 건설업자는 건설공사

의 시공관리 기타 기술상의 관리를 위하여 시행령 별표5의 기준에 따라 공사예정금액의 규모에 적합한 건설기술자를 건설공사현장에 1인 이상 배치하도록 규정하고 있으며, 다만, 시공기술상의 특성을 감안하여 도급계약당사자간의 합의에 의하여 공사현장에 배치하여야 할 건설기술자의 자격종목 · 등급 또는 인원수를 따로 정한 때에는 그에 의하도록 규정하고 있습니다.

또한, 같은 법 시행령 별표5에 따라 공사예정금액 700억원 이상으로서 제88조의 주요시설물이 포함된 건설공사의 경우에는 건설기술자의 배치기준을 기술사로 규정하고 있으며, 연면적 5천㎡ 이상의 판매시설을 주요시설물로 규정하고 있습니다.

따라서, 질의하신 판매시설의 경우 시공관리 기타 기술상의 관리를 위해서 배치하는 건설기술자의 배치기준은 위 규정에 따라 기술사로 한정하고 있으므로 시공 기술상 특성상 그 외 건설기술자로 배치가 가능한 객관적인 근거가 없다면 그 외 건설기술자로 배치로 어려울 것으로 판단됩니다.

또한, 공동이행방식의 공동도급의 경우 건설공사 공동도급운영 규정 제10조제1항에 따라 공동이행방식에 있어서 공동수급체는 전체 건설공사에 대하여 건설산업기본법에 따른 건설기술자의 배치를 하여야 한다라고 규정하고 있으므로 공동수급체는 전체 건설공사의 예정금액 기준에 적합한 건설기술자를 배치하여야 하며, 분담이행방식의 경우 각 구성원은 분담시공하는 공사에 대하여 건설기술자를 배치하므로 각각 도급받은 공사예정금액을 기준으로 배치하여야 할 것으로 판단되나, 건설기술자는 시공관리 기타 기술상의 관리를 위하여 배치하는 만큼 구체적인 사항은 발주자와 협의하여 주시기 바랍니다.

50 건설기술자의 배치와 관련 아파트 기계설비공사의 경우 '당해 공사의 공종'과 '해당 직무분야'를 감안할 경우 건축설비기사 자격을 가진 건설기술자가 아파트건설공사 기계설비공사 현장대리인으로 가능한지

질의요지

건설기술자의 배치와 관련 아파트 기계설비공사의 경우 '당해 공사의 공종'과 '해당 직무분야'를 감안할 경우 건축설비기사 자격을 가진 건설기술자가 아파트건설공사 기계설비공사 현장대리인으로 가능한지

회신내용

건설산업기본법 제40조제1항 및 같은 법 시행령 제35조에 따른 건설기술자 배치에 관한 사항이라면 해당 공사의 공종에 상응하고 공사예정금액 규모에 적합한 건설기술자를 같은 법 시행령 별표5의 기준에 따라 건설공사현장에 1인 이상 배치하여야 합니다. 다만, 건설공사의 시공기술상 특성을 감안하여 도급계약당사자간의 합의에 의하여 공사현장에 배치하여야 할 건설기술자의 자격종목 · 등급 또는 인원수를 따로 정한 때에는 그에 의한다고 규정하고 있습니다.

또한, 별표5 비고1에 "해당 직무분야"란 건설기술진흥법 시행령 별표1에 따른 직무분야(건축, 토목, 기계 등)라고 규정하고 있습니다.

따라서 질의하신 아파트 기계설비공사의 공종은 기계에 해당하고, 건설산업기본법 시행령 35조제1항에 별표5 비고1에 "해당 직무분야"이란 국가기술자격법 제2조제3호 또는 건설기술진흥법 시행령 별표1에 따른 직무분야(건축, 토목, 기계 등)로 규정하고 있으므로 질의의 공사가 건축공사가 아닌 기계설비공사라면 직무분야가 기계인 건설기술자를 배치하여야 할 것으로 판단됩니다.

아울러 현장대리인은 공사일반계약조건(기획재정부 계약예규 등) 등에서 정하고 있는 사항이므로 당사자간 계약조건, 관련 규정 등을 감안하여 조치하실 내용임을 알려 드립니다.

51 30억원 미만의 건설공사의 건설기술자 배치시 건축설계사무소에서 설계관련 업무 경력을 '해당공사와 같은 종류의 공사현장에 배치되어 시공관리업무'에 3년 이상 종사한자로 볼 수 있는지

질의요지

30억원 미만의 건설공사의 건설기술자 배치시 건축설계사무소에서 설계관련 업무 경력을 '해당공사와 같은 종류의 공사현장에 배치되어 시공관리업무'에 3년 이상 종사한자로 볼 수 있는지

회신내용

건설기술자의 배치와 관련하여서는 건설산업기본법 제40조제1항 및 같은 법 시행령 제35조

규정에 따라 건설업자는 건설공사의 시공관리, 그 밖의 기술상의 관리를 위해 해당 공사의 공종에 상응하고 공사예정금액 규모에 적합한 건설기술자를 같은 법 시행령 별표5의 기준에 따라 건설공사 현장에 1인 이상 배치하여야 합니다. 다만, 건설공사의 시공기술상 특성을 감안하여 도급계약 당사자간의 합의에 의하여 공사현장에 배치하여야 할 건설기술자의 자격종목 등급 또는 인원수를 따로 정한 때에는 그에 의한다고 규정하고 있습니다.

건설산업기본법 시행령 별표5의 공사예정금액의 규모별 건설기술자 배치기준의 비고2에 "해당 공사와 같은 종류의 공사현장"이란 건설기술자를 배치하려는 '해당 건설공사의 목적물과 종류가 같거나 비슷하고 시공기술상의 특성이 비슷한 공사를 말한다' 라고 규정하고 있고, "시공관리업무"란 건설공사의 현장에서 공사의 설계서 검토 · 조정, 시공, 공정 또는 품질의 관리, 검사 · 검측 · 감리, 기술지도 등 건설공사의 시공과 직접관련되어 행하여지는 업무를 말한다고 정하고 있습니다.

따라서 설계사무소의 설계업무 경력은 건설공사현장에서 설계서 검토 · 조정이 이루어지지 않는 경우에 해당되어 시공관리업무에는 해당되지 않을 것으로 사료되나, 건설기술자는 시공관리 기타 기술상관리를 위하여 배치하는 발주자가 건설기술자의 근무 경력 등과 위 규정을 토대로 판단할 사항임을 알려드리니 세부적인 사항은 발주자와 협의하여 주시기 바랍니다.

52 ○○ 건설공사 현장에 배치되어 있는 건설기술자를 다른 건설공사의 착공계 제출시 건설기술자로 선임해도 되는지

질의요지

○○ 건설공사 현장에 배치되어 있는 건설기술자를 다른 건설공사의 착공계 제출시 건설기술자로 선임해도 되는지

회신내용

건설산업기본법 제40조제1항 및 같은 법 시행령 제35조제2항에 따라 건설업자는 건설공사의 시공관리 기타 기술상의 관리를 위하여 별표5의 기준에 따라 공사예정금액의 규모에 적합한 건설기술자를 건설공사현장에 1인 이상을 당해 건설공사의 착수와 동시에 배치하도록

규정하고 있습니다.

또한, 같은 법 시행규칙 제31조에 따라 건설기술자를 공사현장에 배치한 때에는 배치일부터 7일 이내에 당해 건설기술자로 하여금 별지 제25호 서식의 현장배치확인표에 발주자의 확인을 받도록 규정하고 있습니다.

따라서 건설공사 현장에 배치되는 건설기술자는 건설공사의 착수와 동시에 배치하여야 하므로 이미 다른 공사현장의 기술자로 배치된 경우라면 건설기술자로 배치가 어려울 것으로 판단됩니다.

53 동절기 해제 후 재착공계를 제출할 경우 당초 현장대리인이 아닌 다른 현장대리인을 배치할 경우 발주처의 확인이 있어야 하는지

질의요지

동절기 해제 후 재착공계를 제출할 경우 당초 현장대리인이 아닌 다른 현장대리인을 배치할 경우 발주처의 확인이 있어야 하는지

회신내용

건설산업기본법 제40조제1항 및 같은 법 시행령 제35조제2항에 따라 건설업자는 건설공사의 시공관리 기타 기술상의 관리를 위하여 별표5의 기준에 따라 공사예정금액의 규모에 적합한 건설기술자를 건설공사현장에 1인 이상을 당해 건설공사의 착수와 동시에 배치하도록 규정하고 있습니다.

또한, 같은 법 시행규칙 제31조에 따라 건설기술자를 공사현장에 배치한 때에는 배치일부터 7일 이내에 당해 건설기술자로 하여금 별지 제25호 서식의 현장배치확인표에 발주자의 확인을 받도록 규정하고 있습니다.

따라서, 당초 건설공사현장에 배치한 건설기술자가 아닌 다른 건설기술자를 배치하는 경우에도 법 시행규칙 제25호 서식에 따라 발주자의 확인을 받아야 할 것으로 판단되나, 구체적으로 현장에 배치할 건설기술자의 배치 방법에 대하여는 발주자와 협의하여 주시기 바랍니다.

아울러 질의하신 내용이 현장대리인과 관련된 사항이라면 이는 공사일반계약조건(기획재정

부 계약예규 등) 등에서 정하고 있는 사항이므로 당사자간 계약조건, 관련 규정 등을 감안하여 현장대리인 선임 등을 조치하여야 할 것임을 알려 드립니다.

54 하수급인의 건설기술자가 무단 현장이탈시 제재사항과 해당 공종에 상응하는 건설기술자를 수급인이 배치할 경우 하수급인은 배치하지 아니해도 되는지

질의요지

하수급인의 건설기술자가 무단 현장이탈시 제재사항과 해당 공종에 상응하는 건설기술자를 수급인이 배치할 경우 하수급인은 배치하지 아니해도 되는지

회신내용

건설산업기본법 제40조제1항 및 같은 법 시행령 제35조에 따른 건설기술자 배치시 해당 공사의 공종에 상응하고 공사예정금액 규모에 적합한 건설기술자를 같은 법 시행령 별표5의 기준에 따라 건설공사의 착수와 동시에 배치하여야 하며, 제2항에서는 건설공사 현장에 배치된 건설기술자는 발주자의 승낙을 받지 아니하고는 정당한 사유없이 그 건설공사 현장을 이탈하여서는 아니된다고 규정하고 있습니다.

같은 법 제100조에서는 제40조제2항을 위반하여 건설공사현장을 이탈한 건설기술자에게 50만원 이하의 과태료를 부과한다고 규정하고 있습니다.

따라서 질의한 내용이 발주자의 승낙을 받지 아니하고 정당한 사유없이 그 건설공사를 이탈할 경우에는 그 건설기술자에게 50만원 이하의 과태료를 부과하도록 하고 있고, 수급인으로부터 하도급받은 건설공사의 현장에 하도급 받은 공사의 시공관리, 그 밖의 기술상의 관리를 위해 하수급인의 건설기술자도 배치하여야 함을 알려 드립니다.

55 아파트 건설공사로서 30억원 미만 타일공사의 경우 건설공사현장에 배치하여야 할 건설기술자의 업무시설 및 주상복합 등의 타일공사 건설기술경력을 '해당 건설공사와 같은 종류의 공사현장'으로 볼 수 있는지

질의요지

아파트 건설공사로서 30억원 미만 타일공사의 경우 건설공사현장에 배치하여야 할 건설기술자의 업무시설 및 주상복합 등의 타일공사 건설기술경력을 '해당 건설공사와 같은 종류의 공사현장'으로 볼 수 있는지

회신내용

건설기술자의 배치와 관련하여서는 건설산업기본법 제40조제1항 및 같은 법 시행령 제35조 규정에 따라 건설업자는 건설공사의 시공관리, 그 밖의 기술상의 관리를 위해 해당 공사의 공종에 상응하고 공사예정금액 규모에 적합한 건설기술자를 같은 법 시행령 별표5의 기준에 따라 건설공사 현장에 1인 이상 배치하여야 합니다. 다만, 건설공사의 시공기술상 특성을 감안하여 도급계약 당사자간의 합의에 의하여 공사현장에 배치하여야 할 건설기술자의 자격종목 · 등급 또는 인원수를 따로 정한 때에는 그에 의한다고 규정하고 있습니다.

아파트 건설공사현장과 업무시설 및 주상복합건물 건설현장을 같은 종류의 공사현장으로 볼 것인지는 건설산업기본법 시행령 별표5 비고2에 "해당 공사와 같은 종류의 공사현장"이란 건설기술자를 배치하려는 '해당 건설공사의 목적물과 종류가 같거나 비슷하고 시공기술상의 특성이 비슷한 공사를 말한다' 라고 규정하고 있고, 일반적으로 건설기술자 경력증명서란의 공사종류 등으로 확인하고 있으며, 건설공사의 종류에 있어 건축물의 경우 건축법 시행령 별표1에 의한 용도별 건축물의 종류에 따라 판단하고 있습니다. 따라서 아파트와 업무시설 및 주상복합은 건축물의 용도를 달리하고 있으므로 같은 공사와 같은 종류의 공사현장으로 보기 어려울 것으로 판단됩니다.

다만, 건설공사의 시공기술상 특성을 감안하여 도급계약 당사자간의 합의에 의하여 공사현장에 배치하여야 할 건설기술자의 자격종목 · 등급 또는 인원수를 따로 정한 때에는 그에 의할 수 있음을 알려드립니다.

56 조경식재와 조경시설물설치 공사를 1건으로 하도급 받은 건설공사현장에 현장대리인 각각 1인씩 선임해야 하는지

질의요지

조경식재와 조경시설물설치 공사를 1건으로 하도급 받은 건설공사현장에 현장대리인 각각 1인씩 선임해야 하는지

회신내용

건설기술자의 배치와 관련하여서는 건설산업기본법 제40조제1항 및 같은 법 시행령 제35조 규정에 따라 건설업자는 건설공사의 시공관리, 그 밖의 기술상의 관리를 위해 해당 공사의 공종에 상응하고 공사예정금액 규모에 적합한 건설기술자를 같은 법 시행령 별표5의 기준에 따라 건설공사 현장에 1인 이상 배치하여야 합니다. 다만, 건설공사의 시공기술상 특성을 감안하여 도급계약 당사자간의 합의에 의하여 공사현장에 배치하여야 할 건설기술자의 자격종목·등급 또는 인원수를 따로 정한 때에는 그에 의한다고 규정하고 있습니다.

따라서 질의하신 공사를 조경식재공사업과 조경시설물설치공사업에 모두 등록되어 하도급 받은 경우라면 당해 공사의 공종에 상응하는 건설기술자를 각각 배치하여야 할 것으로 판단됩니다.

아울러 질의하신 내용이 현장대리인과 관련된 사항이라면 이는 공사일반계약조건(기획재정부 계약예규 등) 등에서 정하고 있는 사항이므로 당사자간 계약조건, 관련 규정 등을 감안하여 현장대리인 선임 등을 조할 것임을 알려 드립니다.

57 조경공사와 토목공사가 복합된 건설공사의 현장대리인 선임시 조경기술자로 배치해야 하는지 토목기술자로 배치해야 하는지

질의요지

조경공사와 토목공사가 복합된 건설공사의 현장대리인 선임시 조경기술자로 배치해야 하는지 토목기술자로 배치해야 하는지

회신내용

건설기술자의 배치와 관련하여서는 건설산업기본법 제40조제1항 및 같은 법 시행령 제35조 규정에 따라 건설업자는 건설공사의 시공관리, 그 밖의 기술상의 관리를 위해 해당 공사의 공종에 상응하고 공사예정금액 규모에 적합한 건설기술자를 같은 법 시행령 별표5의 기준에 따라 건설공사 현장에 1인 이상 배치하여야 합니다. 다만, 건설공사의 시공기술상 특성을 감안하여 도급계약 당사자간의 합의에 의하여 공사현장에 배치하여야 할 건설기술자의 자격종목 · 등급 또는 인원수를 따로 정한 때에는 그에 의한다고 규정하고 있습니다.

따라서 질의하신 공사가 조경공사와 토목공사가 복합된 건설공사이고 해당 업종을 모두 등록한 건설업자로 도급 또는 하도급 받은 경우라면 당해 공사의 공종에 상응하는 건설기술자를 각각 배치하여야 할 것으로 판단되나 구체적인 사항은 위 규정과 당해 계약내용을 토대로 시공기술상의 특성과 현장여건을 감안하여 발주자와 협의하여 주시기 바랍니다.

아울러 질의하신 내용이 현장대리인과 관련된 사항이라면 이는 공사일반계약조건(기획재정부 계약예규 등) 등에서 정하고 있는 사항이므로 당사자간 계약조건, 관련 등을 감안하여 현장대리인 선임 등을 조치하여야 할 것임을 알려 드립니다.

58 발주자가 다르나 수급인이 동일한 8개 블록에서 시행되는 각각의 건설공사의 경우 현장대리인을 주민 대표위원회가 협의하여 1인으로 중복 배치할 수 있는지

질의요지

발주자가 다르나 수급인이 동일한 8개 블록에서 시행되는 각각의 건설공사의 경우 현장대리인을 주민 대표위원회가 협의하여 1인으로 중복 배치할 수 있는지

회신내용

건설산업기본법 제40조제1항 및 같은 법 시행령 제35조에 따라 건설업자는 건설공사의 시공관리, 그 밖에 기술상의 관리를 위하여 같은 법 시행령 별표5에 따른 건설기술자를 1명 이상 배치하여야 합니다.

또한, 건설산업기본법 시행령 제35조제3항에 '공사예정금액이 5억원 미만의 동일한 종류의 공사로서 동일 시 · 군과 제주도의 지역에서 행하여지는 공사나 시 · 군을 달리하는 인접한 지역에서 행하여지는 공사로서 발주자가 시공관리 기타 기술상의 관리에 지장이 없다고 인정하는 공사'와 '이미 시공중에 있는 공사의 현장에서 새로이 행하여지는 동일한 종류의 공사'에 해당하는 경우 공사품질 및 안전에 지장이 없는 범위에서 발주자의 승낙을 받아 1인의 건설기술자를 3개의 건설공사현장에 배치할 수 있다고 규정하고 있습니다.

따라서, 질의하신 건설공사의 경우 착공신고와 사업승인을 별도로 받은 별개의 건설 공사에 해당되는 경우라면 블록별 공사현장에 각각 건설기술자를 배치하여야 할 것으로 판단되나, 구체적인 사항은 위 규정과 당해 계약내용을 토대로 시공기술상의 특성과 현장여건을 감안하여 발주자와 협의하여 주시기 바랍니다.

아울러 질의하신 내용이 현장대리인과 관련된 사항이라면 이는 공사일반계약조건(기획재정부 계약예규 등) 등에서 정하고 있는 사항이므로 당사자간 계약조건, 관련 규정 등을 감안하여 현장대리인 선임 등을 조치하여야 할 것임을 알려 드립니다.

제5편

하자담보책임

제1장 하자담보책임 유무

01 감리확인 후 준공한 부분에 하자가 발생할 때 하자담보책임 유무

질의요지

감리확인 후 준공한 부분에 하자가 발생할 때 하자담보책임 유무

회신내용

하자인지 여부는 설계내용 등을 토대로 계약당사자가 판단할 사항입니다.

건설산업기본법 제28조 및 같은 법 시행령 제30조 별표4에 따라 수급인은 발주자에 대하여 건설공사의 완공일로부터 일정기간 하자담보책임을 부담하여야 하나, 같은 법 제28조제3항의 규정에 의거 다른 법령(민법 제670조 및 제671조 제외)에 특별한 규정이 있거나 도급계약(하도급계약 포함)에서 따로 정한 경우에는 그 법령이나 도급계약이 정하는 바에 따르도록 규정하고 있습니다.

하자담보책임은 공사의 시공상 잘못으로 인한 하자에 대한 책임이며 시공상의 하자에 대하여는 건설산업기본법령상 명시적으로 규정하고 있지 아니하나, 일반적으로 시공상의 하자라 함은 시설물이 설계도서에 적합하지 않게 시공되었거나 시공 후 균열, 파손, 누수 또는 기능상의 장애 등이 발생한 부분을 말하는 것이며, 하자담보책임 여부에 대하여는 당해 계약내용 및 설계도서와 시공경위, 하자발생원인 등을 종합적으로 검토하여 민사관계법령 등을 토대로 계약 당사자간에 협의하여 처리할 사항임을 알려드립니다.

02 준공처리 전에 사용으로 인하여 하자발생시 하수급인이 보수할 책임이 있는지

질의요지

준공처리 전에 사용으로 인하여 하자발생시 하수급인이 보수할 책임이 있는지

회신내용

건설공사의 하자담보책임은 수급인의 잘못으로 인하여 발생한 하자에 대한 책임이며 도급계약서에서 정한 기간에 따라 하자담보책임이 있을 것임

건설산업기본법 제28조 및 동 법 시행령 제30조 별표4에 수급인은 발주자에 대하여 건설공사의 완공일로부터 일정기간 하자담보책임이 있으며, 같은 법 제28조제3항에 따라 다른 법령(민법 제670조 및 제671조 제외)에 특별한 규정이 있거나 도급계약(하도급계약 포함)에서 따로 정한 경우에는 그 법령이나 도급계약이 정하는 바에 따르도록 규정하고 있습니다.

일반적으로 건설공사의 완공일이란 준공검사 완료일 또는 공사 목적물의 인도일 중 빠른 날을 의미하므로 건설공사의 일부를 인도 받아 이를 사용하였다면 인도 받은 부분에 대한 하자담보책임은 당해 목적물을 인도 한 날부터 하자담보책임이 있다고 할 것입니다.

03 수목 전도시 하자유무

질의요지

수목 전도시 하자유무

회신내용

질의하신 내용은 수목이 태풍으로 인하여 전도된 경우 책임이 누구에게 있는지를 질의하는 내용으로 당해 피해가 천재지변으로 인한 것인지 시공 잘못으로 인한 것인지 여부는 당초

설계내용, 계약조건 및 시공내용에 따라 판단하여야 할 사항입니다.

참고로, 국가계약법 등에 따른 계약예규 공사계약 일반조건에서는 태풍, 홍수 기타 악천후 등 계약상대자의 통제범위를 벗어나는 사태의 발생등을 불가항력으로 규정하면서 불가항력의 사유로 인하여 검사를 필한 기성부분 또는 검사를 필하지 아니한 부분중 객관적인 자료에 의하여 이미 수행되었음이 판명되는 부분 등으로 인한 손해는 발주기관이 부담하여야 한다고 규정하고 있으므로 이를 참고하시는 것이 도움이 될 것으로 사료되며 동 계약예규에 관한 자세한 사항은 동 법령 소관부처인 조달청 등에 문의하여 주시기 바랍니다.

04 대가를 지급받지 않은 부분의 하자담보책임 유무

질의요지

대가를 지급받지 않은 부분의 하자담보책임 유무

회신내용

대가를 지급받지 않고 시공한 공사의 하자담보책임 유무는 도급받은 공사의 범위내에서 이루어진 공사라면 하자담보책임이 있을 것이나 구체적인 사항은 사실관계를 확인하여 판단할 사항

건설산업기본법 제28조에 따라 수급인은 발주자에 대하여 시행령 별표4의 기간에 발생한 하자에 대하여 담보책임이 있으며, 다른 법령이나 도급계약에서 따로 정한 경우에는 그 법령이나 도급계약에서 정한 바에 따르도록 규정하고 있습니다.

또한, 같은 법 제2조제13호에 따라 "수급인"이란 발주자로부터 건설공사를 도급받은 건설업자를 말하고, 하도급인 경우 하도급하는 건설업자를 포함한다라고 규정하고 있습니다.

따라서, 질의하신 대가를 받지 않고 시공한 건설공사에 대한 하자담보책임 유무는 대가를 받지 않고 시행한 공사가 도급받은 건설공사의 범위 내에 있는 경우라야만 하자담보책임이 있을 것으로 사료되나, 구체적으로 도급받은 건설공사에 포함되는 지 여부는 계약당사자가 대가를 받지 않고 건설공사를 시행하게 된 경위, 발주자의 지시사항 및 계약내용 등을 토대로

종합적으로 검토하여 판단할 사항으로 사료됩니다.

아울러, 제28조 규정은 발주자와 수급인의 하자담보책임에 관한 사항으로 발주자에 대해 수급인이 부담하는 것이며, 같은 법 제22조 및 같은 법 시행령 제25조에 따라 하도급계약서에서 하자담보책임기간 및 담보방법 등을 정하도록 규정하고 있으므로 질의하신 원-하도급자간에 하자담보책임은 하도급계약서 내용 및 민사관계법령에 판단할 사항임을 알려드립니다.

05 하자보수 미이행시 행정처분 사항은

질의요지

하자보수 미이행시 행정처분 사항은

회신내용

건설산업기본법 제28조제1항 및 같은 법 시행령 제30조 별표4에 따라 건설업자(수급인)는 발주자에 대하여 건설공사의 완공일로부터 일정 기간 이내에 발생한 하자에 대하여 담보책임이 있습니다. 다만, 같은 법 제28조제3항에 따라 다른 법령(민법 제670조와 제671조는 제외)에 특별한 규정이 있거나 도급계약에서 따로 정한 경우에는 그 법령이나 도급계약이 정한 바에 따르도록 하고 있습니다.

한편, 건설업자가 같은 법 제28조의 규정에 의한 하자담보책임을 이행하지 아니하는 경우에는 같은 법 제81조제5호에 따라 해당 건설업자에게 하자담보책임을 이행하도록 시정명령 또는 시정지시를 할 수 있고, 해당 건설업자가 이에 응하지 아니한 때에는 영업정지 또는 과징금을 부과할 수 있도록 규정하고 있습니다.

따라서 건설업자가 하자담보책임 의무를 이행하지 아니하는 경우 발주자는 해당 건설업자의 등록관청(종합건설업자인 경우에는 시 · 도지사, 전문건설업자인 경우에는 시장 · 군수 · 구청장)에 같은 법 제81조제5호에 따른 시정명령을 하여 줄 것을 요구할 수 있을 것입니다.

06 보수한 수목 고사에 대한 책임

질의요지

보수한 수목 고사에 대한 책임

회신내용

고사 원인에 따라 결정할 사항

건설산업기본법 제28조제1항에 수급인은 발주자에 대하여 공사의 종류별로 대통령령으로 정하는 기간에 발생한 하자에 대하여 담보책임이 있다고 규정하고 있고, 같은 조 제3항에 건설공사의 하자담보책임기간에 관하여 다른 법령(민법 제670조 및 제671조는 제외한다)에 특별하게 규정되어 있거나 도급계약에서 따로 정한 경우에는 그 법령이나 도급계약에서 정한 바에 따른다고 규정하고 있습니다.

원칙적으로 건설공사의 하자담보책임은 건설공사의 완공일로부터 도급계약서에서 정한 기간까지의 하자담보책임이 있다고 할 것이며, 하자보수 공사를 시행한 후 다시 하자담보책임기간을 설정하는 것은 아닙니다. 다만, 하자보수 공사가 제대로 시행되어 하자담보책임이 소멸되었는지 등은 설계도서, 계약내용 등을 기준으로 사실관계를 판단할 사항입니다.

07 하자검사도 책임져야 하는지

질의요지

하자검사도 책임져야 하는지

회신내용

발생한 하자에 대한 담보책임임

건설산업기본법 제28조 및 동 법 시행령 제30조 별표4에 수급인은 발주자에 대하여 건설공사의 완공일로부터 일정기간에 발생한 하자에 대한 하자담보책임이 있으며, 같은 법 제28조 제3항에 건설공사의 하자담보책임기간에 관하여 다른 법령(민법 제670조 및 제671조 제외)에 특별한 규정이 있거나 도급계약(하도급계약 포함)에서 따로 정한 경우에는 그 법령이나 도급계약이 정하는 바에 따르도록 규정하고 있습니다.

일반적으로 위 규정에 따라 수급인은 하자담보책임 기간에 발생한 하자에 대하여 책임이 있을 것이며, 하자검사 등에 관한 책임을 규정하고 있지는 않으나 보다 구체적인 사항은 계약당사자의 도급계약 내용 등을 토대로 판단할 사항으로 사료됩니다.

08 보증서를 일괄로 한 경우 하자담보책임을 요구할 수 있는지

질의요지

보증서를 일괄로 한 경우 하자담보책임을 요구할 수 있는지

회신내용

사실관계에 따라 판단할 사항

건설산업기본법 제28조제1항에 수급인은 발주자에 대하여 공사의 종류별로 대통령령으로 정하는 기간에 발생한 하자에 대하여 담보책임이 있다고 규정하고 있고, 같은 조 제3항에 따라 다른 법령(민법 제670조 및 제671조 제외)에 특별한 규정이 있거나 도급계약(하도급계약 포함)에서 따로 정한 경우에는 그 법령이나 도급계약이 정하는 바에 따르도록 규정하고 있습니다.

같은 법 시행령 별표4에 따라 건축의 경우 1. 대형공공성 건축물의 기둥 및 내력벽은 10년, 2. 대형공공성 건축물 중 기둥 및 내력벽 외의 구조상 주요부분과 1외의 건축물 중 구조상 주요부분은 5년, 건축물 중 1, 2와 제15호의 전문공사를 제외한 기타부분은 1년으로 규정하고 있음을 알려드리며, 하자이행보증서와 관련하여서는 보증서의 보증 내용 및 약관 등을 토대로 보증기관과 협의하여 판단할 사항임을 알려드립니다.

09 하자담보 책임기간 이후의 하자보수 책임 유무

질의요지

하자담보 책임기간 이후의 하자보수 책임 유무

회신내용

사실관계에 따라 판단할 사항

건설산업기본법 제28조제1항에 수급인은 발주자에 대하여 공사의 종류별로 대통령령으로 정하는 기간에 발생한 하자에 대하여 담보책임이 있다고 규정하고 있고, 같은 조 제3항에 따라 다른 법령(민법 제670조 및 제671조 제외)에 특별한 규정이 있거나 도급계약(하도급계약 포함)에서 따로 정한 경우에는 그 법령이나 도급계약이 정하는 바에 따르도록 규정하고 있습니다.

건설산업기본법에 하자의 정의규정을 포함하고 있지 않으나 일반적으로 하자담보책임은 공사의 시공상 잘못으로 인한 하자에 대한 책임이며, "시공상의 하자"라 함은 시설물이 설계도서에 적합하지 않게 시공되었거나 시공후 균열, 파손, 누수 또는 기능상의 장애 등이 발생한 부분을 말하는 것으로 볼 수 있을 것입니다.

따라서, 하자담보책임 유무는 발주자에 대해 하자담보책임 기간에 발생한 하자에 대한 담보책임(하자보수공사를 시행한 경우에는 보수공사 이행 책임이 제대로 완료되었는지에 따라 판단)일 것이며, 건설업자의 시공상 잘못으로 인한 하자에 대한 책임일 것이므로 구체적인 사항은 계약당사자가 위 규정을 토대로 설계도서, 시방서 및 수목의 고사 이유 등 사실관계에 따라 판단할 사항임을 알려드립니다.

아울러, 일반적인 하자보수 요청은 발주자가 수급인에게 요청하는 것이며, 하자보수 요청 권한까지 이관되었는지 여부는 업무 이관 내용 등을 중심으로 종합적으로 판단할 사항임을 알려드립니다.

10 하자보수와 직접적인 관련이 없는 비용의 부담주체

질의요지

하자보수와 직접적인 관련이 없는 비용의 부담주체

회신내용

건설산업기본법 제28조제1항에 수급인은 발주자에 대하여 공사의 종류별로 대통령령으로 정하는 기간에 발생한 하자에 대하여 담보책임이 있다고 규정하고 있고, 같은 조 제3항에 따라 다른 법령(민법 제670조 및 제671조 제외)에 특별한 규정이 있거나 도급계약(하도급계약 포함)에서 따로 정한 경우에는 그 법령이나 도급계약이 정하는 바에 따르도록 규정하고 있습니다.

그러나 질의하신 사항은 하자담보책임을 이행하기 위한 공사시 배수에 필요한 비용 부담 주체에 관한 사항으로 하자로 인하여 발생하여 배수가 필요한 사항이라면 하자담보책임 범위에 속한 것으로 사료되나 구체적인 사항은 도급계약당사자가 위 규정과 도급계약 내용 등을 토대로 판단할 사항임을 알려드립니다.

11 하자보수 대상 공사를 다른 건설공사에 포함하여 하자보수하고 그 비용을 현금납부하는 방식으로 하자보수이행이 가능한지

질의요지

하자보수 대상 공사를 다른 건설공사에 포함하여 하자보수하고 그 비용을 현금납부하는 방식으로 하자보수이행이 가능한지

회신내용

건설산업기본법 제28조제1항 및 같은 법 시행령 제30조에서 수급인이 발주자에 대하여 공

사의 종류별로 하자담보책임기간을 정하고 있으며, 법 제28조제3항에는 건설공사의 하자담보책임기간에 관하여 다른 법령(민법 제670조 및 제671조 제외)에 특별한 규정이 있거나 도급계약(하도급계약 포함)에서 따로 정한 경우에는 그 법령이나 도급계약이 정하는 바에 따르도록 규정하고 있습니다.

다만, 질의하신 사항은 하자담보책임 이행방법 등에 관한 사항으로 하자담보책임 이행방법 등에 대해서는 건설산업기본법상 별도 규정하고 있지 아니하므로 구체적인 사항은 타 법률관계, 도급계약 내용, 공사특성 등을 종합적으로 검토하여 판단할 당사자간의 합의사항으로 판단됩니다.

12 부분준공한 공공시설물을 지자체로 무상귀속시 하자담보책임기간과 하자보수요구권도 지자체로 전환되는지

질의요지

부분준공한 공공시설물을 지자체로 무상귀속시 하자담보책임기간과 하자보수요구권도 지자체로 전환되는지

회신내용

건설산업기본법 제28조제1항 및 같은 법 시행령 제30조에서 수급인이 발주자에 대하여 공사의 종류별로 하자담보책임기간을 정하고 있으며, 법 제28조제3항에는 건설공사의 하자담보책임기간에 관하여 다른 법령(민법 제670조 및 제671조 제외)에 특별한 규정이 있거나 도급계약(하도급계약 포함)에서 따로 정한 경우에는 그 법령이나 도급계약이 정하는 바에 따르도록 규정하고 있으며, 같은 조 제4항에 하수급인의 하자담보책임에 대하여는 제1항부터 제3항까지를 준용한다고 규정하고 있습니다.

또한 같은 법 시행령 제30조 및 별표4에 건설공사의 종류별 하자담보책임기간을 공사별, 세부공종별로 나누어서 책임기간을 정하고 있습니다.

따라서 건설공사의 하자담보책임기간은 건설공사의 완공일로부터 수급인이 발주자에게 시행령 별표4에서 정한 하자담보책임기간 하자보수담보책임을 이행하는 것이므로 하자담보책임

기간은 수급인이 발주자에게 공공시설물 부분 준공하고 발주자가 수급인(시공사)으로부터 목적물을 인수한 날을 기준으로 기산하여야 할 것으로 판단되며, 무상귀속 등으로 인한 하자보수이행 요구권자의 변경 등은 소관 법령 등을 고려하여 판단하여야 할 사항으로, 구체적인 사항은 다른 법령에 특별하게 규정되어 있는지 유무, 도급계약 내용, 공사특성 등을 종합적으로 검토하여 판단 할 사항임을 알려드립니다.

13 시공오차에 따른 보완 시공 후 준공된지 2년이 지난 시점에서 시공오차를 하자로 주장할 수 있는지

질의요지

시공오차에 따른 보완 시공 후 준공된지 2년이 지난 시점에서 시공오차를 하자로 주장할 수 있는지

회신내용

건설산업기본법 제28조제1항 및 같은 법 시행령 제30조에서 수급인이 발주자에 대하여 공사의 종류별로 하자담보책임기간을 정하고 있으며, 법 제28조제3항에는 건설공사의 하자담보책임기간에 관하여 다른 법령(민법 제670조 및 제671조 제외)에 특별한 규정이 있거나 도급계약(하도급계약 포함)에서 따로 정한 경우에는 그 법령이나 도급계약이 정하는 바에 따르도록 규정하고 있으며, 같은 조 제4항에 하수급인의 하자담보책임에 대하여는 제1항부터 제3항까지를 준용한다고 규정하고 있습니다.

또한 같은 법 시행령 제30조 및 별표4에 건설공사의 종류별 하자담보책임기간을 공사별, 세부공종별로 나누어서 책임기간을 정하고 있습니다. 같은 법 제28조제2항에 발주자가 제공한 재료의 품질이나 규격 등의 기준미달 또는 발주자의 지시에 따라 시공하거나 건설공사의 목적물을 관계법령에 의한 내구연한 초과 사용 등의 경우에 속한 것이라면 수급인은 하자담보책임이 없다고 규정하고 있습니다.

따라서 건설공사의 완공이전에 발생된 시공오차에 대해 발주자가 요구한 내용대로 보완 시공하였고 이를 발주자가 승인한 사항으로 보완시공 부위에 별도의 하자가 발생되지 않은 사항이라면 시공자인 건설업자에게 하자담보책임이 있다고 보기 어려울 것으로 판단되나, 공사 완공전의 오시공 등에 대한 구체적인 시정방법 등은 계약당사자간에 체결한 계약내용(설

계서 포함) 등을 토대로 사실관계를 종합하여 발주자와 협의하여 처리할 사항임을 알려 드립니다.

14 사업중지 상태의 하자담보책임 유무

질의요지

택지조성공사 중 자금부족으로 인해 사업이 중지된 상태에서 하자보수요청시 하자담보책임이행여부와 택지조성공사시 인가도면의 경계와 지적공사의 경계측량이 서로 다른 경우 어느것을 기준으로 시공하여야 하는지

회신내용

건설산업기본법 제28조 및 같은 법 시행령 제30조 별표4에 따라 수급인은 발주자에 대하여 건설공사의 완공일로부터 일정기간 하자담보책임을 부담하여야 하나, 같은 법 제28조제3항의 규정에 의거 다른 법령(민법 제670조 및 제671조 제외)에 특별한 규정이 있거나 도급계약(하도급계약 포함)에서 따로 정한 경우에는 그 법령이나 도급계약이 정하는 바에 따르도록 규정하고 있으며, 별표4 비고에 2 이상의 공종이 복합된 공사의 하자담보책임기간은 하자책임을 구분할 수 없는 경우를 제외하고는 각각의 세부 공종별 하자담보책임기간으로 한다라고 규정하고 있습니다.

따라서 하자담보책임은 건설공사의 완공이후 일정기간 하자담보책임이 있으므로 하자담보책임은 공사 완료 후 발생한 하자에 대한 책임으로, 공사가 완료되지 아니한 상태에서는 하자담보책임 등의 규정을 적용할 수 없을 것으로 판단되며, 공사 완공전의 오시공, 미시공 등에 대한 시정방법 등은 계약당사자간에 체결한 계약내용(설계서 포함) 등을 토대로 사실관계를 종합하여 판단하여야 할 것임을 알려 드립니다. 아울러 택지조성공사시 인가도면의 경계와 지적공사의 경계측량이 서로 다른 경우 어느 것을 적용하여여 하는지에 대한 판단 또한 설계서 등 계약내용 등을 토대로 발주자와 협의하여 처리할 사항임을 알려드립니다.

15 공사완료 후 철거되는 철거공사 및 가설공사의 하자담보책임 대상이 되는지와 하자보증금액 산정시 해당 공종의 공사금액을 포함하여야 하는지

질의요지

공사완료 후 철거되는 철거공사 및 가설공사의 하자담보책임 대상이 되는지와 하자보증금액 산정시 해당 공종의 공사금액을 포함하여야 하는지

회신내용

건설산업기본법 제2조에 "건설공사"란 토목공사, 건축공사, 산업설비공사, 조경공사, 환경시설공사, 그 밖에 명칭에 관계없이 시설물을 설치ㆍ유지ㆍ보수하는 공사(시설물을 설치하기 위한 부지조성공사를 포함한다) 및 기계설비나 그 밖의 구조물의 설치 및 해체공사 등을 말한다고 규정하고 있습니다.

또한, 같은 법 제28조제1항 및 같은 법 시행령 제30조에서 수급인이 발주자에 대하여 공사의 종류별로 하자담보책임기간을 정하고 있으며, 법 제28조제3항에는 건설공사의 하자담보책임기간에 관하여 다른 법령(민법 제670조 및 제671조 제외)에 특별한 규정이 있거나 도급계약(하도급계약 포함)에서 따로 정한 경우에는 그 법령이나 도급계약이 정하는 바에 따르도록 규정하고 있으며, 시행령 별표4에 건설공사의 종류별 하자담보책임기간을 공사별, 세부공종별로 나누어서 책임기간을 정하고 있습니다.

따라서, 건설산업기본법에 규정된 하자담보책임기간은 건설공사의 종류별 하자담보책임기간을 규정한 것으로 공사완료 후 철거되어 하자보수 이행할 대상물이 없는 경우에는 하자담보책임 대상이 되지 않을 것으로 판단됩니다. 하자보수보증금 산정과 관련하여서는 해당 법률(국가를 당사자로 하는 계약에 관한 법률 등) 소관 부처에 문의하시기 바랍니다.

16 턴키공사로 발주한 건축물 리모델링 공사의 기계실 설비 중 교체 시공하지 않은 기계 설비(공사계약내용에 포함되지 아니한 기계설비)까지 하자담보책임을 져야 하는지

질의요지

턴키공사로 발주한 건축물 리모델링 공사의 기계실 설비 중 교체 시공하지 않은 기계 설비(공사계약내용에 포함되지 아니한 기계설비)까지 하자담보책임을 져야 하는지

회신내용

건설산업기본법 제28조제1항 및 같은 법 시행령 제30조에서 수급인은 발주자에 대하여 공사의 종류별로 같은 법 시행령 별표4에서 규정하고 기간내 발생한 하자에 대하여 담보책임이 있다고 규정하고 있으며, 법 제28조제3항에는 건설공사의 하자담보책임기간에 관하여 다른 법령(민법 제670조 및 제671조 제외)에 특별한 규정이 있거나 도급계약(하도급계약 포함)에서 따로 정한 경우에는 그 법령이나 도급계약이 정하는 바에 따르도록 규정하고 있습니다.

따라서 건설산업기본법에서 정하고 있는 하자담보책임은 발주자와 수급인(발주자로부터 건설공사를 도급받은 건설업자)간 건설공사를 완성할 것을 약정하는 계약사항에 대한 하자담보책임으로 공사계약내용에 포함되지 아니한 부분까지 하자담보책임을 지는 것은 아님을 알려드립니다.

17 집합건물의 하자담보책임기간을 설정함에 있어 계약서에 따로 정하여 하자담보책임기간을 정할 수 있는지

질의요지

집합건물의 하자담보책임기간을 설정함에 있어 계약서에 따로 정하여 하자담보책임기간을 정할 수 있는지

회신내용

건설산업기본법 제28조제1항 및 같은 법 시행령 제30조에서 수급인이 발주자에 대하여 공사의 종류별로 하자담보책임기간을 정하고 있으며, 법 제28조제3항에는 건설공사의 하자담보책임기간에 관하여 다른 법령(민법 제670조 및 제671조 제외)에 특별한 규정이 있거나 도급계약(하도급계약 포함)에서 따로 정한 경우에는 그 법령이나 도급계약이 정하는 바에 따르도록 규정하고 있으며, 같은 조 제4항에 하수급인의 하자담보책임에 대하여는 제1항부터 제3항까지를 준용한다고 규정하고 있습니다.

또한 같은 법 시행령 제30조 및 별표4에 건설공사의 종류별 하자담보책임기간을 공사별, 세부공종별로 나누어서 책임기간을 정하고 있습니다.

건설산업기본법의 하자담보책임은 발주자와 수급인 즉, 발주자로부터 건설공사를 도급받은 건설업자간의 하자담보책임에 관한 사항을 규정하고 있고, '집합건물의 구분 및 소유에 관한 법률'에서 규정하고 있는 분양자와 시공자가 구분소유자에게 하자담보책임을 지는 것과는 상이한 점이 있습니다.

따라서 질의하신 내용이 발주자와 수급인간의 하자담보책임에 관한 사항이라면 건설산업기본법 제28조에서 도급계약(하도급계약 포함)에서 따로 정한 경우에는 그 도급계약이 정하는 바에 따르도록 규정하고 있음을 알려드립니다.

18 하자담보책임기간 경과 후 동일 부위 동일 하자에 대해 하자보수 책임이 있는지

질의요지

하자담보책임기간 경과 후 동일 부위 동일 하자에 대해 하자보수 책임이 있는지

회신내용

건설산업기본법 제28조제1항 및 같은 법 시행령 제30조에서 수급인이 발주자에 대하여 공사의 종류별로 하자담보책임기간을 정하고 있으며, 법 제28조제3항에는 건설공사의 하자담

보책임기간에 관하여 다른 법령(민법 제670조 및 제671조 제외)에 특별한 규정이 있거나 도급계약(하도급계약 포함)에서 따로 정한 경우에는 그 법령이나 도급계약이 정하는 바에 따르도록 규정하고 있으며, 같은 조 제4항에 하수급인의 하자담보책임에 대하여는 제1항부터 제3항까지를 준용한다고 규정하고 있습니다.

따라서 질의하신 하자담보책임 이행과 관련하여 하자담보책임은 같은 법 시행령 별표4에서 규정하고 있는 하자담보책임기간 이내에 발생한 하자에 대한 보수책임이 있으므로 동일 하자가 하자담보책임기간 경과 후에 다시 발생되는 경우라면 건설산업기본법 제28조에서 규정하고 있는 하자담보책임이 없을 것으로 판단되나, 구체적인 사항은 다른 법령에 특별하게 규정되어 있는지 유무, 도급계약 내용, 공사특성 등을 종합적으로 검토하여 판단할 사항임을 알려드립니다.

19 건설공사 시행에 필요한 가설재의 경우 하자담보책임 적용에 해당되는지

질의요지

건설공사 시행에 필요한 가설재의 경우 하자담보책임 적용에 해당되는지

회신내용

건설산업기본법 제2조에 "건설공사"란 토목공사, 건축공사, 산업설비공사, 조경공사, 환경시설공사, 그 밖에 명칭에 관계없이 시설물을 설치 · 유지 · 보수하는 공사(시설물을 설치하기 위한 부지조성공사를 포함한다) 및 기계설비나 그 밖의 구조물의 설치 및 해체공사 등을 말한다고 규정하고 있으며,

같은 법 제28조제1항 및 같은 법 시행령 제30조에서 수급인이 발주자에 대하여 공사의 종류별로 하자담보책임기간을 정하고 있으며, 법 제28조제3항에는 건설공사의 하자담보책임기간에 관하여 다른 법령(민법 제670조 및 제671조 제외)에 특별한 규정이 있거나 도급계약(하도급계약 포함)에서 따로 정한 경우에는 그 법령이나 도급계약이 정하는 바에 따르도록 규정하고 있으며, 시행령 별표4에 건설공사의 종류별 하자담보책임기간을 공사별, 세부공종별로 나누어서 책임기간을 정하고 있습니다.

따라서, 건설산업기본법에 규정된 하자담보책임기간은 건설공사의 종류별 하자담보책임기간을 규정한 것으로 질의하신 건설공사 시행에 필요한 가설재의 경우 위에서 설명드린 건설공사에 해당되지 아니하므로 동 규정의 적용대상에 해당되지 아니한 것으로 판단됩니다.

20 표준하도급 계약서에서 하자담보책임기간 및 담보방법을 명기하게 되어 있을 경우 계약당사자간 협의 후 하자담보책임기간 및 담보 방법을 없음으로 명기해도 되는지

질의요지

표준하도급 계약서에서 하자담보책임기간 및 담보방법을 명기하게 되어 있을 경우 계약당사자간 협의 후 하자담보책임기간 및 담보 방법을 없음으로 명기해도 되는지

회신내용

건설산업기본법 제28조제1항 및 같은 법 시행령 제30조에서 수급인이 발주자에 대하여 공사의 종류별로 하자담보책임기간을 정하고 있으며, 법 제28조제3항에는 건설공사의 하자담보책임기간에 관하여 다른 법령(민법 제670조 및 제671조 제외)에 특별한 규정이 있거나 도급계약(하도급계약 포함)에서 따로 정한 경우에는 그 법령이나 도급계약이 정하는 바에 따르도록 규정하고 있습니다.

또한 국토교통부에서 고시로 운영중인 민간건설공사 표준도급계약서에서도 표준도급계약서 표지에 하자담보책임기간을 명시하도록 하고 있습니다.

따라서 건설공사의 하자담보책임기간은 계약서 작성시 명시하여야 할 것으로 판단됩니다.

제2장 하자 판단 기준

01 일정 규모 이상의 하자 산정 기준

질의요지

일정 규모 이상의 하자 산정 기준

회신내용

각각의 하자 금액을 합산하여 평균하는 것은 아니며, 1천분의 5 미만이 하자에 대해 누계액이 1천분의 5 이상에 해당할 때 1회로 봄

건설산업기본법 제36조에 따라 법 제82조제1항1호에서 "국토교통부령으로 정하는 규모 이상의 하자"란 하자발생액이 당해 공사금액의 1천분의 5 이상인 하자를 말한다. 다만 1회의 하자 발생액이 이에 미달하는 때에는 각각의 하자 발생액이 누계액이 당해 공사금액의 1천분의 5 이상에 해당할 때에 1회로 본다라고 규정하고 있습니다.

따라서, 각각의 하자 발생액을 합산한 후 이를 평균하여 1천분의 5 이상에 해당할 때마다 1회로 산정하는 것은 아니며, 하자발생액이 1천분의 5 이상인 하자는 1회로 하며 각각의 하자 발생액이 1천분의 5에 미달하는 때에 추후에 다시 발생한 하자가 1천분의 5 미만인 하자가 발생하여 이를 합산하여 1천분의 5 이상에 해당할 때 1회로 보는 것이 타당할 것으로 판단됩니다.

02 하자인지 여부

질의요지

하자인지 여부

회신내용

건설산업기본법 제28조 및 같은 법 시행령 제30조 별표4에 따라 수급인은 발주자에 대하여 건설공사의 완공일로부터 일정기간 하자담보책임을 부담하여야 하나, 같은 법 제28조제3항의 규정에 의거 다른 법령(민법 제670조 및 제671조 제외)에 특별한 규정이 있거나 도급계약(하도급계약 포함)에서 따로 정한 경우에는 그 법령이나 도급계약이 정하는 바에 따르도록 규정하고 있습니다.

하자담보책임은 공사의 시공상 잘못으로 인한 하자에 대한 책임이며 시공상의 하자에 대하여는 건설산업기본법령상 명시적으로 규정하고 있지 아니하나, 일반적으로 시공상의 하자라 함은 시설물이 설계도서에 적합하지 않게 시공되었거나 시공 후 균열, 파손, 누수 또는 기능상의 장애 등이 발생한 부분을 말하는 것이며, 이에 대한 구체적인 판단은 계약당사자가 도급계약서, 설계내용 등을 토대로 판단할 사항임을 알려드립니다.

03 건축공사의 하자담보책임 판단 기준

질의요지

건축공사의 하자담보책임 판단 기준

회신내용

건설산업기본법 제28조제1항에 수급인은 발주자에 대하여 공사의 종류별로 대통령령으로 정하는 기간에 발생한 하자에 대하여 담보책임이 있다고 규정하고 있고, 같은 조 제3항에 다른 법령(민법 제670조 및 제671조 제외)에 특별한 규정이 있거나 도급계약(하도급계약 포함)에서 따로 정한 경우에는 그 법령이나 도급계약이 정하는 바에 따르도록 규정하고 있습니다.

같은 법 시행령 별표4에 따라 건축의 경우 1. 대형공공성 건축물의 기둥 및 내력벽은 10년, 2. 대형공공성 건축물 중 기둥 및 내력벽 외의 구조상 주요부분과 1외의 건축물 중 구조상 주요부분은 5년, 건축물 중 1, 2와 제15호의 전문공사를 제외한 기타부분은 1년으로 규정하고 있습니다.

건설산업기본법에 하자의 정의규정을 포함하고 있지 않으나 일반적으로 하자담보책임은 공사의 시공상 잘못으로 인한 하자에 대한 책임이며, “시공상의 하자”라 함은 시설물이 설계도서에 적합하지 않게 시공되었거나 시공후 균열, 파손, 누수 또는 기능상의 장애 등이 발생한 부분을 말하는 것으로 볼 수 있을 것입니다.

따라서, 질의하신 하자가 일반적인 도장에 대한 하자라면 하자담보책임기간은 1년일 것이나 일반적인 도장에 대한 하자인지, 구조상 주요부분 등의 하자인지에 대하여는 위 규정을 토대로 당해 계약내용 및 설계도서와 시공경위, 하자 발생원인 등을 종합적으로 검토 및 조사하여 민사관련 법령 등을 토대로 처리할 사항임을 알려드립니다

아울러, 일반적인 하자보수 요청은 발주자가 수급인에게 요청하는 것이며, 하자보수 요청 권한까지 이관되었는지 여부는 업무 이관 내용 등을 중심으로 종합적으로 판단할 사항임을 알려드립니다.

04 임시개통한 도로공사의 경우 하자담보책임기간의 기산일은

질의요지

임시개통한 도로공사의 경우 하자담보책임기간의 기산일은

회신내용

건설산업기본법 제28조제1항 및 같은 법 시행령 제30조에서 수급인이 발주자에 대하여 공사의 종류별로 하자담보책임기간을 정하고 있으며, 법 제28조제3항에는 건설공사의 하자담보책임기간에 관하여 다른 법령(민법 제670조 및 제671조 제외)에 특별한 규정이 있거나 도급계약(하도급계약 포함)에서 따로 정한 경우에는 그 법령이나 도급계약이 정하는 바에 따르도록 규정하고 있으며, 같은 조 제4항에 하수급인의 하자담보책임에 대하여는 제1항부터 제3항까지를 준용한다고 규정하고 있습니다.

또한 같은 법 시행령 제30조 및 별표4에 건설공사의 종류별 하자담보책임기간을 공사별, 세부공종별로 나누어서 책임기간을 정하고 있습니다.

따라서 건설공사의 하자담보책임기간은 건설공사의 완공일로부터 시행령 별표4에서 정한 하자담보책임기간이 설정되므로 임시 개통한 도로구간을 준공처리하고 사용한 경우라면 임시 개통한 도로구간의 준공처리 시점에서 하자담보책임기간을 설정하여야 할 것이나, 준공전 도로의 임시 사용을 위해 목적물을 인수한 경우(공사계약의 부분 완료로 관리 · 사용을 위하여 부분 목적물을 인수한 경우)라면 인수한 날을 기준으로 기산하여야 할 것으로 판단되나, 구체적인 사항은 다른 법령에 특별하게 규정되어 있는지 유무, 도급계약 내용, 공사특성 등을 종합적으로 검토하여 판단할 사항임을 알려드립니다.

제3장 하자담보 책임기간

01 발전설비공사의 하자담보책임기간

질의요지

발전설비공사의 하자담보책임기간

회신내용

건설산업기본법 제28조 및 동 법 시행령 제30조 별표4에 수급인은 발주자에 대하여 건설공사의 완공일로부터 일정기간 하자담보책임이 있으며, 같은 법 제28조제3항에 다른 법령(민법 제670조 및 제671조 제외)에 특별한 규정이 있거나 도급계약(하도급계약 포함)에서 따로 정한 경우에는 그 법령이나 도급계약이 정하는 바에 따르도록 규정하고 있으며, 제28조제4항에 따라 원하도급간의 하자담보책임은 이를 준용하도록 규정하고 있습니다.

같은 법 시행령 별표4에 따라 발전 · 가스 및 산업설비공사의 하자담보책임 기간은 ①철근콘크리트 · 철골구조부는 7년, ②압력이 1제곱센티미터당 10킬로그램 이상인 고압가스의 관로(부대기기를 포함한다)설치공사는 5년, ③①, ② 외의 시설은 3년으로 규정하고 있습니다.

따라서, 질의하신 공사의 하자담보책임 기간은 위 규정을 토대로 계약당사자가 당해 공사의 설계내용, 시공기술상의 특성 및 작업방법, 현장여건 등을 종합적으로 고려하여 결정할 사항임을 알려드립니다.

02 암거(횡단박스)의 하자담보책임기간

질의요지

암거(횡단박스)의 하자담보책임기간

회신내용

건설산업기본법 제28조제1항에 수급인은 발주자에 대하여 공사의 종류별로 대통령령으로 정하는 기간에 발생한 하자에 대하여 담보책임이 있다고 규정하고 있고, 같은 조 제3항에 다른 법령(민법 제670조 및 제671조 제외)에 특별한 규정이 있거나 도급계약(하도급계약 포함)에서 따로 정한 경우에는 그 법령이나 도급계약에서 정하는 바에 따르도록 규정하고 있습니다.

따라서, 같은 법 시행령 별표4에 교량과 도로(암거 및 측구를 포함)를 구분하고 있으므로 질의하신 구조물이 암거에 해당하는 경우라면 도로를 적용하는 것이 타당할 것으로 사료되나 도급계약서 하자담보책임기간을 따로 정한 경우에는 그에 따르도록 규정하고 있으므로 구체적인 사항은 발주자와 협의하여 주시면 감사하겠습니다.

03 발주자와 수급인간에 보증서의 하자담보책임 기간을 잘못 적용했을 때 수정할 수 있는지

질의요지

발주자와 수급인간에 보증서의 하자담보책임 기간을 잘못 적용했을 때 수정할 수 있는지

회신내용

건설산업기본법 제28조제1항에 수급인은 발주자에 대하여 공사의 종류별로 대통령령으로 정하는 기간에 발생한 하자에 대하여 담보책임이 있다고 규정하고 있고, 같은 조 제3항에 따라 다른 법령(민법 제670조 및 제671조 제외)에 특별한 규정이 있거나 도급계약(하도급계약 포

함)에서 따로 정한 경우에는 그 법령이나 도급계약이 정하는 바에 따르도록 규정하고 있습니다.

따라서, 질의하신 하자담보책임기간의 변경에 관하여는 계약당사자가 위 규정과 도급계약서 등을 토대로 협의하여 결정할 사항임을 알려드립니다.

04 교량 방호벽의 하자담보책임기간

질의요지

교량 방호벽의 하자담보책임기간

회신내용

건설산업기본법 제28조제1항에 수급인은 발주자에 대하여 공사의 종류별로 대통령령으로 정하는 기간에 발생한 하자에 대하여 담보책임이 있다고 규정하고 있고, 같은 조 제3항에 따라 다른 법령(민법 제670조 및 제671조 제외)에 특별한 규정이 있거나 도급계약(하도급계약 포함)에서 따로 정한 경우에는 그 법령이나 도급계약이 정하는 바에 따르도록 규정하고 있습니다.

같은 법 시행령 별표4에 따라 교량의 경우 1.기둥사이의 거리가 50m 이상이거나 길이가 500m 이상인 교량의 철근콘크리트 또는 철골구조부는 10년, 2.길이가 500m 미만인 교량의 철근콘크리트 또는 철골구조부는 5년, 교량 중 1, 2외의 공종(교면포장 · 이음부 · 난간시설 등)은 2년으로 규정하고 있습니다.

따라서, 질의하신 사항의 하자담보책임 기간은 위 규정을 토대로 철근콘크리트부에 해당하는지 여부 등을 발주자가 당해 공사의 설계내용, 시공기술상의 특성 및 작업방법, 현장여건 등을 종합적으로 고려하여 결정할 사항임을 알려드립니다.

05 방음터널의 하자담보책임

질의요지

방음터널의 하자담보책임

회신내용

건설산업기본법 제28조 및 같은 법 시행령 제30조 별표4에 따라 수급인은 발주자에 대하여 건설공사의 완공일로부터 일정기간 하자담보책임을 부담하여야 하나, 같은 법 제28조제3항의 규정에 의거 다른 법령(민법 제670조 및 제671조 제외)에 특별한 규정이 있거나 도급계약(하도급계약 포함)에서 따로 정한 경우에는 그 법령이나 도급계약이 정하는 바에 따르도록 규정하고 있습니다.

건설산업기본법 시행령 별표1에 따라 방음터널은 금속구조물 창호공사업의 업무내용과 공사예시로 규정되어 있어 시행령 별표4에 따른 일반적인 터널과는 그 업무내용과 시설물의 목적이 상이하다고 할 수 있을 것이며, 질의하신 사항의 하자담보책임 기간은 위 규정을 토대로 발주자가 당해 공사의 설계내용, 시공기술상의 특성 및 작업방법, 현장여건 등을 종합적으로 고려하여 결정할 사항임을 알려드립니다.

06 공동주택공사를 도급받은 경우 하도급자의 하자담보책임기간은 어느 법을 적용하는지

질의요지

공동주택공사를 도급받은 경우 하도급자의 하자담보책임기간은 어느 법을 적용하는지

회신내용

건설산업기본법 제28조 및 동 법 시행령 제30조 별표4에 수급인은 발주자에 대하여 건설공

사의 완공일로부터 일정기간 하자담보책임이 있으며, 같은 법 제28조제3항에 따라 다른 법령(민법 제670조 및 제671조 제외)에 특별한 규정이 있거나 도급계약(하도급계약 포함)에서 따로 정한 경우에는 그 법령이나 도급계약이 정하는 바에 따르도록 규정하고 있습니다.

원-하도급자간의 하자담보책임기간은 같은 법 시행령 제25조제1항제16호에 따라 도급계약서에서 하자담보책임기간 및 담보방법을 정하도록 규정하고 있으므로 위 규정과 관계법령을 토대로 계약당사자간의 도급계약서에서 정하는 바에 따라야 할 것으로 사료됩니다.

07 장기계속공사의 하자담보책임기간 설정

질의요지

장기계속공사의 하자담보책임기간 설정

회신내용

건설산업기본법 제28조 및 동 법 시행령 제30조 별표4에 수급인은 발주자에 대하여 건설공사의 완공일로부터 일정기간 하자담보책임이 있으며, 같은 법 제28조제3항에 따라 다른 법령(민법 제670조 및 제671조 제외)에 특별한 규정이 있거나 도급계약(하도급계약 포함)에서 따로 정한 경우에는 그 법령이나 도급계약이 정하는 바에 따르도록 규정하고 있습니다.

국가를당사자로하는계약에관한법률 시행령 제60조에 따라 공사의 도급계약을 체결할 때에는 전체 목적물을 인수한 날과 준공검사를 완료한 날 중에서 먼저 도래한 날(국가재정법 제23조에 따른 계속비 사업의 공사계약 중 공사계약의 부분 완료로 관리 · 사용이 이루어지고 있는 경우에는 부분 목적물을 인수한 날과 공고에 따라 관리 · 사용을 개시한 날 중에서 먼저 도래한 날을 말한다)부터 하자담보 책임 기간을 정하도록 규정하고 있으며, 장기계속공사에 있어서는 연차계약별로 하자담보책임기간을 정한다. 다만, 연차계약별로 하자담보책임을 구분할 수 없는 공사인 경우에는 제1차계약을 체결할 때에 총공사에 대하여 하자담보책임기간을 정하여야 한다라고 규정하고 있습니다.

따라서, 장기 계속공사의 경우 원칙적으로 연차계약별로 하자담보책임 기간을 정할 것이나,

다른 법령이나 도급계약에서 따로 정한 경우에는 그에 따르도록 규정하고 있으므로 구체적인 사항은 위 규정과 계약내용 등을 토대로 판단할 사항임을 알려드립니다.

08 교량공사(교면방수)의 하자담보책임 기간

질의요지

교량공사(교면방수)의 하자담보책임 기간

회신내용

건설산업기본법 제28조제1항에 수급인은 발주자에 대하여 공사의 종류별로 대통령령으로 정하는 기간에 발생한 하자에 대하여 담보책임이 있다고 규정하고 있고, 같은 조 제3항에 따라 다른 법령(민법 제670조 및 제671조 제외)에 특별한 규정이 있거나 도급계약(하도급계약 포함)에서 따로 정한 경우에는 그 법령이나 도급계약이 정하는 바에 따르도록 규정하고 있습니다.

같은 법 시행령 별표4에 따라 교량의 경우 1.기둥사이의 거리가 50m 이상이거나 길이가 500m 이상인 교량의 철근콘크리트 또는 철골구조부는 10년, 2.길이가 500m 미만인 교량의 철근콘크리트 또는 철골구조부는 5년, 교량 중 1, 2 외의 공종(교면포장 · 이음부 · 난간시설 등)은 2년으로 규정하고 있습니다.

따라서, 질의하신 사항의 하자담보책임 기간은 위 규정을 토대로 발주자가 당해 공사의 설계내용, 시공기술상의 특성 및 작업방법, 현장여건 등을 종합적으로 고려하여 결정할 사항임을 알려드립니다.

09 집합건물의 건축공사와 관련 건축설비의 하자담보책임기간은 집합건물 및 구분소유에 관한 법률과 건설산업기본법의 하자담보책임기간 중 어느 것을 따라야 하는지

질의요지

집합건물의 건축공사와 관련 건축설비의 하자담보책임기간은 집합건물 및 구분소유에 관한 법률과 건설산업기본법의 하자담보책임기간 중 어느 것을 따라야 하는지

회신내용

건설산업기본법 제28조제1항 및 같은 법 시행령 제30조에서 수급인이 발주자에 대하여 공사의 종류별로 하자담보책임기간을 정하고 있으며, 법 제28조제3항에는 건설공사의 하자담보책임기간에 관하여 다른 법령(민법 제670조 및 제671조 제외)에 특별한 규정이 있거나 도급계약(하도급계약 포함)에서 따로 정한 경우에는 그 법령이나 도급계약이 정하는 바에 따르도록 규정하고 있으며, 같은 조 제4항에 하수급인의 하자담보책임에 대하여는 제1항부터 제3항까지를 준용한다고 규정하고 있습니다.

또한 같은 법 시행령 제30조 및 별표4에 건설공사의 종류별 하자담보책임기간을 공사별, 세부공종별로 나누어서 책임기간을 정하고 있습니다.

따라서, 집합건물의 소유 및 관리에 관한 법률에 하자담보책임기간에 관한 규정이 있는 경우 그 법령이 정하는 하자담보책임기간을 따라야 함을 알려 드립니다.

10 철도노반 하부를 횡단하는 지하차도 보수보강공사와 관련 하자담보책임기간은

질의요지

철도노반 하부를 횡단하는 지하차도 보수보강공사와 관련 하자담보책임기간은

회신내용

건설산업기본법 제28조제1항 및 같은 법 시행령 제30조에서 수급인이 발주자에 대하여 공사의 종류별로 하자담보책임기간을 정하고 있으며, 법 제28조제3항에는 건설공사의 하자담보책임기간에 관하여 다른 법령(민법 제670조 및 제671조 제외)에 특별한 규정이 있거나 도급계약(하도급계약 포함)에서 따로 정한 경우에는 그 법령이나 도급계약이 정하는 바에 따르도록 규정하고 있으며, 같은 조 제4항에 하수급인의 하자담보책임에 대하여는 제1항부터 제3항까지를 준용한다고 규정하고 있습니다.

또한 같은 법 시행령 제30조 및 별표4에 건설공사의 종류별 하자담보책임기간을 공사별, 세부공종별로 나누어서 책임기간을 정하고 있습니다. 이에 따라 철도공사로서 ①교량 · 터널을 제외한 철근콘크리트 또는 철골구조 7년, ① 이외의 시설은 5년으로 규정하고 있습니다.

따라서 질의하신 건설공사의 경우 교량 · 터널을 제외한 철도시설로서 철근콘크리트 또는 철골구조에 해당하는 공사가 아니라면 5년을 적용하여야 할것으로 판단되나, 구체적인 사항은 다른 법령에 특별하게 규정되어 있는지 유무, 도급계약 내용, 공사특성 등을 종합적으로 검토하여 판단 할 사항임을 알려드립니다.

11 교량 길이가 400m 미만이고 기둥사이가 47m의 강교의 하자담보책임기간은

질의요지

교량 길이가 400m 미만이고 기둥사이가 47m의 강교의 하자담보책임기간은

회신내용

건설산업기본법 제28조제1항 및 같은 법 시행령 제30조에서 수급인이 발주자에 대하여 공사의 종류별로 하자담보책임기간을 정하고 있으며, 법 제28조제3항에는 건설공사의 하자담보책임기간에 관하여 다른 법령(민법 제670조 및 제671조 제외)에 특별한 규정이 있거나 도급계약(하도급계약 포함)에서 따로 정한 경우에는 그 법령이나 도급계약이 정하는 바에 따르

도록 규정하고 있습니다.

또한 같은 법 시행령 제30조 및 별표4에 건설공사의 종류별 하자담보책임기간을 공사별, 세부공종별로 나누어서 책임기간을 정하고 있습니다.

따라서 질의하신 내용이 기둥사이의 거리가 50m 이상이거나 길이가 500m 이상인 교량의 철근콘크리트 또는 철골 구조부에 해당되지 않고 길이가 500m 미만인 교량의 철근콘크리트 또는 철골구조부에 해당되는 경우라면 건설산업기본법 시행령 별표4에 따라 하자담보책임기간을 7년으로 정하고 있음을 알려 드리며, 구체적인 사항은 다른 법령에 특별하게 규정되어 있는지 유무, 도급계약 내용, 공사특성 등을 종합적으로 검토하여 판단할 사항임을 알려드립니다.

12 산책로 연결 보도전용 다리공사의 하자담보책임 기간

질의요지

산책로 연결 보도전용 출렁다리 공사는 어떤 공종으로 계약을 해야 하는지와 하자담보책임기간을 설정함에 있어 교량의 하자담보책임기간으로 설정해야 하는지 조경시설물공사의 하자담보책임기간을 적용해야하는지와

회신내용

건설산업기본법 제9조에서는 건설업을 하려는 자는 해당 업종별로 등록하도록 규정하고 있고, 같은 법 시행령 제8조 및 별표1에 5종의 종합공사를 시공하는 업종과 29종의 전문공사를 시공하는 업종의 구체적인 업무내용과 건설공사 예시 등을 규정하고 있으며, 같은 법 제25조 발주자는 공사내용에 상응하는 업종을 등록한 건설업자에게 도급하여야 한다라고 규정하고 있으며, 같은 법 제25조에 발주자는 종합적인 계획·관리·조정의 필요성, 시공기술상의 특성 및 현지여건 등을 종합적으로 검토하여 해당 업종에 등록된 건설업자에게 도급하도록 규정하고 있습니다.

따라서 질의하신 산책로 연결을 위한 보도전용 출렁다리 공사의 경우 공사 전체 내용을 기

준으로 판단하여야 할 것으로 질의내용의 공사가 2개 이상의 전문공사로 구성되나 종합적인 계획, 관리 및 조정 역할이 필요하지 아니한 소규모 복합공사의 경우 해당 업종에 모두 등록된 건설업자가, 주된 공사와 그 부대공사로 이루어진 공사인 경우 주된 공사의 업무내용에 해당되는 건설업자가, 종합적인 계획, 관리 및 조정이 필요한 종합공사인 경우 종합건설업자가 시공하여야 할 것으로 이에 대한 판단은 발주가가 해당 공사의 내용을 기준으로 판단하게 되는 것입니다

아울러 하자담보책임 또한 건설산업기본법 시행령 별표4에 건설공사의 종류별 하자담보책임기간에 따라 설정하여야 할 것으로 질의의 공사는 조경시설물공사 하자담보책임기간으로 설정하기는 어려울 것으로 판단되나, 구체적인 사항은 해당 공사의 내용을 기준으로 공사 형태에 따라 판단할 사항으로 공사내용, 시공특성 등을 감안하여 판단할 사항으로 보입니다.

13 공항 여객터미널 공사의 하자담보책임기간

질의요지

공항 여객터미널 공사의 하자담보책임기간은 시행령 별표4의 건설공사의 종류별 하자담보책임기간에서 4.공항 · 삭도에 해당하는지 14. 건축에 해당하는지

회신내용

건설산업기본법 제28조제1항 및 같은 법 시행령 제30조에서 수급인이 발주자에 대하여 공사의 종류별로 하자담보책임기간을 정하고 있으며, 법 제28조제3항에는 건설공사의 하자담보책임기간에 관하여 다른 법령(민법 제670조 및 제671조 제외)에 특별한 규정이 있거나 도급계약(하도급계약 포함)에서 따로 정한 경우에는 그 법령이나 도급계약이 정하는 바에 따르도록 규정하고 있으며, 같은 조 제4항에 하수급인의 하자담보책임에 대하여는 제1항부터 제3항까지를 준용한다고 규정하고 있습니다.

또한 같은 법 시행령 제30조 및 별표4에 건설공사의 종류별 하자담보책임기간을 공사별, 세부공종별로 나누어서 책임기간을 정하고 있습니다.

따라서 질의하신 공사가 별표4에서 규정하고 있는 공항 공사가 아닌 공항의 여객터미널 공사로 건축공사업에 등록된 자가 도급받아 시공한 경우라면 건축에 해당될 것으로 판단됩니다. 참고로 건축공사의 경우 대형공공성건축물의 기둥 및 내력벽은 10년, 대형공공성 건축물 중 기둥 및 내력벽 외의 구조상 주요부분과 그 이외의 건축물중 구조상 주요부분은 5년, 15호 전문공사에 해당하는 경우 세부공종별 하자담보책임기간, 그 외의 기타부분은 1년을 적용하여야 할 것으로 판단되나, 구체적인 사항은 다른 법령에 특별하게 규정되어 있는지 유무, 도급계약 내용, 공사특성 등을 종합적으로 검토하여 판단할 사항임을 알려드립니다.

14 도로 지하 및 상수도 증압장에 모터펌프를 설치할 경우 모터펌프의 하자담보책임기간은 8. 상 · 하수도 기기설치에 해당하는 3년인지, 15. 전문공사의 ⑫급배수에 해당하는 2년인지

질의요지

도로 지하 및 상수도 증압장에 모터펌프를 설치할 경우 모터펌프의 하자담보책임기간은 8. 상 · 하수도 기기설치에 해당하는 3년인지, 15. 전문공사의 ⑫급배수에 해당하는 2년인지

회신내용

건설산업기본법 제28조제1항 및 같은 법 시행령 제30조에서 수급인이 발주자에 대하여 공사의 종류별로 하자담보책임기간을 정하고 있으며, 법 제28조제3항에는 건설공사의 하자담보책임기간에 관하여 다른 법령(민법 제670조 및 제671조 제외)에 특별한 규정이 있거나 도급계약(하도급계약 포함)에서 따로 정한 경우에는 그 법령이나 도급계약이 정하는 바에 따르도록 규정하고 있습니다.

따라서 질의하신 공사가 상 · 하수도 공사로 세부공정이 상하수도 기기설치에 해당되는 경우라면 하자담보책임기간은 3년으로 설정하여야 할 것으로 판단되나, 다른 법령에 특별하게 규정되어 있는지 유무, 도급계약 내용, 공사특성 등을 종합적으로 검토하여 판단할 사항임을 알려드립니다.

15 전문공사로 도급받은 교량의 내진보강공사의 하자담보책임기간을 10년으로 계약하였을 경우 하자담보책임기간은

질의요지

전문공사로 도급받은 교량의 내진보강공사의 하자담보책임기간을 10년으로 계약하였을 경우 하자담보책임기간은

회신내용

건설산업기본법 제28조제1항 및 같은 법 시행령 제30조에서 수급인이 발주자에 대하여 공사의 종류별로 하자담보책임기간을 정하고 있으며, 법 제28조제3항에는 건설공사의 하자담보책임기간에 관하여 다른 법령(민법 제670조 및 제671조 제외)에 특별한 규정이 있거나 도급계약(하도급계약 포함)에서 따로 정한 경우에는 그 법령이나 도급계약이 정하는 바에 따르도록 규정하고 있습니다.

또한 같은 법 시행령 제30조 및 별표4에 건설공사의 종류별 하자담보책임기간을 공사별, 세부공종별로 나누어서 책임기간을 정하고 있으며, 교량 건설공사로서 기둥사이의 거리가 50m 이상이거나 길이가 500m 이상인 교량의 철근콘크리트 또는 철골 구조부에 해당되는 세부공종의 경우에는 건설산업기본법 시행령 별표4에 따라 하자담보책임기간을 10년, 길이가 500m 미만인 교량의 철근콘크리트 또는 철골구조부는 7년, 그 외 공종은 2년으로 정하고 있습니다.

따라서 교량의 내진보강공사의 하자담보책임기간은 시행령 별표4의 교량의 세부공종별 하자담보책임기간을 적용하여야 할 것으로 보이나, 건설산업기본법 제28조제3항에 따라 도급계약에서 하자담보책임기간을 따로 정하였다면 그 도급계약이 정하는 바에 따르도록 규정하고 있으므로 하자담보책임기간 적용은 그 계약서에서 정한 하자담보책임기간 10년을 적용하여야 할 것으로 판단되나, 구체적인 사항은 다른 법령에 특별하게 규정되어 있는지 유무, 도급계약 내용, 공사특성 등을 종합적으로 검토하여 판단할 사항임을 알려드립니다.

16 구조물공종 중 방수공사가 포함되어 있을 경우 구조물공사와 방수공사를 각각 별도로 하자보증기간을 달리 정하여 하자보증서 발급이 가능한지

질의요지

구조물공종 중 방수공사가 포함되어 있을 경우 구조물공사와 방수공사를 각각 별도로 하자보증기간을 달리 정하여 하자보증서 발급이 가능한지

회신내용

건설산업기본법 제28조제1항 및 같은 법 시행령 제30조에서 수급인이 발주자에 대하여 공사의 종류별로 하자담보책임기간을 정하고 있으며, 법 제28조제3항에는 건설공사의 하자담보책임기간에 관하여 다른 법령(민법 제670조 및 제671조 제외)에 특별한 규정이 있거나 도급계약(하도급계약 포함)에서 따로 정한 경우에는 그 법령이나 도급계약이 정하는 바에 따르도록 규정하고 있으며, 같은 조 제4항에 하수급인의 하자담보책임에 대하여는 제1항부터 제3항까지를 준용한다고 규정하고 있습니다.

또한 같은 법 시행령 제30조 및 별표4에 건설공사의 종류별 하자담보책임기간을 공사별, 세부공종별로 나누어서 책임기간을 정하고 있습니다.

따라서 질의하신 공사의 하자담보책임기간을 설정함에 있어 시행령 별표4에 따라 2개 이상의 공종이 복합된 공사로서 하자책임을 구분할 수 있는 경우라면 각각의 세부 공종별 하자담보책임기간을 설정하여야 할 것으로 판단되나, 구체적인 사항은 다른 법령에 특별하게 규정되어 있는지 유무, 도급계약 내용, 공사특성 등을 종합적으로 검토하여 판단할 사항임을 알려드립니다.

17 아파트단지 균열보수 및 도장공사를 도급할 경우 하자담보책임기간을 건설산업기본법 시행령 별표4에 따라 도장공사는 1년, 방수공사는 3년으로 해야하는지

질의요지

아파트단지 균열보수 및 도장공사를 도급할 경우 하자담보책임기간을 건설산업기본법 시행령 별표4에 따라 도장공사는 1년, 방수공사는 3년으로 해야하는지

회신내용

건설산업기본법 제28조제1항 및 같은 법 시행령 제30조에서 수급인이 발주자에 대하여 공사의 종류별로 하자담보책임기간을 정하고 있으며, 법 제28조제3항에는 건설공사의 하자담보책임기간에 관하여 다른 법령(민법 제670조 및 제671조 제외)에 특별한 규정이 있거나 도급계약(하도급계약 포함)에서 따로 정한 경우에는 그 법령이나 도급계약이 정하는 바에 따르도록 규정하고 있습니다.

또한, 건설산업기본법 제9조에 따라 건설업을 영위하려는 자는 해당 업종별로 등록하도록 하고 있으며, 건설업의 업종과 업종별 업무내용은 건설산업기본법 시행령 별표1에 따라 구분하고 있습니다.

따라서 질의하신 공사가 건설산업기본법 시행령 별표1에 따른 도장공사업과 미장 · 방수 · 조적공사업의 업무내용에 해당되어 동 업종에 모두 등록된 건설업자가 도급받은 경우라면 건설산업기본법 시행령 별표4에 따라 세부 공종별 하자담보책임기간을 설정하여야 하며 이에 따라 도장 공종은 1년, 방수 공종은 3년으로 설정하여야 할 것으로 판단됩니다.

18 세부공종별 하자담보책임기간을 설정하지 않고 일괄로 5년을 설정한 경우 건산법 시행령 별표4에서 정하고 있는 도장공사(1년) 및 석공사(2년)의 하자담보책임기간에 대해서만 담보책임이 있는지

질의요지

세부공종별 하자담보책임기간을 설정하지 않고 일괄로 5년을 설정한 경우 건산법 시행령 별표4에서 정하고 있는 도장공사(1년) 및 석공사(2년)의 하자담보책임기간에 대해서만 담보책임이 있는지

회신내용

건설산업기본법 제28조제1항 및 같은 법 시행령 제30조에서 수급인이 발주자에 대하여 공사의 종류별로 하자담보책임기간을 정하고 있으며, 법 제28조제3항에는 건설공사의 하자담보책임기간에 관하여 다른 법령(민법 제670조 및 제671조 제외)에 특별한 규정이 있거나 도급계약(하도급계약 포함)에서 따로 정한 경우에는 그 법령이나 도급계약이 정하는 바에 따르도록 규정하고 있으며, 같은 조 제4항에 하수급인의 하자담보책임에 대하여는 제1항부터 제3항까지를 준용한다고 규정하고 있습니다.

또한 같은 법 시행령 제30조 및 별표4에 건설공사의 종류별 하자담보책임기간을 공사별, 세부공종별로 나누어서 책임기간을 정하고 있습니다.

따라서 질의하신 내용이 하자담보책임기간을 세부공종별로 정하지 않고 도급계약시 계약내용에서 5년으로 일괄로 설정한 경우라면 건설산업기본법 제28조에서 도급계약(하도급계약 포함)에서 따로 정한 경우에는 그 도급계약이 정하는 바에 따르도록 규정하고 있으므로 시행령 별표4에서 정한 하자담보책임기간을 적용할지에 대하여는 당해 계약내용을 토대로 판단할 사항이라 사료됩니다.

제6편

건설근로자 지원

제1장 **노임의 압류금지**

제1장 노임의 압류금지

01 노임을 도급계약서의 甲지에 명시해야 하는지 여부

질의요지

도급계약서에 명시토록 하는 규정이 계약서 갑지만을 의미하는지

회신내용

건설산업기본법 제88조제1항에 건설업자가 도급받은 건설공사의 도급금액 중 그 공사(하도급한 공사를 포함한다)의 근로자에게 지급하여야 할 임금에 상당하는 금액은 압류할 수 없다고 규정하고 있고, 동 조 제2항에서 임금에 상당하는 금액의 범위와 산정방법은 대통령령으로 정한다고 규정하고 있으며, 같은 법 시행령 제84조제1항에 법 제88조제2항의 규정에 의한 노임에 상당하는 금액은 당해 건설공사의 도급금액 중 산출내역서에 기재된 노임을 합산하여 이를 산정한다고 규정하고 있고, 같은 제2항에 건설공사의 발주자(하도급의 경우에는 수급인을 포함한다)는 제1항의 규정에 의한 노임을 도급계약서 또는 하도급계약서에 명시하여야 한다고 규정하고 있습니다.

따라서, 계약관련 제도 상 도급계약서는 말씀하신 갑지로 한정되는 것이 아니므로 노임을 도급계약서에 명시하여야 하는 것 또한 갑지로 한정하는 것은 아님을 알려드립니다.

다만, 건설산업기본법 제88조의 규정은 강행규정으로서 민사소송법 또는 국세기본법 등에 우선하는 특별법인 관계상 압류 또는 일반채권에 기한 채권압류 및 전부명령이 있다고 하여도 도급금액 중 근로자에게 지급하여야 할 노임에 상당하는 금액에는 효력이 미치지 않는 것을 명시적으로 규정하는 있는 내용임을 알려드리며, 법원으로부터 공사대금에 대하여 압류결정을 받은 경우 압류가 금지된 노임부분의 지급 방법과 범위 등에 대하여는 발주자가 위 규정과 당해 채권 압류의 결정내용 등을 종합적(판례 2008다11702 참고)으로 고려하여 조치할 사항임을 알려드립니다.

02 압류가 금지된 노임에 간접노무비가 포함되는지

질의요지

압류가 금지된 노임에 간접노무비가 포함되는지

회신내용

건설산업기본법 제88조제1항에 건설업자가 도급받은 건설공사의 도급금액 중 그 공사(하도급한 공사를 포함한다)의 근로자에게 지급하여야 할 임금에 상당하는 금액은 압류할 수 없다고 규정하고 있고, 같은 조 제2항에 임금에 상당하는 금액의 범위와 산정방법은 대통령령으로 정한다고 규정하고 있으며, 같은 법 시행령 제84조제1항에서 법 제88조제2항의 규정에 의한 노임에 상당하는 금액은 당해 건설공사의 도급금액중 산출내역서에 기재된 노임을 합산하여 이를 산정한다고 규정하고 있습니다.

따라서, 건설산업기본법 제88조제1항에 따라 압류가 금지되는 임금은 실제로 지급하여야 할 노무비를 의미하는 것이 아닌 당해 건설공사의 도급금액중 산출내역서에 기재된 노임을 의미하는 것이며, 이 때 노임은 직접노무비와 간접노무비 모두를 포함하는 것으로 해석하고 있습니다.

참고로, 법원으로부터 공사대금에 대하여 압류결정을 받은 경우 압류가 금지된 노임부분의 지급여부에 대하여는 발주자가 위 규정과 당해 채권 압류의 결정내용 등을 종합적으로 고려하여 결정하며, 유사 판례 등을 참고하시면 업무에 도움이 되실 것이라 사료됩니다.(판례 2008다11702,2000다21048 참고, 지급 가능한 사례)

03 경비에 포함된 실제 노임이 압류가 금지된 노임에 해당하는지

질의요지

경비에 포함된 실제 노임이 압류가 금지된 노임에 해당하는지

회신내용

건설산업기본법 제88조제1항에 건설업자가 도급받은 건설공사의 도급금액 중 그 공사(하도급한 공사를 포함한다)의 근로자에게 지급하여야 할 임금에 상당하는 금액은 압류할 수 없다고 규정하고 있고, 같은 조 제2항에 임금에 상당하는 금액의 범위와 산정방법은 대통령령으로 정한다고 규정하고 있으며, 같은 법 시행령 제84조제1항에서 법 제88조제2항의 규정에 의한 노임에 상당하는 금액은 당해 건설공사의 도급금액중 산출내역서에 기재된 노임을 합산하여 이를 산정한다고 규정하고 있습니다.

아울러, 건설산업기본법 제88조제1항에 따라 압류가 금지되는 임금은 실제로 지급하여야 할 노무비를 의미하는 것이 아닌 당해 건설공사의 도급금액 중 산출내역서에 기재된 노임(기재된 노무비의 합계, 간접노무비 포함)을 의미하는 것입니다.

따라서, 법원으로부터 공사대금에 대하여 압류결정을 받은 경우 압류가 금지된 노임부분의 지급여부에 대하여는 발주자가 위 규정과 당해 채권 압류의 결정내용 등을 종합적으로 고려하여 판단할 사항입니다. 아울러, 유사 판례 등을 참고하시면 업무에 도움이 되실 것이라 사료됩니다.(판례 2008다11702,2000다21048 참고, 지급 가능한 사례)

제7편

행정처벌 및 벌칙

제1장 **건설업 등록**

제2장 **도급/하도급**

제3장 **영업정지 등**

제1장 건설업 등록

제1절 자본금/기술능력/등록기준/양수양도/등록말소

01 건설업 등록의 결격사유에 대해 문의드립니다.

질의요지

건설산업기본법 제83조제4호의 단서조항의 "다만, ...그 사실을 안 날부터..."의 "사실"과 "... 건설업 등록의 결격사유에 해당되는 자가 있는 경우 그 사유가 있음을 안 날로부터 3월이내..." 및 "동 조항에서 '그 사유를 안 날'이라 함은..."에서의 "사유"는 어떻게 다른지

회신내용

건설산업기본법 제83조제4호에 따라 동 법 제13조제1항 각 호의 어느 하나에 해당하게 된 경우에는 건설업 등록을 말소하여야 하며 다만 건설업으로 등록된 법인의 임원 중 건설업 등록의 결격사유에 해당되는 사람이 있는 경우에는 그 사실을 안 날로부터 3개월 이내에 그 임원을 교체하는 경우는 제외한다고 규정하고 있습니다.
상기 조항에서 '그 사유를 안 날'이라 함은 '법인의 임원이 건설업 등록의 결격사유에 해당됨을 해당 건설업자가 안 날'을 의미하며, 건설업 등록의 결격사유자가 법인의 대표이사인 경우에는 '그 사유에 해당하게 된 때'로 해석하는 것이 타당하다고 판단됩니다.

건설산업기본법 제83조[건설업의 등록말소 등]는 건설업자가 제3호(제13조제1항 각 호의 어느 하나의 건설업 등록의 결격사유에 해당하게 된 때. 다만, 건설업으로 등록된 법인의 임원 중 건설업 등록의 결격사유에 해당되는 자가 있는 경우 그 사유를 안 날로부터 3월 내에 그 임원을 바꾸어 선임한 경우에는 그러하지 아니하다)에 해당하게 된 때에는 그 건설업자의 건설업 등록을 말소하여야 한다고 규정하고 있습니다.
동 조항에서 '그 사유를 안 날'이라 함은 '법인의 임원이 건설업 등록의 결격사유에 해당됨을 해당 건설업자가 안 날'을 의미한다고 할 것입니다. 다만, 건설업 등록의 결격사유자가 법인

의 대표이사인 경우에는 그 사유가 있음을 안 날이 아니라 '그 사유에 해당하게 된 때'로 해석하는 것이 타당하다고 할 것입니다.

02 건설업 등록시 대표자 결격사유

질의요지

전문건설업을 등록하고자 하는 대표자의 결격사유를 조회한 결과 작년 '특정경제범죄가중처벌등에관한법률' 등의 위반으로 징역 및 집행유예기간을 선고받은 내용이 확인되었습니다.
건설산업기본법 제13조(건설업 등록의 결격사유)에 따르면, 위 사항이 저촉되는 조항은 없는 것으로 판단되나 위반법률인 특정경제범죄가중처벌등에관한법률 제14조제2항 '제1항에 규정된 사람 또는 그를 대표자나 임원으로 하는 기업체는 ~ 관허업의 허가 인가 면허 등록 지정등을 받을 수 없다'에 따르면 위 대표자는 건설업 등록을 할 수 없는 것으로 해석되는 바, 건설업 등록하고자 하는 대표자의 결격사유 검토시 건설산업기본법 외 개별법의 조항은 논외사항인지

회신내용

건설산업기본법 제13조제1항제4호제5호에 따라 건설산업기본법 또는 주택법을 위반하여 금고 이상의 실형을 선고받고 그 집행이 종료(집행이 종료된 것으로 보는 경우를 포함한다)되거나 그 집행이 면제된 날부터 3년이 경과되지 아니한 자와 형법 제129조부터 제133조(수뢰, 사전수뢰, 제삼자 뇌물제공, 수뢰후 부청처사, 사후수뢰, 알선수뢰, 뇌물공여 등)까지의 죄 중 어느 하나에 해당하는 죄를 범하여 금고 이상의 실형을 선고받고 그 집행이 종료(집행이 종료된 것으로 보는 경우를 포함한다)되거나 집행이 면제된 날부터 5년이 경과되지 아니한 자는 건설업 등록을 할 수 없으며 또한 동 법 제13조제1항 6호의 규정에 따라 제4호 또는 제5호의 죄를 범하여 형의 집행유예를 선고받고 그 유예기간 중에 있는 경우를 결격사유로 규정하고 있습니다.
다만 질의하신 특정경제범죄 가중처벌 등에 관한 법률 제14조제2항에 따른 해당 사유는 건설산업기본법상의 결격사유에 해당하지 않을 것으로 판단되나 보다 구체적인 사항은 등록업무를 담당하는 처분청에 문의하시기 바랍니다.

03 실질자본금 부족으로 인한 행정처분시 중복 여부

질의요지

KISCON의 부실업체조기경보시스템에 입력된 업체를 실태조사한 결과 2013년 자본금 부족입니다. (보증금 관련으로 직원의 임시숙소라고 주장하나 계약기간이 2년이며 같은 지역의 건물임을 고려하여 실질자본금에서 제외 함.)
그런데 2014년에도 표준재무제표에도 그 보증금이 포함되어 있어 자본금 미달이 예상됩니다.
이 경우 2013년과 2014년 함께 자본금 미달로 행정처분 하여도 되는지, 함께 처분할 수 있다면 그 절차는 어떻게 되는지(민원인, 행정청), 이미 처분한 동일한 위반행위에 대하여 다시 처분하여서 아니된다는 건설업 관리규정 7장에 적용되는 것인지

회신내용

건설업관리규정 제7장.1.가 에서 건설산업기본법 제82조, 제83조, 제99조, 제100조 등의 규정에 의한 영업정지, 과태료 등 제재처분은 위반행위별로 하여야 하며, 이미 처분한 동일한 위반행위에 대하여 다시 처분하여서는 아니 된다고 규정 하고 있습니다.
등록기준 심사시 같은 사유로 인하여 2개년도 재무제표상 자본금 미달이 예상되는 경우 동일한 위반행위로 보고 1건의 행정처분으로 처리할 수 있을 것으로 판단되나, 구체적인 제재처분의 판단은 등록기준 미달의 발생시기, 처분 확정시기, 위반내용 등을 종합적으로 검토하여 처분권자가 판단하여야 할 것입니다.

04 대표이사 선임 건

질의요지

건설산업기본법 상 현재 대표이사가 집행유예를 받을 경우 건설산업기본법의 건설업등록의 결격사유가 되어 교체해야 하는지

회신내용

건설산업기본법 제13조제1항제4호제5호에 따라 건설산업기본법 또는 주택법을 위반하여 금고 이상의 실형을 선고받고 그 집행이 종료(집행이 종료된 것으로 보는 경우를 포함한다)되거나 그 집행이 면제된 날부터 3년이 경과되지 아니한 자와 형법 제129조부터 제133조(수뢰, 사전수뢰, 제삼자 뇌물제공, 수뢰후 부정처사, 사후수뢰, 알선수뢰, 뇌물공여 등)까지의 죄 중 어느 하나에 해당하는 죄를 범하여 금고 이상의 실형을 선고받고 그 집행이 종료(집행이 종료된 것으로 보는 경우를 포함한다)되거나 집행이 면제된 날부터 5년이 경과되지 아니한 자는 건설업 등록을 할 수 없음을 알려드립니다. 또한 동 법 제13조제1항 6호의 규정에 따라 제4호 또는 제5호의 죄를 범하여 형의 집행유예를 선고받고 그 유예기간 중에 있는 경우를 결격사유로 규정하고 있습니다.

05 건설업 등록기준 미달 관련

질의요지

토공사업과 철근콘크리트공사업 면허를 보유하고 있고, 과거 2014년에 자본금 미달로 토공에 대하여 영업정지 처분을 받은 바 있습니다. 그리고 2015년 1월에 보증가능 금액이 실효되었으며, 올해 주기적 신고시 과거 일정기간동안 기술인력 미달(등록기준 미달)되었습니다.

보증가능금액, 자본금, 기술인력 등을 각각의 등록기준 미달 사유로 구분하는지, 동일한 미달 사유로 보는지(동일한 사유로 볼 경우, 3년 이내 영업정지 처분을 받은 적이 있는 토공은 등록말소, 철콘은 영업정지)

회신내용

건설업관리규정 제7장 제1호에서는 법 제82조, 제83조, 제99조, 제100조에 따른 영업정지, 과태료 등 제재처분은 위반행위별로 하여야 하며, 이미 처분한 동일한 행위에 대해 다시 처분해서는 안된다고 규정하고 있고, 2개 이상의 건설업종을 보유한 건설업자에 대해 영업정지 등 제재처분을 하는 때에는 위반행위별로 해당 업종에 한하여 처분한다고 규정하고 있습니다. 통상적으로 건설업자가 주기적신고를 하여 건설업 등록기준에 미달한 내용이 2건이 확인된 경우, 하나의 신고(주기적신고)행위에 대한 처분으로 보아 2건을 병합하여 제재처분을 할 수 있을 것으로 판단되나 이에 대한 구체적인 제재처분의 판단은 등록기준 미달의 발생시기, 처분 확정시기, 위반내용 등을 종합적으로 검토하여 처분권자가 판단하여야 할 것입니다.

또한 건설업자가 건설업의 등록기준에 미달한 사실이 있는 때에는 건설산업기본법 제83조제3호에 따라 1년 이내에 기간을 정하여 영업정지 처분을 받게 되며, 법 제83조제3호(건설업 등록기준 미달)에 해당되는 건설업자로서 기술능력, 자본금, 시설 및 장비, 보증가능금액확인서 등 동일한 사유에 해당하는 등록기준의 미달로 최근 3년 이내에 제재처분을 받은 사실이 있는 경우 또는 같은 법 제83조제2호(건설업등록기준 미달)에 해당되어 영업정지처분을 받은 건설업자가 처분종료일까지 등록기준 미달사항을 보완하지 아니한 때에는 건설업관리지침 제7장 2. 나. (3)에 따라 등록말소처분을 받게 됨을 알려드리며 구체적인 제재처분은 등록기준 미달의 발생시기, 처분 확정시기, 위반내용, 감경사유 등을 종합적으로 검토하여 처분권자가 판단하여야 할 것입니다.

06 특허권 인수금액의 자본금 인정여부

질의요지

전문건설업체를 설립하여 특허권을 인수하였을 때 인수금액을 자본금으로 인정을 받을 수 있는지

회신내용

건설업관리규정(국토해양부 예규 제2010-175호) 별지2 건설업체 기업진단지침 제24조에 따라 무형자산은 부실자산으로 보며 다만, 진단대상사업과 직접 관련하여 취득한 1.시설물을 기부채납하고 일정기간 무상으로 사용수익할 수 있는 권리(정액법에 따른 상각액을 차감하여 평가) 또는 2.산업재산권(취득원가에 정액법에 따른 상각액을 차감하여 평가)일 경우 예외적으로 무형자산으로 인정합니다. 질의하신 특허권이 산업재산권으로 해당 건설업자가 보유한 특허권으로 건설업종과 관련이 있는 특허권이라면, 상기 규정에 따른 취득원가 등을 확

인하여 실질자산으로 인정할 수 있을 것으로 사료되나 구체적인 사안은 특허권과 관련된 사실관계를 토대로 등록관청인 처분청에서 판단할 사항임을 알려드립니다.

07 건설업 결격사유 관련 대표자 판단기준

질의요지

"건설산업기본법 제13조(건설업등록의 결격사유) 1항 3호 건설업 등록이 말소된 자가 법인인 경우에는 말소 당시의 원인이 된 행위를 한 사람과 대표자를 포함한다."에 대한 질의

건축공사업 신규등록시 국가기술자 자격증을 대여하여 건축 신규면허를 취득하였습니다. 면허를 발급받은 후 건설업을 하던 중 서울북부지방법원에서 "국가기술자 자격증 위반"으로 벌금을 선고받고 면허도 등록말소되었습니다.

신규등록시 대표자와 말소시 대표자가 다를 경우 건설산업기본법 제13조제1항제3호 원인이 된 행위를 한 대표자는 누구인지, 그리고 "건설업 등록이 말소된 후 5년이 지나지 아니한 자"는 건설업 등록의 결격사유에 해당이 되는데 원인이 된 행위를 한 대표자와 동일인으로 봐야 하는지

회신내용

건설산업기본법 제13조제1항제3호에 따르면 같은 법 82조의2 또는 제83조에 따라 건설업 등록이 말소된 자로서 제82조의2제3항, 제83조제1호 · 제3호의3 · 제5호 · 제8호 · 제10호 및 제13호에 해당하는 사유로 건설업의 등록이 말소된 후 5년이 지나지 아니한 자는 건설업 등록을 할 수 없도록 규정하고 있으며 이 경우 건설업 등록이 말소된 자가 법인인 경우에는 말소 당시의 원인이 된 행위를 한 사람과 대표자를 포함한다고 규정하고 있습니다. 이와 관련하여 말소 당시의 원인이 된 행위를 한 사람과 대표자에서 대표자는 건설업 등록말소의 원인행위 당시 대표자를 의미하며, 상기 규정에 따라 건설업 등록이 말소된 후 5년이 지나지 아니한 자(해당 법인과 등록말소의 원인행위 당시 대표자)는 건설업의 등록이 말소 된 후 5년동안 건설업의 등록을 하지 못할 것으로 보이며 보다 자세한 사항은 구체적인 사실관계를 토대로 등록관청에서 판단할 사항임을 알려드립니다.

08 2개 이상 업종을 보유한 건설업 등록의 결격사유 해당 여부

질의요지

관내 건설업체가 주기적 신고 시 다음과 같은 사례가 발생되어 문의

[사례1]

[시행2014.11.15] [법률 제12580호, 2014.5.14., 일부개정]된 건설산업기본법 제13조 제1항 제3호 다에 의거, 여러 업종을 보유한 업체가 1개 업종이 동 법 제83조 제6호에 의거 2014. 7. 1일자로 등록말소 된 후, 주기적 신고 시 대표이사가 동 법 제83조 제4호 적용대상인지 여부

대표이사가 제83조 제4호의 적용으로 결격사유에 해당하는 경우 행정청이 대상자에게 결격사유 사실을 통지한 날부터 3개월 이내에 교체한 경우 등록말소 대상이 아닌지 여부

[사례2]

[시행2014.11.15] [법률 제12580호, 2014.5.14., 일부개정]된 건설산업기본법 제13조 제1항 제3호 가에 의거, 2개 업종을 보유한 업체가 1개 업종이 건설산업기본법 제83조제3호의3에 따라 2013. 2.19일자로 등록말소 된 후, 주기적 신고 시 대표이사가 동 법 제83조 제4호 적용대상인지 여부

대표이사가 제83조 제4호의 결격사유에 해당하는 경우 행정청이 대상자에게 결격사유 사실을 통지한 날부터 3개월 이내에 교체한 경우 등록말소 대상이 아닌지 여부

회신내용

건설산업기본법 제 83조제6호의 사유로 건설업 등록이 말소된 건설업자는 같은 법 제13조제1항제3호 다.에 따라 건설업이 등록이 말소된 후 1년 6개월이 지나지 아니할 경우 건설업을 등록할 수 있으며, 같은 법 제83조제3의3호에 해당하는 사유로 건설업 등록이 말소된 건설업자는 같은 법 제13조제1항제3호 가.에 따라 건설업 등록이 말소된 후 5년이 지나지 아니한 할 경우 건설업 등록을 할 수 없도록 규정하면서 건설업 등록이 말소된자가 법인인 경우는 그 말소당시의 원인이 되는 행위를 한 자와 대표자를 포함한다고 규정하고 있습니다. 또한 같은 법 제83조제4호에 따라 건설업자가 같은 법 제13조제1항의 각 호의 하나에 해당하는 된 경우 건설업 등록을 말소하도록 규정하면서 건설업으로 등록된 법인의 임원 중 건설업 등록의 결격사유에 해당되는 사람이 있는 경우로서 그 사실을 안 날로부터 3개월 이내

에 그 임원을 교체한 경우 제외한다고 규정하고 있습니다.

질의와 관련하여 2개 이상의 건설업 등록을 한 건설업자가 상기 규정에 따라 1개 업종이 건설업 등록 말소된 경우 다른 업종은 건설업 영위를 할 수 있을 것으로 보이며, 이 경우에도 결격사유에 해당하게 된 건설업 법인의 임원(대표자)은 그 사실을 안날로부터 3월 이내에 교체하여야 하며, 이를 위반한 경우에는 건설업 등록말소 대상이 됨을 알려 드립니다.

민원을 검토한 결과, 동 내용은 건설산업기본법 제13조제1항제3호 "건설업의 등록이 말소된 자가 법인인 경우에는 말소당시의 원인이 된 행위를 한 자와 대표자를 포함 한다"에서 '말소당시의 원인이 된 행위를 한 자'의 의미와 다수의 건설업종을 보유한 업체가 같은 법 제83조 1호에 위반된 경우, 위반 업종에 대해서만 건설업 등록말소 처분을 하는지 등에 대한 질의입니다.

건설산업기본법 제13조제1항제3호에 따라 같은 법 제83조제1호에 해당하는 사유로 건설업 등록이 말소된 후 5년이 경과되지 아니한 자는 건설업 등록을 할 수 없으며, 이 경우 등록말소자가 법인인 경우는 그 말소당시의 원인이 되는 행위를 한 자와 대표자를 포함합니다. 여기서, '그 말소당시의 원인이 되는 행위를 한 자'는 대표자 이외에 부정한 방법으로 건설업 등록에 관여한 직원 등을 의미합니다.

또한, 같은 법 제83조제1호에 따라 부정한 방법으로 건설업의 등록을 한 때에 건설업의 등록말소는 부정한 방법으로 건설업을 등록한 해당 건설업종에 한합니다. 따라서, 다른 업종은 건설업 영위를 할 수 있으며, 이 경우에도 결격사유에 해당하게 된 건설업 법인의 대표자는 3월 이내에 교체하여야 하며, 이를 위반한 경우에는 건설업 등록말소 대상이 됨을 알려드립니다.

09 등록기준 미달사항의 보완 기준일

질의요지

행정소송으로 영업정지처분의 집행 정지된 후 판결 선고로 영업정지 처분 효력이 재개될 때 등록기준 미달사항의 보완 기준일은 최초 영업정지 기간 종료일인지 또는 효력이 재개되어 도래하는 영업정지 종료일인지

회신내용

행정처분에 대한 집행정지는 본안판결이 있을 때까지 당해 행정처분의 집행을 잠정적으로 정지함으로써 행정처분의 집행으로 인하여 회복하기 어려운 손해를 예방하고자 함에 그 취지가 있고, 그 집행정지의 효력 또한 당해 결정의 주문에 표시된 시기까지 존속하다 그 시기의 도래와 동시에 당연히 소멸(대법원 2003.7.11. 선고, 2002다48023)되므로, 등록기준 미달사항의 보완 기준일은 영업정지처분의 효력이 재개되어 영업정지처분이 종료된 날임을 알려 드립니다.

제2장 도급/하도급

제1절 하도급

01 하수급인의 재하도급 행위에 대한 수급인의 관리 책임

질의요지

하수급인(전문건설업체)이 무등록업체에게 건설공사를 재하도급한 경우, 수급인은 관리상 책임이 있는지, 하수급인이 무등록업체에 재하도급한 것과 해당 업종을 등록한 건설업자에게 재하도급한 것은 어떤 차이가 있는지 여부

회신내용

건설산업기본법 제29조(건설공사의 하도급 제한)제3항에 의하면, 하수급인은 하도급받은 건설공사를 다른 사람에게 다시 하도급할 수 없으나, 단서 규정에 따라 전문공사를 하도급받은 하수급인이 수급인의 서면승낙을 받고 공사의 품질이나 시공상의 능률을 높이기 위하여 필요한 경우로서 같은 법 시행규칙 제25조의6(다시 하도급할 수 있는 경우)에 규정한 각 호의 요건을 모두 충족하는 경우에는 해당 업종을 등록한 건설업자에게 예외적으로 재하도급할 수 있습니다.

건설업자가 이를 위반하는 경우 같은 법 제82조제2항제3호 및 제96조제4호의 규정에 의거 행정처분(1년 이내의 영업정지 또는 과징금)과 형사처벌(3년 이하의 징역 또는 3천만원 이하의 벌금)을 받게 되어 있습니다.

같은 법 시행령 제80조제1항 관련 별표6 영업정지 및 과징금의 부과기준 2. 나. 3) 및 7)에 따르면, 건설업자가 건설업을 등록하지 아니한 자에게 재하도급한 경우 영업정지 6개월(또는 재하도급금액의 6%~24% 과징금), 재하도급금지규정을 위반하였으나 해당 업종의 건설업자에게 재하도급한 경우 영업정지 4개월(재하도급금액의 4%~16% 과징금)의 행정처분을

하게 되어 있습니다.

한편, 같은 법 제29조의2(건설공사의 하도급관리) 제1항에 따르면, 수급인은 도급받은 건설공사를 하도급하는 경우에는 하수급인이 제29조제3항을 준수하도록 관리하여야 한다고 되어 있고 이를 위반하여 하수급인에 대한 관리의무를 이행하지 아니한 자(하수급인이 제82조제2항제3호에 따른 영업정지 등의 처분을 받은 경우로서 그 위반행위를 지시하거나 묵인한 사실이 확인된 경우만 해당한다)는 같은 법 제99조(과태료) 제6호에 의거 500만원 이하의 과태료를 부과하게 되어 있습니다.

하수급인이 재하도급 규정을 위반하여 영업정지 등의 처분을 받은 경우로서 수급인이 그 위반행위를 지시하거나 묵인한 사실이 확인되는 경우라면 500만원 이하의 과태료를 부과받을 수 있으며, 하수급인이 건설업을 등록하지 아니한 자에게 재하도급한 행위와 재하도급 규정을 위반하였으나 해당 업종을 등록한 건설업자에게 재하도급한 행위는 위 규정과 같이 영업정지 기간 또는 과징금의 부과 비율에서 차이가 있음을 알려드립니다.

02 무등록업자에 대한 하도급제재 등

질의요지

노후 건축물 철거공사를 상하수도설비업체(등록업체)가 도급(4,700만원)받아 건축물 철거업체에 하도급을 한 경우 법위반에 해당되는지, 제재사항은 어떻게 되는지
건설업 등록업체가 콘테이너를 사무실로 쓰고 있는데, 관계 규정상 하자가 없는지

회신내용

건설산업기본법 제9조제1항에 따르면, 건설업을 하려는 자는 업종별로 국토교통부장관에게 등록을 하여야 하고 이를 위반하여 건설업을 등록하지 아니하고 건설업을 한 자는 같은 법 제96조제1호의 규정에 의거 형사처벌(3년 이하의 징역 또는 3천만원 이하의 벌금)을 받게 되어 있습니다.

또한, 같은 법 제16조제2항에 따르면, 전문공사를 도급받으려는 자는 해당 전문공사를 시공

하는 업종을 등록하여야 하며, 이를 위반한 건설업자는 같은 법 제82조제2항제1호의 규정에 의거의 행정처분(1년 이내의 영업정지 또는 도급금액의 30% 이하의 과징금)을 받게 되어 있습니다.

참고로 같은 법 시행령 제7조 관련 별표1 건설업의 업종과 업종별 업무내용에 따르면, 구조물 등을 해체하는 공사를 비계·구조물해체공사업의 업무내용으로 규정하고 있습니다.

그리고 같은 법 제25조제2항에 따르면, 수급인은 공사내용에 상응하는 업종을 등록한 건설업자에게 하도급하여야 하고, 이를 위반한 건설업자는 같은 법 제82조제2항제3호 및 제96조제4호의 규정에 의거의 행정처분(1년 이내의 영업정지 또는 하도급금액의 30% 이하의 과징금) 및 형사처벌(3년 이하의 징역 또는 3천만원 이하의 벌금)을 받게 되어 있습니다.

따라서 수급인이 건설산업기본법 제9조제1항 및 제25조제2항을 위반한 사항은 관할 경찰서 등 수사기관에 고소 또는 고발할 수 있고 같은 법 제16조제2항 및 제25조제2항을 위반한 사항은 건설업 등록관청에 행정처분을 요청할 수 있습니다. 다만, 구체적인 법위반 여부는 관련 규정, 객관적인 사실관계를 토대로 건설업 등록관청 또는 수사기관에서 판단할 사항임을 알려드립니다.

건설산업기본법 제83조(건설업의 등록말소 등)제3호에 따르면, 건설업자가 같은 법 제10조에 따른 건설업의 등록기준에 미달한 사실이 있는 경우 행정처분(건설업 등록을 말소하거나 1년 이내의 영업정지)을 받게 되어 있으며, 건설업관리규정(국토교통부예규 제113호) 제2장 3. 라. (1) 사무실의 범위에 따르면, 사무실은 건축법 등 관련 법령에 적합한 것이어야 하며 등록하고자 하는 시·도내에 위치하여야 하고, 무허가건물 및 가설건축물은 사무실로 인정하지 아니하나, 건축법 제20조제1항에 따라 시장·군수·구청장이 도시계획시설 또는 도시계획시설예정지에 건축을 허가한 가설건축물로서 사무실로 상당한 기간 동안 상시 이용이 가능하고 해당 가설건축물 소유자가 건설업등록을 하는 경우라면 사무실로 인정할 수 있다고 되어 있습니다.

따라서 건설업자가 등록기준으로 보유한 사무실이 상시 사무실로 이용 불가능한 가설건축물인 경우 원칙적으로 등록기준에 미달된 것으로 위 규정에 따라 행정처분을 받을 수 있으나, 구체적인 법위반 여부는 도시계획시설 또는 도시계획시설예정지에 건축을 허가한 가설건축물인지 여부 등 객관적인 사실관계를 토대로 건설업 등록관청에서 판단할 사항임을 알려드립니다.

제3장 영업정지 등

제1절 영업정지 및 등록말소

01 기존 조경공사 영업정지 중 세금계산서 발행에 관한 문의

질의요지

주기적신고 후 영업정지시 영업정지 이전에 낙찰되어 공사가 진행중인 건에 한하여 〈아래〉와 같이 계속시공이 가능하다고 하면 시공을 하는 과정 중 자재의 구매와 세금계산서의 발행을 하여야 시공의 진행이 가능할것으로 판단 물론 신규공사의 경우 입찰, 계약, 견적등이 불가 하다고 알고 있으나, 영업정지 이전에 진행된 공사의 경우 세금계산서의 발행이 가능한지

〈아래〉

건설업자가 건설산업기본법 제82조의 규정에 의한 영업정지처분을 받은 경우에는 동 정지처분 기간동안에는 건설업을 영위할 수 없습니다. 이 경우 영업의 정지란 일반적으로 도급계약의 체결 및 입찰, 견적 등 이에 부수되는 행위의 정지로 보는 것이므로 발주자가 실시하는 현장설명에 참가하거나 입찰참가자격 사전심사를 신청하는 것까지도 금지되는 것입니다.

다만, 동 법 제14조제1항의 규정에 의하여 영업정지처분전에 도급계약을 체결하였거나 관계법령에 의하여 인허가등을 받아 착공한 건설공사에 대해서는 이를 계속 시공할 수 있도록 하고 있으나, 이 경우도 발주자가 동조 제4항의 규정에 의하여 당해 공사의 도급계약을 해지하지 아니한 경우에 한합니다

회신내용

건설산업기본법 제82조의 규정에 의한 영업정지처분을 받은 경우에는 동 정지처분 기간동안에는 건설업을 영위할 수 없으나 동 법 제14조제1항의 규정에 의하여 영업정지처분전에 도급계약을 체결하였거나 관계 법령에 의하여 인허가등을 받아 착공한 건설공사에 대해서는 이를 계속 시공할 수 있도록 하고 있으므로 영업정지 이전에 진행된 공사에 대한 세금계산

서 발행은 가능할 것으로 판단되나, 이에 대한 보다 구체적인 사항은 부가가치세법을 담당하는 소관부처에 문의하시기 바랍니다.

02 영업정지 중 변경계약

질의요지

공사 시공중에 건설업 등록기준미달(자본금)으로 영업정지처분을 받게 되었습니다.
공사에 대해 시공 중 주민의 민원, 설계오류, 현장에 주 이용자인 장애인들의 부족한 이용시설확충의 이유로 부득이하게 설계변경을 하여 공사기간 연장 및 설계금액 증액이 될수 밖에 없는 상황이 되었습니다. 이 같은 이유로 당사에서는 공사완료를 위하여 변경계약을 수행할수 있는지

회신내용

건설산업기본법 제14조에 의하면 같은 법 제82조, 제82조의2 또는 제83조에 따른 영업정지처분 또는 등록말소처분을 받은 건설업자와 그 포괄승계인은 그 처분을 받기 전에 도급계약을 체결하였거나 관계 법령에 따라 허가, 인가 등을 받아 착공한 건설공사는 계속 시공할 수 있고, 영업정지처분 또는 등록말소처분을 받은 건설업자와 그 포괄승계인은 지체 없이 그 처분의 내용을 그 건설공사의 발주자에게 알려야 하며, 건설공사의 발주자는 특별한 사유가 있는 경우를 제외하고는 해당 건설업자로부터 통지받은 날 또는 안 날로부터 30일이 지나는 날까지 도급계약을 해지할 수 있고 규정하고 있습니다.

영업의 정지란 일반적으로 새로운 입찰, 견적제출 및 계약의 체결 등에 부수되는 행위의 정지로 보는 것이므로 발주자가 30일 이내에 도급계약을 해지하지 아니한 경우라면, 수급인은 발주자와 영업정지 전에 체결한 도급계약과 관련하여 기존 도급계약의 범위 내의 설계변경이 발생한 경우 계약기간 및 금액을 변경하는 변경계약(장기계속공사의 차수계약 포함)을 체결할 수 있을 것이고 수급인은 당해 건설공사를 계속 시공할 수 있다고 판단됩니다.

한편, 영업정지 처분 종료일 다음 날부터는 새로운 입찰에 참여(투찰 등)할 수 있을 것입니다.

03 영업정지처분 후 3년 이내에 동일한 등록기준 미달에 의한 등록말소 처분

질의요지

건설산업기본법 제83조제3의3호에 따라 건설업 등록기준을 위반한 업체에 대하여 건설업 등록을 말소하여야 하는 시작점, 즉 3년이내에 대한 기준일은 언제인지
건설산업기본법 제10조 건설업 등록기준을 위반한 업체에 대하여 건설업 행정처분을 검토할 때, 업치가 최초에는 자본금에 대한 미달이 발생하였고, 다시 3년 이내에 보증가능금액확인서가 실효 되었을 때는 처리는

회신내용

건설산업기본법 제83조제3의 3호에 따르면 건설업 등록기준에 미달하여 영업정지처분을 받은 후 3년 이내에 동일한 등록기준에 미달하게 된 경우 건설업 등록을 말소하도록 규정하고 있으며, 이는 최초 행정처분을 한 날과 그 행정처분 후 3년 이내에 동일한 등록기준 미달로 적발한 날을 기준으로 등록 말소 할 수 있을 것으로 보이나 구체적인 사항은 사실관계를 토대로 처분청이 판단할 사항임을 알려드립니다.
동 법 제83조에 따라 최초 자본금 미달로 영업정지 처분을 받은 후 3년 이내에 동일 사유로 등록기준에 미달하게 된 경우는 등록말소의 대상이나 보증가능금액이 실효되었어도 자본금이 등록기준을 충족할 경우에는 영업정지처분의 대상이 될 것으로 보이며, 이에 대한 구체적인 사항은 사실관계를 토대로 처분 행정청이 판단할 사항임을 알려드립니다.

04 건설업 영업정지 기간 감경사유 관련

질의요지

전문건설업(보링그라우팅)을 영위하는 회사로 최근 자본금미달로 인하여 영업정지처분을 받하야 할 상황입니다. 당연히 자본금으로 인정받는 것으로 알고 있던 투자자산이 겸업자산으로 분류되어 자

본금 미달로 건설업 등록기준을 충족하지 못 하였습니다. 건설산업기본법 시행령 별표6 영업정지 및 과징금의 부과기준(제80조제1항 관련) 중 1항 다호 1) 감경사유 가) 법령해석상의 착오 등으로 위반행위를 한 후 시정을 완료한 경우로서 정상을 참작할 필요가 있는 경우와 관련하여 증자 등을 통하여 자본금을 등록기준에 맞게 확충하여 시정하겠다고 하였더니 담당 주문관은 자본금 미달이 이미 발생였기 때문에 지금 증자 등으로 건설업 등록기준을 충족한다고 하여도 시정으로 볼 수 없다고 합니다.

자본금 미달이 발생하였으므로 증자 등을 통하여 건설업 등록기준을 충족하고 이에 대한 기업진단을 받아 제출하면 시정을 한 것으로 볼 수 있을 것 같은데 그 것은 시정을 한 것이 아니라고 하니 이에 대하여 답변을 기대합니다.

회신내용

건설산업기본법 제10조 및 시행령 제13조에 따라 건설업을 영위하려는 자는 건설업등록기준이 되는 기술능력, 자본금, 보증가능금액, 시설 및 장비 등을 갖추어야 하고, 같은 법 제83조제3호에 따라 "건설업의 등록기준에 미달한 사실이 있는 때"에는 1년 이내의 영업정지 처분을 명할 수 있으며, 여기서 자본금은 실질자본금 및 납입자본금 모두를 충족해야 함을 의미합니다.

또한, 같은 법 제9조제4항 및 시행령 제12조의2에 따라 건설업자는 건설업등록을 한날 또는 건설업등록기준에 관한 사항의 신고가 수리된 날부터 3년 이내의 범위에서 등록기준에 관한 사항을 신고하여야 하며, 이 경우, 자본금의 확인은 건설업관리지침 제3장 3. 다.에 따라 건설업자가 3년의 범위에서 제출한 재무제표중 가장 최근 결산일 기준의 재무제표는 건설업관리지침 제3장 3. 다.(3).(가)에 따른 부실자산을 자본총계에서 차감하여 자본금을 확인하며, 부실자산 차감후 자본금 등록기준에 미달하는 경우에는 재무관리상태진단보고서를 제출받아 그 진단결과가 등록기준에 미달하는 경우 제재처분 절차를 착수할 수 있으며 건설업자는 건설업 등록기준을 상시 충족하여야 하여야 함을 알려드립니다.

다만 동 법 제84조, 같은 법 시행령 제80조 및 건설업관리지침에 따라 위반행위의 동기·내용 및 횟수 등을 고려하여 위반행위가 건설업자의 경미한 과실 또는 부주의로 발생한 경우나 최근 3년 이내에 건설산업기본법에 따른 과태료 처분을 받은 사실이 없는 경우 영업정지의 기간 또는 과징금 금액의 2분의 1의 범위에서 감경 할 수 있으며, 구체적인 사항은 관련된 사실관계 등을 종합적으로 고려하여 처분관청에서 판단할 사항임을 알려드립니다.

05 행정처분 순서

질의요지

관내 건설업체 중에 주기적신고에서 자본금 미달로 영업정지, 기술인력 미달로(건설산업기본법 제83조제3호의3) 등록말소 대상인 경우 행정처분 순서가 어떻게 진행되어야 하는지

회신내용

건설업관리규정 제7장제1호에 따르면 법제82조, 제83조, 제99조, 제100조에 따른 영업정지, 과태료 등 제재처분은 위반행위별로 하여야 하며, 이미 처분한 동일한 행위에 대해 다시 처분해서는 안된다고 규정하고 있고, 2개 이상의 건설업종을 보유한 건설업자에 대해 영업정지 등 제재처분을 하는 때에는 위반행위별로 해당 업종에 한하여 처분한다고 규정하고 있습니다. 다만 통상적으로 건설업자가 주기적 신고를 하여 건설업 등록기준에 미달한 내용이 2건이 확인된 경우, 하나의 신고(주기적신고)행위에 대한 처분으로 보아 2건을 병합하여 제재처분을 할 수 있을 것으로 판단되나 이에 대한 구체적인 제재처분의 판단은 등록기준 미달의 발생시기, 처분 확정시기 및 위반내용 등을 종합적으로 검토하여 처분청이 판단하여야 할 것입니다.

06 전문건설업 행정처분 전, 폐업신고 가능여부

질의요지

관내 업체가 2015년 주기적 신고 시 자본금 미달로 행정처분(영업정지)을 위한 청문이 예정된 가운데 대표이사로부터 2015년 11월 9일 폐업신고가 들어와서 확인한 바, 서울중앙지방법원에서 2015년 10월 16일 파산선고를 받고 파산관재인이 선임결정된 상황입니다.
행정처분(영업정지) 절차를 거치지 않고 바로 폐업신고 수리 가능여부,
폐업신고인의 대표이사 적격여부(파산관재인이 폐업 신고인이 되어야 하는지)

회신내용

건설업관리규정(국토교통부 예규 2015-113호, 2015.8.20) 제5장 폐업신고 및 재등록에 따르면 법 제81조부터 제83조까지의 규정에 따른 시정명령, 영업정지, 등록말소 등이 객관적으로 명백히 예상되는 경우이나 동 행정처분을 하기 전에 건설업체가 폐업신고하는 경우 폐업수리조치 전에 위법행위에 대한 사실 확인 및 청문 등 처분절차를 조속히 이행하고, 처분여부 결정후 폐업 신고를 처리하도록 규정하고 있으며, 건설산업기본법 제20조의2제1항에 따르면 건설업 등록을 한자가 폐업신고 하도록 규정하고 있음을 알려드립니다.

07 전문건설업 영업정지 중 폐업신고

질의요지

자본금 관련하여 전문건설업 3종목이 영업 정지중입니다.(자본금6억원)

영업정지 종료일에 2종목은 사정상 반납하고 1종목만 유지할려고 합니다.

영업정지 종료일에 등록증,수첩 반납이 가능한지 여부와 ,아니면 영업정지 종료 전에 반납을 해야 하는지 등의 반납 시기

영업정지 종료 후 30일 이내에 재무관리상태진단보고서를 제출토록 돼 있는데 이때 이미 반납이 처리된 종목의 자본금을 포함(6억원)하여 재무관리상태진단보고서를 발급 받아야 하는지 아니면 1종목(2억원)의 관련 재무관리상태진단보고서를 제출하는지

폐업 후 6개월 이내에 재등록을 할 시에 실적 및 영업정지 승계가 되는지 여부와 승계가 이뤄지면 재등록시 재무관리상태진단보고서를 제출하기 위한 기점을 재등록일 60일 전으로 하는지 아니면 어떤 기준 날짜로 하는지

폐업 후 반납된 업종의 재등록이 이뤄지면 2015년도에 준공된 공사와 기시공 후 준공된 공사의 실적 신고를 2016년도 실적 신고시에 전문건설협회에 실적신고가 가능한지

회신내용

건설산업기본법 제20조의2 및 같은 법 시행규칙 제20조의2에 따르면 건설업 등록을 한자가

폐업할 경우 등록관청에 건설업폐업신고서 및 첨부서류를 제출하고, 건설업등록증 및 등록수첩을 첨부하도록 규정하고 있으며, 영업정지처분 종료 후 30일 이내에 재무관리상태진단보고서를 제출하는 대상은 법 제9조에 따라 건설업으로 등록된 건설업종을 대상으로 합니다.

또한 같은 법 제85조의2에 따라 건설업자가 제20조2의 규정에 따라 폐업신고에 의하여 등록이 말소된 자가 말소 당시의 업종과 동일한 업종의 건설업을 6월 이내에 제9조의 규정에 의하여 다시 등록하는 경우에는 폐업신고 이전의 건설업자의 지위를 승계하며, 지위를 승계한 건설업자는 폐업신고전의 건설업자에 대한 행정처분과 실적 등도 승계하게 됨을 알려드리며, 구체적인 사항은 사실관계를 토대로 등록관청인 지자체에서 판단할 사항임을 알려드립니다.

08 건설업 영업정지 시작일 연장 가능 여부

질의요지

건설업 자본금 미달로 행정처분 즉, 영업정지 처분 예정인 건설업체의 영업정지 시작일을 두달후에 영업정지 시작할수 있게끔 연기 신청 할수 있는지
1년전부터 준비해온 입찰 때문에 영업정지를 두달후로 받고 싶은데 청문과정 중 그러한 사유와 자료를 제시하여 의견제출을 하면 행정처분 관서에서 그 의견을 반영하여 영업정지 처분이 가능한지

회신내용

건설업관리규정(국토교통부 예규 2015-113호, 2015.8.20) 제7장.5.제재처분 시기(개시일 포함)의 결정기준에 따르면, 영업정지의 경우 특별한 사유가 없는 한 영업정지처분과 효력발생의 시기에 대해서는 행정절차법 제15조(송달의 효력발생) 및 제22조(의견 청취)등을 준용하여야 한다고 규정하고 있고, 행정절차법 제22조제5항에 따르면 행정청은 청문ㆍ공청회 또는 의견제출을 거쳤을 때에는 신속히 처분하여 해당 처분이 지연되지 아니하도록 하여야 한다고 규정하고 있음을 알려드립니다.

09 영업정지 기간 중 폐업신고 등

질의요지

법인의 등기이사이자 대표자로서 2013년 10월 전문건설업 면허를 취득하여 사업을 영위하다가 2015년 11월 27일자로 2013년말 기준 자본금미달의 사유로 인하여 5개월간의 영업정지처분을 받았습니다. 이에 전문건설업면허를 자진 반납하고 새로운 법인을 설립하여(등기이사이자 대표자) 신규로 전문건설업면허를 취득하고자 합니다. 이 경우 건설산업기본법에서 규정하는 건설업등록자격기준에 결격사유가 있는지, 참고로 최초의 영업정지이며 사업을 영위하는 동안 건산법의 다른 규정을 위반하여 처분을 받은 경우는 없음.

회신내용

건설업관리지침에 따라 시정명령, 영업정지, 등록말소 등이 객관적으로 명백히 예상되는 경우에는 동 절차를 이행하고, 처분여부가 결정된 후 폐업처리를 할 수 있을 것이며, 또한, 토목공사업을 자진반납하고 토목건축공사업을 새로이 등록한 경우 반납한 토목공사업의 미처분 사항을 토목건축공사업에 승계하여 제재처분을 할 수는 없을 것입니다.

따라서, 기존 보유한 토목공사업에 대해 영업정지 등이 객관적으로 예상될 경우 등록권자는 처분절차를 이행한 후 토목공사업을 폐업처리 하여야 하며, 이에 대한 판단은 기 보유 건설업종의 처분 예상 등을 면밀히 검토하여 처분권자가 판단할 사항임을 알려드립니다.

아울러, 같은 규정에 따라 영업정지처분을 받아 그 기간중에 있는 업체가 당해 업종을 폐업신고한 후 다른 건설업종을 신청하는 경우 당초의 영업정지기간 중에는 당해 건설업등록신청을 수리할 수 없으며, 토목건축공사업, 토목공사업 또는 건축공사업간 업종변경을 위해 폐업신고 및 등록신청하는 경우 종전 보유업종에 대하여 등록기준의 적합여부를 주기적 신고의 심사기준에 따라 확인하여야 하며, 등록기준의 적합여부를 확인한 결과 등록기준에 미달한 때에는 처분절차를 이행하고, 처분절차가 종료된 이후에 그 결과에 따라 건설업 등록신청을 처리할 수 있습니다.

따라서, 영업정지 가처분 중이라 할 지라도 처분절차가 종료된 이후에 업종변경을 통한 토목건축공사업의 등록이 가능함을 알려드립니다.

10 영업정지 기간 중 건설업 등록요건 미달 시 등록말소 여부

질의요지

건설산업기본법 제10조(건설업의 등록기준) 및 동 법 제83조(건설업의 등록말소 등)제3의3호에 따라 건설업의 등록기준에 미달하여 영업정지처분을 받은 후 3년 이내에 동일한 등록기준에 미달하게 된 경우는 건설업 등록을 말소하여야 한다라고 규정되어 있습니다.

A라는 업체가 국토부 실태조사(2013년 결산일 기준 자본금 미달혐의)에 따른 건설업 등록기준(자본금) 미달로 2014년 11월에 영업정지 처분을 받았습니다(영업정지일 2014.11.01.~2015.03.31.)

영업정지 기간 중에 결산일(2014.12.31)이 있고, 이때 결산일을 기준으로 자본금을 충족하지 않았을 경우 건설산업기본법 제83조 제3의3호에 따라 3년 이내에 동일한 등록기준에 미달하게 된 경우로 보고 건설업 등록말소처분이 가능한지

회신내용

건설업관리규정(국토교통부 예규 제2015-113호) 제7장 법 위반자에 대한 제재기준에 따르면 건설산업기본법 제83조제3호(건설업등록기준 미달)에 해당되는 건설업자로서 기술능력, 자본금, 시설 · 장비 및 보증가능금액확인서 등 동일한 사유에 해당하는 등록기준의 미달로 최근 3년 이내 제재처분을 받은 사실이 있는 때에는 건설업 등록말소 처분을 할 수 있도록 하고 있습니다.

따라서, 건설업 등록기준 중 자본금 미달에 해당되어 제재처분대상인 건설업자가 최근 3년 이내에 동일한 사유인 자본금 미달로 제재처분 받은 사실이 있는 경우에는 원칙적으로 건설업 등록말소 처분대상에 해당합니다.

다만, 같은 규정 제7장제2호 나목 (3)에서 '법 제83조제3호에 해당되어 영업정지처분을 받은 건설업자가 처분종료일까지 등록기준의 미달사항을 보완하지 아니한 때에 등록말소처분을 하도록 한 규정의 취지와 영업정지 처분시 처분기관에서 처분종료일까지 등록기준을 보완토록 통지한 사실이 있는지 여부 등을 감안하여 해당 등록관청에서 등록말소 여부를 결정할 사항임을 알려드립니다.

11 영업정지 기간 동안 자본금 요건 충족 필요 여부

질의요지

전문건설업 실태 조사 시 등록기준 미달(자본금)로 영업정지 행정처분 받은 업체에 데한 보완심사에 대하여 문의 드립니다.

건설업관리규정에는 영업정지 처분 종료일까지 등록기준 미달사항의 보완 여부를 확인하여야 하며 건설업등록기준 중 자본금은 영업정지처분 종료일을 기준일로 한 재무관리상태진단서를 영업정지처분 종료일로부터 30일 이내에 제출받아 확인하도록 되어 있는데

A업체의 영업정지 종료일은 2016. 3. 4.일

업체의 주장은 2015년 제무제표상 자본금을 맞추면 영업정지 처분 만료일 기준 재무관리상태진단서를 제출하지 않아도 된다.

(제무재표와 재무관리상태진단서 모두 비용이 발생하고 현금으로 자본금을 맞출 경우 60일 이상 보유해야 하므로 어려움이 많다)

그러면 영업정지처분 종료일 기준 재무관리상태진단서 없이 2015년도 법인결산 제무제표로만 심사가 가능한지와 영업정지 업체도 2015년도말 자본금이 충족이 되어야 하는지

회신내용

건설업관리규정(국토교통부 예규 제2015-113호) 제7장 2. 나.에 따르면 건설산업기본법 제83조제3호에 따른 건설업 등록기준 미달에 해당되어 영업정지처분을 받은 경우 해당 건설업자는 처분종료일까지 등록기준의 미달사항을 보완하도록 하고 있으며 이를 보완하지 아니한 때에는 건설업 등록말소처분을 하도로 규정하고 있습니다. 또한 시・도지사등은 영업정지처분 종료일까지 등록기준 미달사항의 보완 여부를 확인하여야 하며, 건설업등록기준 중 자본금은 영업정지처분 종료일을 기준일로 한 재무관리상태진단보고서를 영업정지처분 종료일부터 30일 이내에 제출받아 확인하여야 한다고 규정하고 있습니다.

다만, 영업정지 중에도 자본금은 상시 충족하여야 하나, 같은 규정 제7장제2호 나목 (3)에서 '법 제83조제3호에 해당되어 영업정지처분을 받은 건설업자가 처분종료일까지 등록기준의 미달사항을 보완하지 아니한 때에 등록말소처분을 하도록 한 규정의 취지와 영업정지 처분 시 처분기관에서 처분종료일까지 등록기준을 보완토록 통지한 사실이 있는지 여부 등을 감안하여 해당 등록관청에서 판단할 사항임을 알려드립니다.

12 건설업 등록기준 미달업체 행정처분

질의요지

처분 관련 질의

회신내용

건설업관리규정 제7장 제1호에 따르면 법제82조, 제83조, 제99조, 제100조에 따른 영업정지, 과태료 등 제재처분은 위반행위별로 하여야 하며, 이미 처분한 동일한 행위에 대해 다시 처분해서는 안된다고 규정하고 있고, 2개 이상의 건설업종을 보유한 건설업자에 대해 영업정지 등 제재처분을 하는 때에는 위반행위별로 해당 업종에 한하여 처분한다고 규정하고 있습니다.

다만 통상적으로 건설업자가 주기적 신고를 하여 건설업 등록기준에 미달한 내용이 2건이 확인된 경우, 하나의 신고(주기적신고)행위에 대한 처분으로 보아 2건을 병합하여 제재처분을 할 수 있을 것으로 판단되나 이에 대한 구체적인 제재처분의 판단은 등록기준 미달의 발생시기, 처분 확정시기 및 위반내용 등을 종합적으로 검토하여 처분청이 판단하여야 할 것입니다.

아울러, 건설업자가 건설업의 등록기준에 미달한 사실이 있는 때에는 건설산업기본법 제83조제3호에 따라 1년 이내에 기간을 정하여 영업정지 처분을 받게 되며, 같은 법 제84조 및 같은 법 시행령 제80조에 따라 영업정지 처분을 하는 경우 위반행위의 정도, 동기 및 그 결과 등의 사유(법령해석상의 착오 등으로 위반행위를 한 후 시정을 완료한 경우로서 정상을 참작할 필요가 있는 경우, 최근 3년 이내에 제재처분을 받은 사실이 없는 경우 등)를 고려하여 개별기준에 따른 영업정지 및 과징금의 2분의 1 범위에서 그 기간이나 금액을 가중하거나 감경할 수 있다고 규정하고 있으므로 이를 종합적으로 고려하여 처분관청이 판단할 사항임을 알려드립니다.

13 청문 연기 등을 통한 행정처분 회피 관련

질의요지

건설업체가 주기적신고시 등록기준미달(자본금)로 행정처분이 예정되어 있습니다.
위 업체는 또한 2013.9.25일 건설업등록기준미달(자본금)로 영업정지(2013.10.1.~2014.2.28)를 받은바 있어 건설산업기본법 제83조 3의3에의거 건설업의 등록말소 사항입니다.
따라서 행정처분에 따른 청문을 2016.2.19 주재키로 했으나 의견제출서(사유-대표자 장기해외체류)가 접수되어 다음 청문일을 2016.3.18.로 연장하게 되었습니다.
(위 업체의 차기 갱신예정일은 2015.11.15 접수는 2015.12.14 했음)
위 업체는 영업정지를 받은날로부터 3년이 경과하는 2016.10월까지 가게 되면 등록말소가 아닌 영업정지 처분만 받을 수 있기를 바라는데 행정에서 구제할 수 있는 방안이 있는지
다음 청문일 16.3.18에 대표자 불참시 청문주재관, 담당자가 청문을 주재해도 되는지
청문주재후 관련법 절차대로 등록말소 진행해도 되는지

회신내용

건설산업기본법 제83조제3의3호에 따르면 건설업 등록기준에 미달하여 영업정지처분을 받은 후 3년 이내에 동일한 등록기준에 미달하게 된 경우 건설업 등록을 말소하도록 규정하고 있으며, 건설업관리규정(국토교통부 예규 제2015-113호) 제7장. 2.나.에 따르면 건설산업기본법 제83조제3호(건설업등록기준 미달)에 해당되는 건설업자로서 기술능력, 자본금, 시설・장비 및 보증가능금액확인서 등 동일한 사유에 해당하는 등록기준의 미달로 최근 3년 이내 제재처분을 받은 사실이 있는 때에는 건설업 등록말소 처분을 한다고 규정하고 있습니다.

따라서 최초 행정처분을 한 날과 그 행정처분 후 3년 이내에 동일한 등록기준 미달로 적발한 날을 기준으로 등록 말소 할 수 있을 것으로 보이며, 제재처분의 시기는 같은 규정 제7장.5.제재처분 시기(개시일 포함)의 결정기준에 따라 영업정지의 경우 특별한 사유가 없는 한 영업정지처분과 효력발생의 시기에 대해서는 행정절차법 제15조(송달의 효력발생) 및 제22조(의견 청취) 등을 준용하여야 한다고 규정하고 있는 바, 행정절차법 제22조제5항에 따르면 행정청은 청문・공청회 또는 의견제출을 거쳤을 때에는 신속히 처분하여 해당 처분이 지연되지 아니하도록 하여야 한다고 규정하고 있음을 알려드립니다.

14 2개 이상의 건설업종 보유시 기술능력 미달에 따른 제재처분을 받는 하나의 업종 선택

질의요지

트공사업과 시설물유지관리업을 운영하는 업체인데 등록사항 신고 시 기준 미달이 확인 되었습니다. 기술인력이 시설물유지관리업만 부족한 사항입니다. 이럴때 건설업관리규정 제7장에 의하면 "다. 2개 이상의 건설업종을 보유한 건설업자에 대해 영업정지 등 제재처분을 하는 때에는 위반행위별로 해당 업종에 한하여 처분하며, 건설업등록기준이 일부 업종만 미달한 경우로서 등록기준 미달 업종을 선택할 수 있으면 청문과정에서 해당 업체의 의견을 들어 처리하여야 한다. 이 경우 업종을 선택한 결과 제재처분을 받을 업종이 다른 등록관청의 소관에 속하는 때에는 그 사실을 지체없이 해당 등록관청에 통보하여야 한다."로 되어있습니다.

궁금사항은 기술인력이 시설물유지관리업에서 미달한 사항인데 관리규정의 두개업종 중 한가지를 정해서 할수 있다라고 하는 걸 적용해서 토공사업으로 영업정지를 받을 수 있는지

회신내용

건설업관리규정(국토교통부 예규 2015-113호) 제7장.1.다.에 따르면, 2개 이상의 건설업종을 보유한 건설업자에 대해 영업정지 등 제재처분을 하는 때에는 위반행위별로 해당 업종에 한하여 처분하며, 건설업 등록기준이 일부 업종만 미달한 경우로서 등록기준 미달 업종을 선택할 수 있으면 청문과정에서 해당 업체의 의견을 들어 처리하여야 한다고 규정하고 있습니다.

다만 질의한 사항과 관련하여 위반행위가 일부 업종에만 해당하는 등록기준 미달이라면 제재처분은 위반행위별로 해당 업종에 한하여 처분하여야 하며, 구체적인 사항은 사실관계를 토대로 등록관청에서 판단할 사항임을 알려드립니다.

2개 업종 이상의 건설업 등록을 한 건설업자의 주기적 신고시 2개 업종 모두의 자본금 등록기준은 미달되지만 1개 업종은 등록기준을 충족한 경우 선택하여 적용이 가능할 것으로 사료됩니다. 이 경우 등록기준을 충족하지 못한 다른 업종의 경우 주기적 신고대상이 아니었다 하더라도 건설업 등록기준은 항시 요건을 충족해야 하므로 등록기준 미달로 인한 행정처분 대상이 될 수 있습니다.

15 건설업 등록 결격사유 개정 관련 적용범위 질의

질의요지

건설업의 등록기준에 미달하여 영업정지처분을 받은 후 그 처분의 종료일까지 등록기준 미달사항을 보완하지 아니하여 건설산업기본법 제83조제3호의2에 따라 등록이 말소된 건설업 법인의 대표자였던 자가 시행일 이전에 이미 건설업이 등록되어 있던 다른 법인의 임원에 임명('15.1.1.)된 경우, 해당 법인이 건산법 제83조제4호에 따라 건설업 등록 말소대상에 포함되는지 여부

회신내용

건설산업기본법 제83조제4호에 따르면 동 법 제13조제1항 각 호의 어느 하나에 해당하게 된 경우에는 건설업 등록을 말소하여야 하며, 건설업으로 등록된 법인의 임원 중 건설업 등록의 결격사유에 해당되는 사람이 있는 경우에는 그 사실을 안 날로부터 3개월 이내에 그 임원을 교체하는 경우는 제외한다고 규정하고 있습니다.

다만, 법 제13조제1항의 개정('14.5.14)에 따라 법 제83조제3의2에 해당하는 사유로 등록이 말소된 건설업자의 경우, 개정된 법률 부칙 제2조가 법 시행 후 최초로 등록 신청을 하는 분부터 적용한다고 규정하고 있으므로 질의한 사항이 동 부칙규정에 해당하지 않는다면, 법 제83조제4호의 적용 대상에 포함되지 않을 것으로 판단되며, 보다 구체적인 사항은 사실관계를 토대로 처분관청에서 판단할 사항임을 알려드립니다.

16 부정 · 허위 등록으로 건설업 등록(2011.1.26)이 말소된 업체의 대표자(임원)를 교체하지 않은 경우 다른 업종도 등록이 말소되는지 여부

질의요지

부정 · 허위 등록으로 건설업 등록(2011.1.26)이 말소된 업체의 대표자(임원)를 교체하지 않은 경우 다른 업종도 등록이 말소되는지 여부

회신내용

건설산업기본법 제13조제1항제3호에 따르면 법 제83조에 따라 건설업 등록이 말소된 자(법인인 경우 임원으로 있는 경우를 포함)로서 법 제83조1호에 해당하는 사유로 건설업의 등록이 말소된 후 5년이 지나지 아니한 자는 법 제9조1항에 따른 건설업 등록을 할 수 없다고 규정하고 있습니다. 또한 같은 법 제83조제4호는 법 제13조제1항 각 호의 어느 하나에 해당하는 건설업 등록의 결격사유에 해당하게 된 경우에 건설업 등록을 말소하도록 하고 있으며, 다만, 건설업으로 등록된 법인의 임원 중 건설업 등록의 결격사유에 해당되는 사람이 있는 경우로서 그 사실을 안 날부터 3개월 이내에 그 임원을 교체한 경우는 등록말소 사유에서 제외한다고 규정하고 있습니다.

따라서 상기 규정에 따라 법 제83조1호에 따라 부정한 방법으로 건설업 등록한 건설업자는 건설업의 등록이 말소된 후 5년이 지나지 아니한 경우 건설업 등록을 할 수 없으며, 결격사유에 해당하게 된 건설업 법인의 대표이사(임원)는 그 사실을 안날로부터 3월 이내에 교체하지 않을 경우 건설업 등록말소 대상이 됨을 알려 드립니다.

17 보증가능금액 실효에 따른 영업정지 감경 범위 관련

질의요지

보증가능금액 실효에 따른 영업정지 감경 범위 관련

회신내용

건설산업기본법 제84조 및 같은 법 시행령 제80조에 따르면 건설업자에게 영업정지 처분을 하거나 과징금 처분을 하는 경우에는 위반행위의 동기·내용 및 횟수 등을 고려하여 영업정지 기간 또는 과징금 금액의 2분의 1의 범위에서 가중 또는 감경 할 수 있으며, 같은 법 시행령 '별표6' 1.다.1)에서는 법령해석상의 착오 등으로 위반행위를 한 후 시정을 완료한 경우로서 정상을 참작할 필요가 있는 경우, 최근 3년 이내에 제재처분을 받은 사실이 없는 경우 등을 감경 사유로 규정하고 있습니다.

또한, 같은 법 시행령 '별표6'1.다.3)에 따르면 감경 사유에 해당하는 경우 각 사유마다 영업 정지기간에서 1개월씩 감경 한다고 규정하고 있음을 알려드리니 참고하시기 바랍니다.

18 건설산업기본법 제83조제3호의3의 의미 및 결격사유 발생 대표자 등의 교체 여부 등

질의요지

건설산업기본법 제83조제3호의3의 의미 및 결격사유 발생 대표자 등의 교체 여부 등

회신내용

건설산업기본법 제83조제3의3호에 따르면 건설업 등록기준에 미달하여 영업정지처분을 받은 후 3년 이내에 동일한 등록기준에 미달하게 된 경우 건설업 등록을 말소하도록 규정하고 있으며, 건설업관리규정(국토교통부 예규 제2015-113호) 제7장.2.나.에 따르면 법 제83조제3호에 해당되는 건설업자로서 기술능력, 자본금, 시설·장비 및 보증가능금액확인서 등 동일한 사유에 해당하는 등록기준의 미달로 최근 3년 이내 제재처분을 받은 사실이 있는 때에는 건설업 등록말소 처분을 한다고 규정하고 있습니다.

따라서, 상기 규정에 따라 등록기준 중 기술능력 미달로 행정처분을 받은 후 처분일부터 3년 이내에 기술능력미달에 해당하는 사유가 다시 발생한 때에는 건설업 등록말소 처분대상에 해당 됩니다.

이 경우 같은 법 제13조제1항제3호에 따라 건설업 등록이 말소된 후 5년이 경과되지 않으면, 건설업 등록의 결격사유에 해당하여 건설업 등록이 불가하고, 또한 같은 법 제83조제4호에 따라 법인의 임원 중 건설업 등록의 결격사유에 해당되는 사람이 있는 경우 그 사실을 안 날로부터 3개월 이내에 그 임원을 교체하지 않은 경우 다른 업종도 건설업 등록말소 사유에 해당될 수 있음을 알려드립니다.

19 결격사유에 해당하는 "사실을 안 날"의 의미

질의요지

건설산업기본법 제83조제4호 단서조항 중 '그 사실을 안 날'에서의 "사실" 답변 내용 중 "동 조항에서 '그 사유를 안 날'이라 함"으로 회신되었으나, 민원인이 법에 기술된 "사실"의 내용과 질의회시된 "사유"는 해석상 큰 차이를 주장함(민원인의 자문 변호사의 해석)에 따라 재 질의 하오니 답변하여 주시기 바랍니다

회신내용

건설산업기본법 제83조제4호에 따라 동 법 제13조제1항 각 호의 어느 하나에 해당하게 된 경우에는 건설업 등록을 말소하여야 하며 다만 건설업으로 등록된 법인의 임원 중 건설업 등록의 결격사유에 해당되는 사람이 있는 경우에는 그 사실을 안 날로부터 3개월 이내에 그 임원을 교체하는 경우는 제외한다고 규정하고 있습니다.

위 규정에서 그 사실을 안 날이라 함은 임원의 결격사유에 해당되는 사실이나 사유가 발생된 사실을 당해 건설업자가 안 날을 의미한다고 보는 것이 타당할 것입니다.

특히, 결격사유에 해당하는 임원이 대표이사인 경우에는 특별한 사정이 없는 한 당연 인지한 것으로 보는 것이 타당하므로 결격사유 발생일을 그 사실을 안 날로 기산하는 것이 마땅할 것임을 알려드립니다.

20 건설산업기본법 시행규칙 제36조 규정에서 당해 공사금액이 공사도급금액을 의미하는지 하자부분의 공사금액을 의미하는지와 같은 법 제82조제1항제1호의 '하자가 3회 이상 발생한 경우'에서 동일부위의 하자보수 후 반복적인 하자를 의미하는지

질의요지

건설산업기본법 시행규칙 제36조 규정에서 당해 공사금액이 공사도급금액을 의미하는지 하자부분의 공사금액을 의미하는지와 같은 법 제82조제1항제1호의 '하자가 3회 이상 발생한 경우'에서 동일부위의 하자보수 후 반복적인 하자를 의미하는지

회신내용

건설산업기본법 제82조제1항제1호에서는 법 제28조에 따른 하자담보책임기간에 수급인이나 하수급인이 책임질 사유로 국토교통부령으로 정하는 규모 이상의 하자가 3회 이상 발생한 경우 영업정지를 명하거나 영업정지에 갈음하여 1억원 이하의 과징금을 부과하도록 규정하고 있습니다.

또한, 건설산업기본법 시행규칙 제36조에서는 법 82조제1항제1호에서 국토교통부령으로 정하는 규모 이상의 하자란 하자발생액이 당해 공사금액의 1천분의 5 이상인 하자를 말한다. 다만, 1회의 하자 발생액이 이에 미달하는 때에는 각각의 하자 발생액의 누계액이 당해 공사금액의 1천분의 5 이상에 해당할 때에 이를 1회로 본다고 규정하고 있습니다.

이 경우 건설산업기본법 시행규칙 제36조의 '당해 공사금액'은 해당 건설공사의 전체 도급금액을 의미하고, 법 제82조제1항제1호의 '하자가 3회 이상 발생한 경우'란 동일 부위의 반복되는 하자 회수를 구분하지 않고 도급받은 공사에서 발생한 하자의 횟수를 의미함을 알려드립니다.

제2절 건설업 대여 관련

21 건설업 면허 불법 대여를 받은 업체에 대한 행정처분 가능여부

질의요지

해당 업체는 도장공사업 면허를 가지고 있는 업체로서 다른 도장공사업 건설업자가 낙찰 받은 노면 표시 도색 및 제거공사 전부를 일정 수수료를 지급하는 조건으로 넘겨 받아 낙찰(계약)업체의 상호를 사용하여 시공하였고 이 사실이 검찰 수사결과 밝혀져 현재 건설산업기본법 제98조, 건설산업기본법 제96조 제3호에 따라 형사재판 판결(벌금형)을 확정받은 상태입니다.
발주처로부터 해당 업체에 대한 행정처분 요청 공문을 받았는데, 건설산업기본법 제21조, 제83조 제5호에 따르면 대여 및 알선 업체에 대한 처분은 가능한 것으로 알고 있으나 해당 업체와 같이 불법 대여를 받은 업체에 대해서 별도의 행정처분이 가능한지

회신내용

건설산업기본법 제21조에 따라 건설업자는 다른 사람에게 자기의 성명이나 상호를 사용하여 건설공사를 수급 또는 시공하게 하거나 그 건설업등록증 또는 건설업등록수첩을 대여하여서는 아니되고, 이를 위반한 경우에는 같은 법 제83조제5호에 따라 건설업 등록말소 처분을 받게 되며, 같은 법 제96조제3호에 따라 건설업자 및 그 상대방은 3년 이하의 징역 또는 3천만원 이하의 벌금을 받도록 하는 건설업 면허 대여에 대한 처벌규정이 있음을 알려드립니다.

22 건설업등록증 대여 혐의 실태조사 자료제출 요구 기준

질의요지

건설업등록증 대여 혐의 실태조사 자료제출 요구서를 우편으로 전달 받았습니다.
유선상 국토부 담당자와 확인 한 결과 상기 건에 대한 자료제출 요구 선정 업체 기준이 최근3년간 착공신고 건수가 보유기술자 3배 이상 일 경우 기술자 중복 배치가 의심되어 자료제출 의무가 있다고 확인 받았습니다.
저희업체는 14년 기준 착공신고 1건 보유기술자(기술인협회 등록기준)5인으로 위의 관련 자료를 제출할 의무가 없는 것으로 사료됩니다.
기술인협회의 건설기술자 보유증명서로 해당 서류를 갈음할 수 있는지

회신내용

2015년 건설업 등록증 불법대여 실태조사는 최근 3년간('12~'14) 착공신고 건수(세움터)가 건설업체가 보유한 기술자의 3배 이상인 업체 등 의심업체를 위주로 실시하였으며, 기술능력에 대한 사항은 한국건설기술인협회의 업체별 건설기술자 자료 등을 토대로 업종별 등록기준에 적합한 기술자 보유현황 등을 건설산업종합정보망을 통해 확인하였습니다.
귀 업체가 상기에서 기술한 실태조사 대상에 해당하지 않는다면, 금번 실태조사의 등록증 불법대여 의심업체에 해당하지 않을 것으로 보이나 의심업체에 대한 소명을 위해 등록관청에 착공신고 건수, 기술자현황 등 관련 자료를 제출할 필요가 있을 것으로 보이며, 구체적인 사항은 사실관계를 토대로 등록관청에서 판단할 사항임을 알려드립니다.

23 건설업 불법대여 업체가 해당 건설업을 양도 · 양수한 경우의 처리

질의요지

건설기술자의 국가기술자격증(건설기술경력증 포함)을 대여받은 것으로 의심되는 A업체가 건축공사

업을 부당하게 취득하여 운영하다가 해당 면허를 B업체에게 양도·양수한 경우 어느 업체가 어떠한 행정처분 또는 행정형벌을 받는지

A업체가 불법으로 취득한 건설업면허를 폐업 또는 반납하고, 다른 건설관련 면허를 취득하여 운영하다면 어떠한 처벌을 받는지

회신내용

건설산업기본법 제21조의2에 따라 건설업자는 국가기술자격증 또는 건설기술경력증을 다른 자에게 빌리거나 빌려 주어서는 아니되며 같은 법 제82조제1항제2호에 따라 국가기술자격증 등의 대여 금지를 위반하여 국가기술자격증 또는 건설기술경력증을 다른 자에게 빌리거나 빌려 준 때에는 6개월 이내의 영업정지 처분(또는 영업정지를 갈음하여 1억원 이하의 과징금 부과)을 받게 되고, 같은 법 제83조제6호에 따라 국가기술자격증 또는 건설기술경력증을 다른 자에게 빌려 건설업의 등록기준을 충족하거나 국가기술자격증 또는 건설기술경력증을 다른자에게 빌려 주어 건설업의 등록기준에 미달한 사실이 있는 때에는 건설업 등록말소 처분을 받게 됩니다.

또한 건설산업기본법 제17조제3항에 따르면 건설업 양도가 신고된 때에는 건설업을 양수한 자는 건설업을 양도한 자의 건설업자로서의 지위를 승계하며, 같은 법시행규칙 제18조 따르면 '건설업의 양도가 양도인의 건설업에 관한 자산과 권리·의무의 전부를 포괄적으로 양도하는 경우로서 ①개인이 영위하던 건설업을 법인사업으로 전환하기 위하여 건설업을 양도하는 때 ②건설업자인 법인을 합명회사 또는 합자회사에서 유한회사 또는 주식회사로 전환하기 위하여 건설업을 양도하는 때 ③건설업자인 회사가 분할에 의하여 설립되거나 분할 합병한 회사에 그가 영위하는 건설업의 전부를 양도하는 때'에는 양도인의 건설업영위기간을 합산할 수 있다고 규정하고 있으며, 건설업관리규정(국토교통부 예규 2015-113호, 2015.8.20) 제4장의2.5.가.에 따르면 영업기간 및 실적 등이 승계되는 규칙 제18조제6항 각 호의 경우는 양수인이 양도인의 지위를 포괄적으로 승계하므로 먼저 양도신고 수리 후 양수인에 대해서 영업정지 등의 처분이 가능하다고 규정하고 있습니다.

아울러 건설업관리규정 제5장 폐업신고 및 재등록에 따르면 법 제81조부터 제83조까지의 규정에 따른 시정명령, 영업정지, 등록말소 등이 객관적으로 명백히 예상되는 경우이나 동 행정처분을 하기 전에 건설업체가 폐업신고하는 경우 폐업수리조치 전에 위법행위에 대한 사실 확인 및 청문 등 처분절차를 조속히 이행하고, 처분여부 결정후 폐업 신고를 처리하도록 규정하고 있으며, 같은 법 제13조제1항제3호다목에 따라 법 제83조제6호에 해당하는 사유로 건설업 등록이 말소(건설업 등록이 말소된 자가 법인인 경우 말소 당시의 원인이 된 행

위를 한 사람과 대표자를 포함)된 후 1년6개월이 지나지 아니한 자(법인인 경우 임원으로 있는 경우 포함)는 건설업을 등록할 수 없음을 알려드리며, 보다 구체적인 사항은 사실관계를 토대로 처분관청에서 판단할 사항임을 알려드립니다.

24 건설업 불법대여에 따른 등록말소 이후 건설업 등록 결격기간

질의요지

서울시에 등록되어있는 건설업체(도장공사/법인) 입니다. 그런데 금년 2월11일자로 건설산업기본법 제21조 위반 83조제5호에 따라 도장면허 말소가 되었습니다.

말소후 향후 언제까지 동종 면허를 낼 수 없는지, 현재 법인회사로 다른 면허를 낼 수 있는지의 여부, 말소 전 계약한 공사(도장공사)가 완료되면 계산서 발행을 해야하는데 도장공사로 계산서 발행이 가능한지의 여부, 계산서 발행이 가능한지(도장공사 외), 말소전(2월5일) 입찰한 공사가 낙찰이 되었는데(2월12일) 그 공사는 할 수 있는지

회신내용

건설산업기본법 제21조에 따라 건설업자는 다른 사람에게 자기의 성명 또는 상호를 사용하여 건설공사를 수급 또는 시공하게 하거나 그 건설업등록증 또는 건설업등록수첩을 대여하여서는 아니되고, 이를 위반한 경우에는 같은 법 제83조제5호에 따라 건설업 등록말소 처분을 받게 되며, 같은 법 제96조제3호에 따라 건설업자 및 그 상대방은 3년 이하의 징역 또는 3천만원 이하의 벌금을 받도록 규정하고 있습니다.

또한, 같은 법 제13조제1항제3호가목에 따르면 법 제83조제5호의 사유에 따라 건설업 등록이 말소된 후 5년이 지나지 아니한 자(건설업 등록이 말소된 자가 법인인 경우에는 말소 당시의 원인이 된 행위를 한 사람과 대표자를 포함)는 건설업 등록을 할 수 없다고 규정하고 있습니다.

다만, 같은 법 제14조에서 같은 법 제82조, 제82조의2 또는 제83조에 따른 영업정지처분 또는 등록말소처분을 받은 건설업자와 그 포괄승계인은 그 처분을 받기 전에 도급계약을 체결하였거나 관계 법령에 따라 허가, 인가 등을 받아 착공한 건설공사는 계속 시공할 수 있다고

규정하고 있음을 알려드리며, 보다 구체적인 사항은 처분관청(지자체)에 문의하여 주시기 바랍니다.

25 건설업 등록증을 대여한 업체의 건설공사 가능여부 및 관련 제재처분 등

질의요지

건설업 등록증을 대여한 업체의 건설공사 가능여부 및 관련 제재처분 등

회신내용

건설산업기본법 제10조 및 시행령 제13조에 따르면 건설업을 영위하려는 자는 건설업 등록기준이 되는 기술능력, 자본금, 보증가능금액, 시설 및 장비 등을 갖추어 업종별로 등록하여야하며, 같은 법 제83조제5호에 따라 법 제21조(건설업등록증의 대여 및 알선금지)의 규정에 위반한 경우에는 건설업 등록말소 처분을 받게 되며, 같은 법 제96조제3호에 따라 법 제21조를 위반한 건설업자 및 그 상대방 등은 3년 이하의 징역 또는 3천만원 이하의 벌금에 처하도록 규정하고 있음을 알려드립니다.

또한 같은 법 제82조2항제5호에 따르면 고의나 과실로 건설공사를 부실하게 시공한 경우 1년 이내의 기간을 정하여 그 건설업자의 영업정지를 명하거나 영업정지를 갈음하여 과징금을 부과할 수 있다고 규정하고 있습니다.

따라서 건설업 등록증을 대여한 건설업체가 건설산업기본법령에 따른 건설공사를 시공할 경우 상기 규정에 따라 행정처분 및 형사처벌 등을 받게 됨을 알려드리며, 공사진행 등과 관련한 구체적인 사항은 사실관계를 토대로 발주자 또는 건축인허가 기관 등에서 판단할 사항임을 알려드립니다.

제3절 기타 제재

26 도급계약대로 계약이행과 하자담보책임 등을 이행하지 않을 경우 건설산업기본법상 위법에 따른 제재사항은

질의요지

도급계약대로 계약이행과 하자담보책임 등을 이행하지 않을 경우 건설산업기본법상 위법에 따른 제재사항은

회신내용

건설산업기본법 제22조에 건설공사에 관한 도급계약(하도급계약을 포함한다. 이하 같다)의 당사자는 대등한 입장에서 합의에 따라 공정하게 계약을 체결하고 신의를 지켜 성실하게 계약을 이행하여야 하고, 같은 법 제28조제1항에 의하면 수급인은 발주자에 대하여 공사 종류별로 같은 법 시행령 별표4에 정하고 있는 하자담보책임기간에 대하여 하자담보책임이 있다고 규정하고 있습니다.

같은 법 제81조제1호에서 정당한 사유없이 도급받은 건설공사를 시공하지 아니하거나, 제5호에 제28조를 위반하여 건설공사의 하자담보책임을 이행하지 않은 경우 시정명령을, 같은 법 제82조제1항제5호에 정당한 사유 없이 제81조(제2호 · 제3호 · 제4호 · 제6호 및 제8호는 제외한다)에 따른 시정명령 또는 시정지시에 따르지 아니한 경우 영업정지를 명하거나 영업정지를 갈음하여 과징금을 부과할 수 있도록 규정하고 있습니다.

따라서 질의의 경우 위 규정에 따른 시정명령 등은 관할 처분청(자자체)에서, 형사처벌은 사법기관(검찰청, 경찰청)에서 판단하여 처리할 사항이니 상기 내용을 토대로 관할 관청 및 사법기관에 행정처분 등의 처벌을 요청하시기 바랍니다.

27 건설공사의 하자발생시 건설업자의 하자담보책임외에 시공능력평가 및 각종 공사입찰 제한 등 불이익을 받는지

질의요지

건설공사의 하자발생시 건설업자의 하자담보책임외에 시공능력평가 및 각종 공사입찰 제한 등 불이익을 받는지

회신내용

건설산업기본법 제28조제1항 및 같은 법 시행령 제30조에서 수급인이 발주자에 대하여 공사의 종류별로 하자담보책임기간을 정하고 있으며, 법 제28조제3항에는 건설공사의 하자담보책임기간에 관하여 다른 법령(민법 제670조 및 제671조 제외)에 특별한 규정이 있거나 도급계약(하도급계약 포함)에서 따로 정한 경우에는 그 법령이나 도급계약이 정하는 바에 따르도록 규정하고 있으며, 같은 조 제4항에 하수급인의 하자담보책임에 대하여는 제1항부터 제3항까지를 준용한다고 규정하고 있습니다.

또한 같은 법 시행령 제30조 및 별표4에 건설공사의 종류별 하자담보책임기간을 공사별, 세부공종별로 나누어서 책임기간을 정하고 있으며, 같은 법 제81조 및 제82조에 하자담보책임을 이행하지 아니한 경우 시정을 명하거나 그 밖에 필요한 지시를 할 수 있고, 정당한 사유 없이 시정명령 또는 시정지시에 따르지 아니한 경우, 그리고 하자발생액이 당해 공사금액의 1천분의 5 이상인 하자가 3회이상 발생한 경우 6개월 이내의 기간을 정하여 그 건설업자의 영업정지를 명할 수 있습니다.

따라서, 건설공사의 하자 발생시 수급인(하수급인 포함)에게는 하자담보책임이 부여되며, 미이행시 영업정지 처분 등을 부과받게 되며, 시공능력평가시 신인도 부분에서 공사금액의 하자가 1천분의 5 이상인 하자가 3회 이상 발생하여 영업정지처분 또는 과징금 처분을 받은 경우 최근3년간 건설공사실적의 연차별 가중평균액의 100분의 1에 해당하는 금액에 영업정지기간인 월수에 곱한 금액을 삭감되는 불이익을 받게 됩니다. 입찰관련 불이익 여부에 대해서는 국가계약법 또는 지방계약법에서 따로 정하고 있으므로 소관 부처(기획재정부 또는 행정자치부)로 문의하시기 바랍니다.

28 병원건물의 공사표지가 게시되지 않은 경우 건산법 제42조 위반에 해당하는지

질의요지

병원건물의 공사표지가 게시되지 않은 경우 건산법 제42조 위반에 해당하는지

회신내용

건설산업기본법 제42조 및 같은 법 시행규칙 제32조에서는 건설업자는 건설공사의 공사명, 발주자, 시공자, 공사기간 등을 적은 표지를 건설공사 현장 인근의 사람들이 보기 쉬운 곳에 게시하여야 하며, 종합공사를 시공하는 건설업종에서 할 수 있는 건설공사를 완공하면 그 공사의 발주자, 설계자, 감리자와 시공한 건설업자의 상호 및 대표자의 성명 등을 적은 표지판을 사람들이 보기 쉬운 곳에 영구적으로 설치하여야 한다고 규정하고 있습니다.

또한, 같은 법 제81조제8호에 따라 같은 법 제42조제1항 또는 제2항에 따른 표지의 게시 또는 표지판의 설치를 하지 아니한 경우 시정명령을 할 수 있으며, 같은 법 100조에서 제81조제8호 사유로 인한 시정명령이나 지시에 따르지 아니한 자에 대해서는 과태료를 부과토록 하고 있습니다.

따라서 질의하신 건축물의 건설공사가 종합공사를 시공하는 건설업종에서 할 수 있는 건설공사인 경우 건설공사 표지의 게시 대상에 해당됨을 알려드리니 구체적으로 법 위반에 해당되는지는 사실관계를 토대로 건설업등록관청에 해당하는 처분청(시, 도)에서 판단할 사항임을 알려 드립니다.

29 건설공사의 하자담보책임을 이행하지 않은 경우 행정처분과 처분 절차는

질의요지

건설공사의 하자담보책임을 이행하지 않은 경우 행정처분과 처분 절차는

회신내용

건설산업기본법 제28조제1항 및 같은 법 시행령 제30조에서 수급인이 발주자에 대하여 공사의 종류별로 하자담보책임기간을 정하고 있으며, 법 제28조제3항에는 건설공사의 하자담보책임기간에 관하여 다른 법령(민법 제670조 및 제671조 제외)에 특별한 규정이 있거나 도급계약(하도급계약 포함)에서 따로 정한 경우에는 그 법령이나 도급계약이 정하는 바에 따르도록 규정하고 있으며, 같은 조 제4항에 하수급인의 하자담보책임에 대하여는 제1항부터 제3항까지를 준용한다고 규정하고 있습니다.

또한 같은 법 시행령 제30조 및 별표4에 건설공사의 종류별 하자담보책임기간을 공사별, 세부공종별로 나누어서 책임기간을 정하고 있으며, 같은 법 제81조 및 제82조에 하자담보책임을 이행하지 아니한 경우 시정을 명하거나 그 밖에 필요한 지시를 할 수 있고, 정당한 사유없이 시정명령 또는 시정지시에 따르지 아니한 경우 6개월 이내의 기간을 정하여 그 건설업자의 영업정지를 명할 수 있습니다.

따라서 건설업자가 하자담보책임을 이행하지 않은 경우 시정명령 또는 시정지시를 명할 수 있고, 정당한 사유없이 시정명령 또는 시정지시를 따르지 않은 경우 3개월내의 영업정지처분을 처할 수 있으며, 영업정지 처분은 건설업 등록관청(종합공사업:시 · 도, 전문공사업:시 · 군 · 구)에서 처분하고 있으며 처분에 관한 절차는 행정절차법에 따라 이행됨을 알려 드립니다.

30 해당 건설업체 소속이 아닌자가 보고서 작성 등 과업수행하고 착수계에 참여기술자로 신고된 경우 재제처분은

질의요지

해당 건설업체 소속이 아닌자가 보고서 작성 등 과업수행하고 착수계에 참여기술자로 신고된 경우 재제처분은

회신내용

건설기술자의 배치와 관련하여서는 건설산업기본법 제40조제1항 및 같은 법 시행령 제35조 규정에 따라 건설업자는 건설공사의 시공관리, 그 밖의 기술상의 관리를 위해 해당 공사의 공종에 상응하고 공사예정금액 규모에 적합한 건설기술자를 같은 법 시행령 별표5의 기준에 따라 건설공사 현장에 1인 이상 배치하여야 합니다. 다만, 건설공사의 시공기술상 특성을 감안하여 도급계약 당사자간의 합의에 의하여 공사현장에 배치하여야 할 건설기술자의 자격종목 · 등급 또는 인원수를 따로 정한 때에는 그에 의한다고 규정하고 있습니다.

따라서 건설공사의 시공관리, 그 밖에 기술상의 관리를 위하여 배치하는 건설기술자는 타 업체 소속의 건설기술자로 대체할 수 없음을 알려드립니다.

참고로 건설산업기본법 제81조에 법 제40조를 위반하여 건설공사의 현장에 건설기술자를 배치하지 아니하거나 배치된 건설기술자가 공사의 시공관리에 부적당하다고 인정되는 경우 시정명령을 법 제97조에 건설기술자의 현장배치를 하지 아니한 해당 건설업자는 1년 이하의 징역 또는 1천만원 이하의 벌금형에 처해 질수 있음을 알려 드리며, 형사처벌에 관하여는 사법기관(경찰청 등)을 통해 처벌이 결정됨을 알려드립니다.

아울러 건설기술진흥법에 따라 건설기술자의 명의대여에 해당되는 경우 건설기술자의 업무정지 등 행정처분과 형사처벌 대상이 될 수 있으므로 소관과로 문의하시기 바랍니다.

31 부실시공에 대한 행정제재

질의요지

건설업자가 고의나 과실로 건설공사를 부실하게 시공하였으나 구조물에 중대한 손괴를 발생시키거나 일반 공중에 인명피해를 끼치는 수준이 아닌 경우, 건설산업기본법에 의한 행정처분 대신 건설기술진흥법 제53조제1항을 우선 적용하여 부실의 정도에 따라 벌점을 부과할 수 있는지, 건설산업기본법 제82조제2항제5호에 의거 행정처분을 하여야 하는 경우 영업정지 외에 과징금을 부과할 수 있는지 여부

회신내용

건설산업기본법 제82조(영업정지 등)제2항제5호에 따르면, 건설업자가 고의나 과실로 건설공사를 부실하게 시공한 경우 1년 이내의 영업정지 또는 5억원 이하의 과징금을 부과할 수 있게 되어 있으나, 같은 법 시행령 제80조제1항 관련 별표6 영업정지 및 과징금 부과기준 2. 가. 16) ~ 20)에 따르면, 위반행위의 정도에 따라 2개월 ~ 1년의 영업정지만 하도록 규정하고 있습니다.

한편, 같은 법 제83조(건설업의 등록말소 등)제10호 및 같은 법 시행령 제80조제1항 관련 별표6 영업정지 및 과징금 부과기준에 따르면, 고의나 과실로 건설공사를 부실하게 시공하여 시설물의 구조상 주요 부분에 중대한 손괴를 야기(惹起)하여 공중(公衆)의 위험을 발생하게 한 경우 1년의 영업정지를 하도록 되어 있습니다.

따라서 귀 질의 대상에 대한 구체적인 행정처분은 위 규정 및 당해 건설공사 현장의 사실관계를 토대로 귀 시에서 판단하여 처리하시기 바라며, 참고로 건설기술진흥법에 따른 부실 벌점부과 처분은 위 건설산업기본법에 따른 행정처분과는 별개의 사안임을 알려드립니다.

32 지자체장의 위반시설 발각시 행정처분의 요구 등

질의요지

지방자치단체의 장이 건설업자가 관할구역에서 건설산업기본법을 위반한 사실을 발견한 경우 직접 행정처분을 할 수 있는지, 그 건설업자의 등록관청으로 하여금 행정처분을 하도록 요구만 할 수 있는 것인지 여부

회신내용

건설산업기본법 위반행위에 대한 행정처분은 같은 법 제91조제1항 및 같은 법 시행령 제86조제1항에 의거 건설업자의 등록관청(종합 : 시 · 도지사, 전문 : 시 · 군 · 구청장)에 위임되어 있으며, 같은 법 제83조의2제1항에 따르면 지방자치단체의 장은 건설업자가 관할구역에서 이 법을 위반한 사실을 발견하면 그 건설업자의 등록관청으로 하여금 제81조, 제82조, 제82조의2 및 제83조에 따라 그 건설업자에 대한 시정명령, 영업정지 또는 등록말소 등을 하도록 요구할 수 있다고 되어 있습니다.
따라서 지방자치단체의 장이 건설업자가 관할구역에서 건설산업기본법을 위반한 사실을 발견한 경우 직접 행정처분을 할 수 없고 그 건설업자의 등록관청으로 하여금 행정처분을 하도록 요구할 수 있음을 알려드립니다.

33 건설업자의 과태료 체납시 행정처분 절차 및 산정근거

질의요지

건설업자가 건설산업기본법 위반에 따라 부과한 과태료를 체납한 경우 질서위반행위규제법 제52조(관허사업의 제한)에 따라 건설업 영업정지 또는 등록말소 등의 행정처분이 가능한지, 행정처분이 가능한 경우 영업정지 기간 산정기준은 무엇인지

회신내용

건설산업기본법 제83조(건설업의 등록말소 등)제11호에 의하면, 다른 법령에 따라 국가 또는 지방자치단체의 기관이 영업정지 또는 등록말소를 요구한 경우 건설업자의 건설업 등록을 말소하거나 1년 이내의 기간을 정하여 영업정지를 명할 수 있다고 규정하고 있습니다. 따라서 행정청에서 질서위반행위규제법 제52조(관허사업의 제한)제1항의 각 호의 사유에 모두 해당되어 건설산업기본법 위반에 따라 부과한 과태료를 체납한 건설업자에 대하여 건설업 영업정지 또는 등록말소를 요구한 경우 해당 건설업자의 건설업 등록을 말소하거나 1년 이내의 기간을 정하여 영업정지를 명할 수 있을 것으로 판단되며, 세부적인 처분기준은 건설산업기본법 시행령 제80조제1항 별표6을 참고하시기 바랍니다.

34 직접시공의무 위반 협의업체의 하도급계약 타절 등 조치 행정처분 관련

질의요지

직접시공의무 위반 협의업체가 공사 중단으로 해당공사의 실질적인 착수가 이루어지지 않았고 하도급계약을 타절 하는 등 직접시공 의무비율 범위내로 조치를 하였다면 행정제재처분을 할 수 있는지

회신내용

건설산업기본법 제28조의2제1항 및 같은 법 시행령 제30조의2에 따르면 도급금액이 50억원 미만인 건설공사를 도급받은 경우에는 그 공사금액 중 대통령령으로 정하는 비율에 따른 금액 이상에 해당하는 공사를 직접 시공하여야 한다고 규정되어 있으며, 이를 위반하여 건설공사를 직접 시공하지 아니한 경우에는 같은 법 제82조제2항제2호에 따라 1년 이내의 영업정지를 명하거나 영업정지를 갈음하여 그 위반한 공사의 도급금액의 100분의 30에 상당하는 금액 이하의 과징금을 부과할 수 있도록 규정되어 있습니다.

따라서, 질의와 같이 공사 착수가 이루어지지 않은 상황에서 하도급계약을 타절 하였다면 하도급계약의 체결내용만으로 위의 규정에 따른 건설공사의 직접시공 의무를 위반한 것으로 보기는 곤란한 것으로 판단됩니다. 다만, 구체적인 위반여부에 대해서는 해당업체의 등록관

청에서 직접 시공계획의 통보 내용, 해당 건설공사의 추진 상황, 하도급계약 내용 및 타절 상황 등 제반 사항을 종합적으로 고려하여 결정하여야 할 것입니다.

제8편

보험 등 기타

제1장 **고용/산재보험 등 기타**

제1장 고용/산재보험 등 기타

01 **하도급계약시 발생될 건강 · 연금 · 노인장기 보험료가 없음을 양사간 사전에 확인하고 발생되지 않을 보험료에 대하여 사전에 계약금액에서 제외하고 그 내용을 발주기관에 구두보고 후 서면으로 하도급계약 통보 및 승인을 득한 경우, 사회보험료 미반영에 해당되는지**

질의요지

하도급계약시 발생될 건강 · 연금 · 노인장기 보험료가 없음을 양사간 사전에 확인하고 발생되지 않을 보험료에 대하여 사전에 계약금액에서 제외하고 그 내용을 발주기관에 구두보고 후 서면으로 하도급계약 통보 및 승인을 득한 경우, 사회보험료 미반영에 해당되는지

회신내용

건설산업기본법 제22조제7항 및 같은 법 시행령 제26조의2제1항에 따르면, 건설공사 도급계약의 당사자는 고용보험 및 산업재해보상보험의 보험료징수 등에 관한 법률에 따른 보험료, 국민연금법에 따른 국민연금보험료, 국민건강보험법에 따른 건강보험료, 노인장기요양보험법에 따른 노인장기요양보험료 등 그 건설공사와 관련하여 건설업자가 의무적으로 부담하여야 하는 비용의 금액을 '사회보험의 보험료 적용기준'(국토교통부고시 제2013-738호, 2013.11.26.)에 따라 도급금액 산출내역서(하도급금액산출내역서 포함)에 분명하게 적어야 하고, 건설업자가 이를 위반하는 경우, 같은 법 제81조제4호의 의거 시정명령, 같은 법 제82조제1항제8호에 의거 6개월 이하의 영업정지 또는 1억원 이하의 과징금을 부과받게 되어 있습니다.

따라서 수급인이 '사회보험의 보험료 적용기준'에 따라 직접노무비 등을 토대로 산출한 국민연금보험료 등 건설업자가 의무적으로 부담하여야 하는 비용의 금액을 하도급금액산출내역서에 분명하게 적지 아니하였다면 위 규정을 위반한 것으로 보이나, 행정처분 여부 등은 위반행위의 내용과 정도 등 객관적인 사실관계 등을 토대로 등록관청(처분권자)에서 판단할 사항임을 알려드립니다.

건설산업기본법 유권해석

인쇄일 2019. 7. 29 | 발행일 2019. 8. 5 | 발행인 최 삼 규

발행처 **건설경제** | 소재지 서울 강남구 언주로 711 | 전화 02-515-7320 | 홈페이지 www.cnews.co.kr

도서번호 979-11-88761-27-2-93360 | 정가 35,000원